U0278068

REPORT ON CHINA'S CARBON MARKET AND THE DEVELOPMENT OF GREEN AND LOW CARBON ECONOMY

中国碳市场与绿色低碳经济发展报告

（2024）

主　编 / 方　洁

副主编 / 王珂英

社会科学文献出版社
SOCIAL SCIENCES ACADEMIC PRESS (CHINA)

主要编撰者简介

方　洁　经济学博士，教授，博士生导师。湖北经济学院校长、碳排放权交易省部共建协同创新中心主任。全国政协委员，民建中央委员、经济委员会副主任，民建湖北省委副主委，武汉市人大代表。湖北省突出贡献专家、新世纪人才工程人选，湖北省劳动模范、湖北省师德标兵。长期从事经济金融理论研究和管理实践，近年来聚焦全国碳市场建设和湖北建设全国碳金融中心、打造全碳交易核心枢纽等问题开展学术研究和咨政建言，出版专著、教材10余部，发表学术论文60多篇，主持完成教育部人文社会科学基金项目等省部级以上课题10余项，曾获湖北省社科优秀成果奖等奖励，提交的《关于加强绿色数字治理能力促进生态产品价值实现的提案》《关于数字化绿色化协同打造新质生产力的提案》被全国政协列为重点提案，调研成果获湖北省发展研究奖一等奖。

王珂英　经济学博士，教授，硕士研究生导师，湖北经济学院低碳经济学院副院长，中南财政政法大学统计学博士后，国家公派澳洲国立大学访问学者，湖北省高等学校优秀中青年科技创新团队负责人，国际能源转型学会副秘书长，中国自然经济学会资源经济研究专业委员会委员，湖北经济学院腾龙学者。主要研究方向为碳经济学。近年来，主持国家社会科学基金项目2项，主持全国统计科学研究重点项目、中国博士后科学基金特别资助项目、湖北省高等学校优秀中青年科技创新团队项目等多个项目，在国内外权威核心期刊发表论文30多篇，担任主编、执行主编、副主编出版《中国碳排放权交易报告（2017）》《中国碳市场调查》等学术专著4部，获得武汉市社会科学优秀成果奖二等奖、三等奖等荣誉。

摘　要

本书在全球应对气候变化和中国“双碳”目标背景下，从“中国碳市场发展报告”“中国行业碳排放权交易机制研究与实践”“区域碳市场建设与绿色低碳发展”“气候投融资研究”四个主题，全面梳理了中国生态文明制度、气候变化制度和碳市场制度的建设，深入探讨碳市场这一重要的市场机制及其演进和发展，详细解读政策框架，总结全国碳市场和试点碳市场的运行与履约情况，识别当前碳市场中存在的问题和挑战，概括碳市场发展成就，并对未来发展进行了展望。在行业篇根据碳排放量、预期纳入全国碳市场的顺序、欧盟碳边境调节税征收的行业等标准，选择电力、水泥、钢铁、电解铝、航空等五个重点行业，从行业碳排放现状和发展趋势、交易机制特点、要素、区域差异、参与碳排放权交易的影响与评价以及未来展望等方面详细分析了中国典型行业碳排放权交易机制的发展和实践。以北京和湖北为代表性区域，全面总结了地方碳排放权交易体系和基础能力建设，分析地方推进绿色低碳发展的举措、成效和未来路径。深入研究发展气候投融资的迫切需要、重要意义、国际经验和中国实践，分析中国气候投融资发展过程中的主要障碍，归纳重要任务，最后提出构建中国气候投融资的政策体系和保障措施。本书为中国碳市场的健康发展、促进经济绿色低碳转型提供全面的理论支撑和实践指导，推动市场机制的完善和减排效果的提升，助力国家碳达峰碳中和战略目标的实现，促进经济绿色低碳转型。

关键词： 生态文明　碳市场　区域绿色低碳发展　行业碳减排　气候投融资

目 录

总报告：中国碳市场发展报告

行业篇：中国行业碳排放权交易机制研究与实践

区域篇：区域碳市场建设与绿色低碳发展

专题篇：气候投融资研究

总报告：中国碳市场发展报告

中国碳市场制度建设与演进

张芳源　王珂英*

摘　要： 本报告全面梳理了中国生态文明制度建设、应对气候变化制度建设和碳市场制度建设与政策演进情况，认为中国生态文明制度建设经过早期探索阶段、政策深化阶段、体系构建阶段、法治保障阶段和绿色发展阶段，形成了全方位、多层次、宽领域的生态文明建设格局，有力推动了国内生态文明建设和绿色低碳发展。减缓气候变化和适应气候变化制度同步建设，为全球气候治理打开新局面。2011 年，中国在北京等七个省市率先启动了碳排放权交易试点工作，为建立全国碳排放权交易市场奠定了坚实基础。全国碳市场的建立和启动标志着中国迈入全面实施碳约束的新时代，对于推动全球绿色低碳发展具有深远意义。

* 张芳源，中国地质大学（武汉）经济管理学院，主要研究方向为资源环境与低碳经济；王珂英，湖北经济学院低碳经济学院教授，主要研究方向为碳市场与低碳经济。

关键词： 碳市场　碳排放权交易　生态文明　应对气候变化

一　引言

联合国政府间气候变化专门委员会（IPCC）第六次评估报告显示，全球气候变化是当前人类面临的最严峻和紧迫的挑战之一。应对气候变化是全人类的共同挑战，中国高度重视应对气候变化。党的十八大以来，在习近平生态文明思想指引下，党中央把生态文明建设摆在全局工作的突出位置，将应对气候变化摆在国家治理更加突出的位置，不断提高碳排放强度削减幅度，以最大努力提高应对气候变化力度，积极稳妥推进我国碳达峰碳中和。

二　中国生态文明制度建设

（一）中国生态文明制度建设的历史演进

生态文明建设是中国特色社会主义事业的重要内容，关系人民福祉，关乎民族未来，事关第二个百年奋斗目标和中华民族伟大复兴中国梦的实现。中国高度重视生态文明建设，先后出台了一系列重大决策部署，推动生态文明建设取得了重大进展和积极成效。

1. 早期探索阶段：生态文明建设的酝酿起步（2002~2006年）

2002 年，党的十六大是我国生态文明建设思想的起步，大会提出要全面建设小康社会，其中一步就是“可持续发展能力不断增强，生态环境得到改善，资源利用效率显著提高，促进人与自然的和谐，推动整个社会走上生产发展、生活富裕、生态良好的文明发展道路”。

2003 年，党的十六届三中全会提出“全面、协调、可持续的发展观”，强调环境保护与经济发展要协调发展。

2005 年 2 月，第十届全国人大常委会通过《中华人民共和国可再生能源法》，鼓励发展可再生能源，减少碳排放。10 月，党的十六届五中全会通过了国家“十一五”规划，强调要把节约资源作为基本国策，保护生态环境，加快建设资源节约型、环境友好型社会。

2006 年，党的十六届六中全会通过的《中共中央关于构建社会主义和谐社会若干重大问题的决定》中提出将“资源利用效率显著提高，生态环境明显好转”作为 2020 年构建社会主义和谐社会的目标和主要任务之一。

在生态文明建设理念的起步阶段，我国将生态建设和可持续发展作为全面建设小康社会的具体目标之一，提出要坚持节约资源和保护环境的基本国策，加快建设资源节约型、环境友好型社会，这些思想为我国生态文明建设思想奠定了坚实的基础。

2. 政策深化阶段：初步构建生态文明建设体系（2007~2011年）

2007 年，党的十七大首次将“生态文明”写入党的报告，提出要建设生态文明，基本形成节约能源和资源、保护和改善生态环境的产业结构、增长方式、消费模式，正式将“建设生态文明”作为 2020 年全面建成小康社会的五大奋斗目标之一。

2011 年，“十二五”规划清晰地展示出国家在规划生态文明建设一事上的周密思考、系统筹划。首次提出了构建全国生态屏障、国家重点生态功能区，构建生态安全战略格局，并明确提出要建立生态补偿机制、开展水污染防治、土壤污染防治、空气污染等多项保护建设措施。

为进一步落实“十二五”规划提出的生态文明建设任务，确保完成相关约束性指标，国务院相关部门编制印发了《国家环境保护“十二五”规划》《国家环境保护“十二五”科技发展规划》等一系列国家级专项规划，初步建立起了一个定位清晰、功能互补、统一衔接、系统完备的生态文明建设规划体系（见表 1）。

党的十七大首次明确提出了建设生态文明的战略任务，之后又清晰界定了建设生态文明的具体内涵，同时还有力探索了生态文明建设与经济、政治、文化、社会建设的关系，赋予了生态文明建设与其他建设在全面建设小康社会进程中同等重要的地位，为党的十八大提出中国特色社会主义“五位一体”的总布局和习近平生态文明思想的成熟完善提供了良好前提。

表1 “十二五”规划中生态文明建设规划体系

发布时间	政策名称	发布单位
2011年6月	《国家环境保护“十二五”科技发展规划》	环境保护部
2011年6月	《公路水路交通运输节能减排“十二五”规划》	交通运输部
2011年8月	《“十二五”节能减排综合性工作方案》	国务院
2011年9月	《国家环境保护“十二五”环境与健康工作规划》	环境保护部
2011年9月	《长江中下游流域水污染防治规划(2011—2015年)》	环境保护部等
2011年10月	《全国地下水污染防治规划(2011—2020年)》	环境保护部
2011年11月	《“十二五”全国环境保护法规和环境经济政策建设规划》	环境保护部
2011年12月	《国家环境保护“十二五”规划》	国务院
2011年12月	《“十二五”控制温室气体排放工作方案》	国务院

资料来源：作者整理。

3. 体系构建阶段：生态文明建设战略布局和体制改革（2012~2018年）

2012年，党的十八大从新的历史起点出发，作出“大力推进生态文明建设”的战略决策，以习近平同志为核心的党中央明确将生态文明建设纳入中国特色社会主义事业“五位一体”总体布局，生态文明建设的地位和重要性进一步提升，从此开创了社会主义生态文明新时代。

2013年，党的十八届三中全会明确提出：建设生态文明必须建立系统完整的生态文明制度体系，实行最严格的源头保护制度、损害赔偿制度、责任追究制度，完善环境治理和生态修复制度，用制度保护生态环境。这确立了生态文明制度体系的构成及改革方向、战略重点，对进一步加强生态环境保护起到统筹规划作用，开启了生态文明建设的新篇章。其后，党的十八届四中全会通过的《中共中央关于全面推进依法治国若干重大问题的决定》，进一步要求加快建立生态文明法律制度，提出用严格的法律制度保护生态环境。

2014年，修订了《中华人民共和国环境保护法》，明确了生态文明建设和可持续发展理念，提出了“使经济社会发展与环境保护相协调”的环境保护和经济发展的关系，彻底改变了环境保护在二者关系中的次要地位，这与党的十八大将生态文明建设融入“五位一体”总体布局的精神相一致。

党的十八大和十八届三中、四中全会就生态文明建设作出了顶层设计和总体部署。

2015 年 5 月，中共中央、国务院印发《关于加快推进生态文明建设的意见》落实顶层设计和总体部署的时间表和路线图。这是党中央就生态文明建设作出专题部署的第一个文件，是推动中国生态文明建设的纲领性文件，充分体现了中国对生态文明建设的高度重视。同年 9 月，中共中央、国务院印发了《生态文明体制改革总体方案》，提出了“668”，即 6 个理念、6 项原则和 8 项制度，以加快建立系统完整的生态文明制度体系，推进生态文明领域国家治理体系和治理能力现代化，努力走向社会主义生态文明新时代。以上两项政策意味着党中央从制度层面落实生态文明建设。

随后，党中央坚持以改革推进生态文明建设，打出一套理念先行、目标明确、顶层设计、系统推进的生态文明体制改革“1+6 组合拳”，“1”即指《生态文明体制改革总体方案》，为生态文明体制改革指明了目标；“6”则是 6 大改革方案，从强化党政领导干部生态环保责任和监管责任、建立环境监测新格局、发挥好审计监督作用、明确各级领导干部责任追究情形、建立健全科学规范的自然统计调查制度、开展生态环境损害赔偿制度改革试点等方面作出制度性安排。

2015 年 10 月，党的十八届五中全会通过的“十三五”规划中，首次将生态文明建设纳入国家五年规划，提出要坚持可持续发展，坚定走生产发展、生活富裕、生态良好的文明发展道路，加快建设资源节约型、环境友好型社会，形成人与自然和谐发展现代化建设新格局。

2016 年 11 月，国务院印发了《“十三五”生态环境保护规划的通知》，提出了到 2020 年中国生态环境领域的具体目标，提出了“十三五”生态环境保护的约束性指标和预期性指标，是“十三五”时期中国生态环境保护的纲领性文件。

2017 年，党的十九大报告进一步提出要加快生态文明体制改革，建设美丽中国。这是在生态文明建设成效显著的基础上，明确了到 2035 年和到 21 世纪中叶美丽中国建设两阶段目标，提出了推进绿色发展等加快生态文明体制改革、建设美丽中国的四大任务，强调了生态文明是中华民族永续发展的重要法宝，生态文明建设的地位和重要性进一步提升。

2018 年 3 月，十三届全国人大一次会议将生态文明建设写入宪法。在宪法中写入美丽中国和生态文明，也是对党的十九大报告中关于生态文明建设创新性成果的确认。这表明，只有实行最严格的制度、最严密的法治，才能为生态文明建设提供可靠保障。“生态文明”入宪集中体现出党对生态文明建设和生态环境保护规律性认识达到新的历史高度，推动中国生态文明建设进入新的历史阶段。同时，会议表决通过了关于国务院机构改革方案的决定，组建了生态环境部来统一协调生态环境保护工作，形成合力，加强生态文明建设。

同年 6 月，中共中央、国务院发布了《关于全面加强生态环境保护 坚决打好污染防治攻坚战的意见》，深刻认识了生态环境保护面临的形势，提出坚决打赢蓝天保卫战、着力打好碧水保卫战、扎实推进净土保卫战，并确定了到 2020 年三大保卫战的具体指标。

4. 法治保障阶段：法律法规建设（2019~2021年）

2019 年，中共中央、国务院印发了《中央生态环境保护督察工作规定》，首次以党内法规形式，明确督察制度框架、程序规范、权限责任等，压实生态环境保护职责，为开展生态文明建设提供重要保障。

2020 年，第十三届全国人民代表大会常务委员会正式通过了《中华人民共和国长江保护法》，这是中国第一部流域专门法律，明确了长江流域生态优先、绿色发展的基调，以加强长江流域生态环境保护和修复，该法的出台为长江流域的生态文明建设提供法治保障。

2021 年，“减污降碳”成为中国生态文明建设和生态环境保护领域的热点与焦点。10 月，中共中央、国务院出台了《关于完整准确全面贯彻新发展理念做好碳达峰碳中和工作的意见》，国务院印发了《2030 年前碳达峰行动方案》，对碳达峰碳中和这项重大工作进行系统谋划和总体部署，明确了碳达峰碳中和的路线图和主要措施。11 月，中共中央、国务院进一步发布了《关于深入打好污染防治攻坚战的意见》，提出了到 2025 年、2030 年的目标任务，明确了我国生态文明建设进入了以降碳为重点战略方向、推动减污降碳协同增效、促进经济社会发展全面绿色转型、实现生态环境质量改善由量变到质变的关键时期。为了压实污染防治责任，生态环境部出台了《关于深化生态环境领域依法行政 持续强化依法治污的指导意见》，增强了依法行政、依法治污意识。

5. 绿色发展阶段（2022年以后）

2022 年，党的二十大报告提出了“中国式现代化”概念，指出中国式现代化是人与自然和谐共生的现代化，明确了我国新时代生态文明建设的战略任务，要加快发展方式绿色转型，深入推进环境污染防治，提升生态系统质量和稳定性，积极应对气候变化，推动绿色发展，促进人与自然和谐共生（见表 2）。

表 2　2022 年部分生态环境保护重要政策

内容领域	发布时间	发布单位	政策名称
环保装备发展	2022 年 1 月	工业和信息化部等	《环保装备制造业高质量发展行动计划（2022—2025 年）》
农业农村污染治理	2022 年 1 月	生态环境部等	《农业农村污染治理攻坚战行动方案（2021—2025 年）》
城市黑臭水体治理	2022 年 3 月	住房和城乡建设部等	《深入打好城市黑臭水体治理攻坚战实施方案》
重点区域生态环境治理	2022 年 8 月	生态环境部等	《黄河生态保护治理攻坚战行动方案》
污泥无害化处理和资源化利用	2022 年 9 月	国家发展改革委等	《污泥无害化处理和资源化利用实施方案》
生态环境保护职责	2022 年 11 月	生态环境部与最高人民法院等	《关于推动职能部门做好生态环境保护工作的意见》
大气污染防治	2022 年 11 月	生态环境部等	《深入打好重污染天气消除、臭氧污染防治和柴油货车污染治理攻坚战行动方案》

2023 年 12 月，《中共中央 国务院关于全面推进美丽中国建设的意见》明确指出到 21 世纪中叶要全面提升生态文明，全面形成绿色发展方式和生活方式，重点领域实现深度脱碳，从而全面建成美丽中国。

中国的生态文明建设政策不断深化和细化，从理念提出到具体实践，从单一政策到系统构建，从国内发展到国际交流，形成了全方位、多层次、宽领域的生态文明建设格局。这些政策不仅有力推动了国内生态文明建设和绿色低碳发展，也为全球生态保护和环境治理提供了中国方案和中国智慧。

（二）中国生态文明制度建设的主要内容

1. 习近平生态文明思想

党的十八大以来，以习近平同志为核心的党中央从中华民族永续发展的高度出发，深刻把握生态文明建设在新时代中国特色社会主义事业中的重要地位和战略意义，大力推动生态文明理论创新、实践创新、制度创新，创造性提出一系列新理念新思想新战略，形成了习近平生态文明思想。

习近平生态文明思想是习近平新时代中国特色社会主义思想的重要组成部分，是马克思主义基本原理同中国生态文明建设实践相结合、同中华优秀传统生态文化相结合的重大成果，也是以习近平同志为核心的党中央治国理政实践创新和理论创新在生态文明建设领域的集中体现。

其内容的发展演变过程同中国生态文明建设一致，具有层层递进、纵向加深的特点。2018 年 5 月，全国生态环境保护大会明确提出“习近平生态文明思想”，并对推进新时代生态文明建设提出必须遵循的六项重要原则，这“六项原则”是习近平生态文明思想的精髓。6 月，《中共中央 国务院关于全面加强生态环境保护 坚决打好污染防治攻坚战的意见》提出从“八个坚持”深入贯彻习近平生态文明思想。2022 年 8 月，习近平生态文明思想研究中心在《人民日报》刊文，将习近平生态文明思想的基本内容正式概括为“十个坚持”（见表 3）。

表 3　习近平生态文明思想的演进

第一阶段："六项原则"	
1	坚持人与自然和谐共生，坚持节约优先、保护优先、自然恢复为主的方针，像保护眼睛一样保护生态环境，像对待生命一样对待生态环境，让自然生态美景永驻人间，还自然以宁静、和谐、美丽
2	绿水青山就是金山银山，贯彻创新、协调、绿色、开放、共享的新发展理念，加快形成节约资源和保护环境的空间格局、产业结构、生产方式、生活方式，给自然生态留下休养生息的时间和空间
3	良好生态环境是最普惠的民生福祉，坚持生态惠民、生态利民、生态为民，重点解决损害群众健康的突出环境问题，不断满足人民日益增长的优美生态环境需要
4	山水林田湖草是生命共同体，要统筹兼顾、整体施策、多措并举，全方位、全地域、全过程开展生态文明建设
5	用最严格制度最严密法治保护生态环境，加快制度创新，强化制度执行，让制度成为刚性的约束和不可触碰的高压线
6	共谋全球生态文明建设，深度参与全球环境治理，形成世界环境保护和可持续发展的解决方案，引导应对气候变化国际合作
第二阶段："八个坚持"	
1	坚持生态兴则文明兴
2	坚持人与自然和谐共生
3	坚持绿水青山就是金山银山
4	坚持良好生态环境是最普惠的民生福祉
5	坚持山水林田湖草是生命共同体
6	坚持用最严格制度最严密法治保护生态环境
7	坚持建设美丽中国全民行动
8	坚持共谋全球生态文明建设
第三阶段："十个坚持"	
1	坚持党对生态文明建设的全面领导
2	坚持生态兴则文明兴
3	坚持人与自然和谐共生
4	坚持绿水青山就是金山银山
5	坚持良好生态环境是最普惠的民生福祉
6	坚持绿色发展是发展观的深刻革命
7	坚持统筹山水林田湖草沙系统治理
8	坚持用最严格制度最严密法治保护生态环境
9	坚持把建设美丽中国转化为全体人民自觉行动、
10	坚持共谋全球生态文明建设之路

2. 生态文明建设纲要和规划

2005 年 10 月，发布了“十一五”规划，提出要建设资源节约型、环境友好型社会，并从大力发展循环经济、加大环境保护力度、切实保护好自然生态三个维度进行了具体部署。“十一五”时期，生态环境保护被视为重要的发展任务之一，以实现可持续发展。

2011 年 3 月，发布了“十二五”规划，提出要绿色发展，建设资源节约型、环境友好型社会，并从积极应对全球气候变化、加强资源节约和管理、大力发展循环经济、加大环境保护力度、促进生态保护和修复、加强水利和防灾减灾体系建设六个维度进行了具体部署。该规划延续了建立“两型社会”的目标，并新提出要树立绿色、低碳发展理念，以节能减排为重点，提高生态文明水平。

2016 年 3 月，发布了“十三五”规划，该规划充分响应了党的十八大作出“大力推进生态文明建设”的战略决策，首次将“生态文明建设”写进五年规划的目标任务。规划提出加快改善生态环境的目标，并从加快建设主体功能区、推进资源节约集约利用、加大环境综合治理力度、加强生态保护修复、积极应对全球气候变化、健全生态安全保障机制、发展绿色环保产业七个方面进行了具体部署。“十三五”时期，生态文明建设从认识到实践都发生了历史性、转折性、全局性变化，走出了经济发展和环境保护协调发展新路径。

2021 年 3 月，发布了“十四五”规划，在生态文明建设方面提出要推动绿色发展，促进人与自然和谐共生，并从提升生态系统质量和稳定性、持续改善环境质量、加快发展方式绿色转型三个方面进行了具体部署。“十四五”时期，生态文明建设进入了以降碳为重点战略方向、推动减污降碳协同增效、促进经济社会发展全面绿色转型、实现生态环境质量改善由量变到质变的关键时期。近四次的五年规划都着重强调生态环境保护，从建设“两型社会”到人与自然和谐共生，同时每一阶段都面临新形势新挑战，“十二五”时期着重提出积极应对全球气候变化，到“十四五”时期制定碳排放达峰行动方案，要求持续改善环境质量，五年规划中的论断无不反映了生态文明建设的演变历程和发展方向（见表 4）。

表 4　五年规划中生态方面的发展目标与具体部署

项目	"十一五"规划	"十二五"规划	"十三五"规划	"十四五"规划
重点目标	建设资源节约型、环境友好型社会	绿色发展建设资源节约型、环境友好型社会	加快改善生态环境	推动绿色发展、促进人与自然和谐共生
具体部署	①大力发展循环经济 ②加大环境保护力度 ③切实保护好自然生态	①积极应对全球气候变化 ②加强资源节约和管理 ③大力发展循环经济 ④加大环境保护力度 ⑤促进生态保护和修复 ⑥加强水利和防灾减灾体系建设	①加快建设主体功能区 ②推进资源节约集约利用 ③加大环境综合治理力度 ④加强生态保护修复 ⑤积极应对全球气候变化 ⑥健全生态安全保障机制 ⑦发展绿色环保产业	①提升生态系统质量和稳定性 ②持续改善环境质量 ③加快发展方式绿色转型

3. 生态保护和环境治理政策

制定并完善生态环境保护治理相关政策、法律法规是国家为生态文明建设发展提供稳定政策环境和明晰职责规范的重要手段。例如，成立了自然资源部以统一负责协调生态环境相关问题，其职责之一即为会同有关部门拟订国家生态环境政策、规划并组织实施。

以"十四五"时期为例，中国相继出台了多项有关生态环境保护治理的规划方案（见表 5）。

中国采取了一系列的政策措施来加强生态保护和环境治理，包括加强环境监管、推动污染防治、加强生态修复和植被恢复、推动可持续能源和低碳发展、生态补偿政策、生态文明示范区和试验区、生态保护红线等，努力实现人与自然和谐共生的目标。

表 5　生态环境领域“十四五”规划

发布时间	政策名称	发布单位
2021 年 3 月	《关于“十四五”大宗固体废弃物综合利用的指导意见》	国家发展改革委等
2021 年 5 月	《“十四五”城镇生活垃圾分类和处理设施发展规划》	国家发展改革委等
2021 年 7 月	《“十四五”循环经济发展规划》	国家发展改革委
2021 年 8 月	《关于“十四五”推进沿黄重点地区工业项目入园及严控高污染、高耗水、高耗能项目》	国家发展改革委等
2021 年 8 月	《“十四五”黄河流域城镇污水垃圾处理实施方案》	国家发展改革委等
2021 年 9 月	《“十四五”塑料污染治理行动方案》	国家发展改革委等
2021 年 10 月	《“十四五”全国清洁生产推行方案》	国家发展改革委等
2021 年 11 月	《“十四五”工业绿色发展规划》	工业和信息化部
2021 年 11 月	《“十四五”能源领域科技创新规划》	国家能源局等
2021 年 12 月	《“十四五”生态环境科普工作实施方案》	生态环境部
2021 年 12 月	《“十四五”生态环境保护综合行政执法队伍建设规划》	生态环境部
2021 年 12 月	《关于做好“十四五”园区循环化改造工作有关事项的通知》	国家发展改革委等
2021 年 12 月	《“十四五”节能减排综合工作方案》	国务院
2021 年 12 月	《“十四五”生态环境监测规划》	生态环境部
2021 年 12 月	《“十四五”土壤、地下水和农村生态环境保护规划》	生态环境部等
2021 年 12 月	《“十四五”重点流域水环境综合治理规划》	国家发展改革委
2022 年 1 月	《“十四五”现代能源体系规划》	国家发展改革委等
2022 年 1 月	《“十四五”新型储能发展实施方案》	国家发展改革委等
2022 年 4 月	《“十四五”环境影响评价与排污许可工作实施方案》	生态环境部
2022 年 7 月	《“十四五”环境健康工作规划》	生态环境部
2022 年 9 月	《“十四五”生态环境领域科技创新专项规划》	科技部等
2023 年 1 月	《“十四五”噪声污染防治行动计划》	生态环境部等

资料来源：作者整理。

4. 国际合作和全球治理

当前，生态环境问题是全球范围内的共性问题，积极推进生态环境保护并加强国际交流合作是改善环境质量、促进全球经济可持续发展的重要举措。中国高度重视生态文明建设，已与世界上一百多个国家开展了政府间的生态环境保护国际合作，与六十多个国家以及地区组织签署生态环境保护相关的文件或协议。在当前全球生态环境保护中，我国是重要的参与者和引领者，对于世界环境保护和生态文明建设起到不可或缺的重要作用。

1992年6月，中国签署《联合国气候变化框架公约》和《生物多样性公约》。作为最早签署和批准两项公约的缔约方之一，中国30余年来坚定履行应对气候变化义务和对外作出的承诺，主动实施一系列应对气候变化的战略、措施和行动，积极参与和推动全球气候治理进程，积极采取一系列生物多样性保护行动，不断深化生物多样性国际合作，为共建清洁美丽世界作出重要贡献。

“一带一路”是中国推动国际合作的重要平台，在生态环境保护国际合作上也发挥着关键的作用。2016年，中国与联合国环境规划署签署《关于建设绿色“一带一路”的谅解备忘录》，与有关国家及国际组织签署50多份生态环境保护合作文件；与31个共建国家共同发起“一带一路”绿色发展伙伴关系倡议；与32个共建国家共同建立“一带一路”能源合作伙伴关系；42家中外机构作为首批成员单位加入“一带一路”绿色发展国际联盟，参加数据共享中心建设；通过实施“绿色丝路使者计划”，为120多个共建“一带一路”国家培训3000人次绿色发展人才。① 中国仍在继续扩大“一带一路”绿色发展的朋友圈，深化与共建国家和地区在生态保护、可持续发展等领域的合作。

中国在多双边及国际公约履约方面的生态环境保护国际合作也取得突出成就。习近平主席出席气候变化巴黎大会、气候雄心峰会、领导人气候峰会等一系列多边活动，在联合国生物多样性峰会等会议上发表了重要讲话。2021年，中国作为主席国成功举办了联合国《生物多样性公约》缔约方大会第十五次会议（COP15），会议达成《昆明宣言》，建设性地参与应对气候变化、生物多样性保护等全球问题的解决。会议上习近平发表了主旨讲话，站在人类可持续发展的高度，为加强全球气候治理和生物多样性保护提出一系列重要倡议和主张，推动各方维护多边共识、聚焦务实行动、加速绿

① 《“一带一路”这十年·述说丨擦亮“绿色名片”共建“绿色丝路”》，《中国经济时报》2023年10月20日。

色转型，为共同建设清洁美丽的世界注入重要信心和力量。此外，中国积极推动中国—东盟环保合作、中国—上合组织环保合作、中欧环保合作及金砖国家环保合作等多双边合作。

积极推进相关政策文件落实，如 2022 年国家发展改革委、生态环境部等四部门联合发布了《关于推进共建“一带一路”绿色发展的意见》，系统部署新时期共建“一带一路”绿色发展的目标、任务和路径；发布《对外投资合作建设项目生态环境保护指南》，引导企业开展可持续基础设施投资和运营，不断提高项目环保的管理水平，为政府间的国际交流合作和企业“走出去”提供有力指导。

“十四五”以来，中国生态文明建设与国际的交流合作取得突出成就，中国提出的绿水青山就是金山银山、构建地球生命共同体等理念在国际社会日益深入人心，为加强全球环境治理贡献重要智慧。

5. 生态文明教育和公众参与

生态文明教育工作是生态文明和美丽中国建设的重要途径和组成部分。引导全社会牢固树立生态文明价值理念，推动构建生态环境治理全民行动体系，对现代环境治理具有重大意义。

2020 年 3 月，中共中央办公厅、国务院办公厅印发《关于构建现代环境治理体系的指导意见》，要求健全环境治理全民行动体系，推进环境保护宣传教育进学校、进家庭、进社区、进工厂、进机关。2021 年 11 月，中共中央、国务院印发《关于深入打好污染防治攻坚战的意见》，强调要把生态文明教育纳入国民教育体系，增强全民节约意识、环保意识、生态意识；要强化宣传引导，创新生态环境宣传方式方法，广泛传播生态文明理念。

2021 年，生态环境部等六部门联合发布《“美丽中国，我是行动者”提升公民生态文明意识行动计划（2021—2025 年）》，从深化重大理论研究、持续推进新闻宣传、广泛开展社会动员、加强生态文明教育、推动社会各界参与、创新方式方法等六个方面提出了重点任务安排，部署了五年的任务目标。

2022 年 3 月，生态环境部宣教中心发布国内首个《环境教育立法公众意愿调研报告》，超过90%的受访者认为我国应当尽快出台环境教育法。适时推动立法进程，把生态文明教育纳入国民教育体系、干部培训体系和终身教育体系，从政策制定、绿色生活、生态文化等各方面为公众参与提供法律保障。10月，教育部印发《绿色低碳发展国民教育体系建设实施方案》，要求把绿色低碳发展理念全面纳入国民教育体系，培养践行绿色低碳理念。

同年，天津市颁布实施的《天津市生态文明教育促进条例》，是全国首部以促进生态文明教育为主旨的省级地方性法规。江苏省也出台了《江苏省生态文明教育促进办法》，对推动构建生态环境社会行动体系具有现实意义。

三　中国应对气候变化制度建设

应对气候变化，事关中华民族永续发展，事关人类前途命运。中国始终高度重视应对气候变化工作，将应对气候变化作为生态文明建设的重要抓手，作为推动发展方式转变、实现可持续发展的重要途径。中国坚持以习近平生态文明思想为指导，坚定实施积极应对气候变化国家战略，取得了显著成效。

（一）中国应对气候变化制度建设的历史演进

自1992年签署了《联合国气候变化框架公约》以来，中国便开始了积极应对气候变化的进程，为积极应对全球变暖问题参与到国际合作中来。在《联合国气候变化框架公约》中，“共同但有区别的责任”原则被明确提出。在全球变暖、极端天气增多的严峻形势下，没有哪一个国家和地区可以独善其身，应对气候变化已是全人类共同的议题。

三个“里程碑”式的国际性文件，为中国应对气候变化提供了一部分重要的基本原则和指引参考，也为相关制度的建立做好了国际方面的衔接。1992年，《联合国气候变化框架公约》确定的“共同但有区别的责任”原则，为中国在国际舞台应对气候变化问题迈出第一步奠定了基调。1997年的《京都议定书》首次以国际性法规的形式对限制温室气体排放做出规定，引入市场机制促进减少温室气体排放，催生出碳排放权交易市场。2016 年，中国签署的《巴黎气候变化协定》促进了全球气候治理新格局的形成。

中国为了应对气候变化也做出了长期努力。

1. 早期阶段（2007年以前）

2007 年，国务院发布了首个《中国应对气候变化国家方案》（以下简称《方案》），明确了应对气候变化的具体目标、基本原则、重点领域及政策措施，提出到 2010 年的行动目标，核心内容是发展可再生能源、植树造林等相对较间接的减排行动。《方案》明确了中国应对气候变化的基本原则，包括可持续发展、共同但有区别的责任、减适并重、与其他政策有机结合、依靠科技等；确定适应领域的总体目标为增强适应气候变化能力，并在农业、林业、水资源、海洋等领域设置具体目标，并规定了上述重点领域的适应措施；同时要求加强气候变化相关科技工作及提高气候变化公众意识。

中国是最早制定并实施应对气候变化国家方案的发展中国家，也是当时节能减排力度最大的国家。《方案》也是中国第一部应对气候变化的政策性文件，表明了中国应对气候变化履行公约义务的政治意愿，响应国际社会对其成员提出的要求。此后，中国政府每年公布应对气候变化的政策与行动年度报告，对中国应对气候变化的措施及其效果进行年度性梳理及总结。中国政府开始认识到气候变化对国家经济和环境的影响，以及其在国际上承担的责任。

在《方案》提出后，各地各级人民政府均开始抓紧制定，认真组织实施各级各地区的应对气候变化方案。各地于 2008 年 9 月组织开展了各省级地区应对气候变化专项行动方案的研究编制工作，31 个省、自治区、直辖市相继颁布本区域的应对气候变化专项行动方案。

2. 中期阶段（2007~2015年）

2009 年，在哥本哈根气候大会之前，中国提出了温室气体排放的具体目标，即到 2020 年单位 GDP 二氧化碳排放量较 2005 年降低 40%~45%。同年 8 月 27 日，全国人大常委会发布了《全国人大常委会关于积极应对气候变化的决议》（以下简称《决议》），提出加强应对气候变化的法制建设，把气候变化的相关立法纳入立法工作议程，将加强应对气候变化相关立法作为形成和完善中国特色社会主义法律的一项重要任务，《决议》指明中国应尽快出台应对气候变化的基本法。全国人大常委会是世界上首先做出应对气候变化相关决议的立法机关，表明了中国立法机关在应对气候变化问题上的积极态度，也反映了中国人民要求发展的愿望。

地方上响应《决议》最快的省份是青海省与山西省。2010 年 8 月，青海省政府颁布《青海省应对气候变化办法》，是中国第一部应对气候变化的地方政府法规。2011 年 7 月，山西省颁布由山西省发展改革委和省气象局共同制定的《山西省应对气候变化办法》。两省气候变化办法虽然均坚持减缓与适应并重的原则，并均设置了“适应气候变化”的专门章节，但由于两地气候变化脆弱性及适应能力不同，对适应的重视程度也不同。从章节顺序的设置与条文数量上来看，青海省因其气候更为脆弱敏感，优先关注适应制度，而山西省作为碳排放大省，则相对更重视减缓制度。两省应对气候变化框架安排与内容充分体现了应对气候变化影响、脆弱性及适应能力的地区差异性。

2010 年，中国社会科学院法学研究所与瑞士联邦国际合作与发展署启动了双边合作项目《中华人民共和国气候变化应对法》（征求意见稿）。2013 年，应对气候变化法律起草工作领导小组成立，将制定《中华人民共和国气候变化应对法》提上日程。

2013 年 11 月，国家发展和改革委员会等 9 个职能部门发布了《国家适应气候变化总体战略》（以下简称《适应战略》），明确了中国适应气候变化领域的原则，包括突出重点、主动适应、合理适应、协同配合与广泛参与；适应的主要目标为显著增强适应能力、全面落实重点任务、基本形成适应区域格局；针对基础设施、农业等重点领域，在城市化地区、农业发展地区和生态安全地区三类重点区域部署不同的适应规划；构建了体制机制、能力建设、财税金融支持、技术支撑、国际合作、组织实施等保障措施。《适应战略》是中国首部专门性地适应气候变化的政策，规定了中国 2020 年前的综合性适应规划，是中国在适应气候变化统一规范管理方面的重大进步。

2014 年 9 月，发布了《国家应对气候变化规划（2014—2020 年）》（以下简称《规划》），规定适应领域的主要目标为适应气候变化能力大幅提升，并从城乡基础设施、水资源管理、农业林业等七个方面，构建了部门性的适应气候变化的顶层设计，针对城市气候灾害防治、海岸带综合管理和灾害防御、草原退化综合治理、城市人群健康、森林生态信托、湿地保护与恢复规定了适应气候变化试点工程。《规划》与 2007 年的《方案》共同确定了中国 2020 年前应对气候变化工作的整体框架，在适应方面突出了对重点部门的关注，同时突出强调了加强适应气候变化试点工程，对特殊试点工程给予特殊关注。

同时，各地区积极响应 2014 年的《规划》，组织编制应对气候变化的“十三五”规划，作为“十三五”时期应对气候变化的纲领性文件。大多数省份的方案与规划虽然坚持了减缓与适应并重的原则，但鉴于各个地区对气候变化影响和脆弱性及各地现有的适应能力的差异，各个地区对于适应领域的相关政策规定不尽相同，适应气候变化的重点领域也各有不同。例如，同年，福建省发展和改革委员会、省气象局、省农业厅等 9 部门首次联合发布《福建省适应气候变化方案》，明确提出其主要目标为：到 2020 年福建省适应气候能力将显著增强，主要气候敏感脆弱领域、区域和人群的脆弱性将明显降低。当时，其他省区市尚未开始制定单独的专门性适应气候变化的政策方案，福建省为省级地区制定专门性适应方案作出了有益尝试。

3. 快速发展阶段（2015~2020年）

2015 年，国家发展改革委应对气候变化司提交了《强化应对气候变化行动——中国国家自主贡献》（以下简称《中国国家自主贡献》），这是代表中国政府向《联合国气候变化框架公约》秘书处递交的国家文件，提出了到 2030 年前后，争取实现碳排放达峰。《中国国家自主贡献》概括性地描述了中国在重点领域和地区的政策和措施要求。根据《巴黎协定》的规定，国家自主贡献制度是为了实现控温目标，要求缔约方从下而上主动通报各自减排目标，并积极落实国内减缓措施，其重点关注减缓领域，中国提交的《中国国家自主贡献》同样以减缓为主。

2016 年 5 月，国家发展改革委与住房城乡建设部联合公开发布了《城市适应气候变化行动方案》（以下简称《行动方案》），提出了至 2020 年、2030 年不同发展阶段的实施目标，希望于 2030 年前城市适应气候变化能力得到全面提升。《行动方案》从城市规划、标准建设、生态绿化、灾害风险管理、科技支撑等方面对城市适应气候变化作出了较为全面的规划，通过在加强组织领导、加大资金投入、信息数据共享等方面提供保障措施，进一步落实《适应战略》的政策要求，以提升城市适应全球气候变化的能力。9 月，发布了《中国落实 2030 年可持续发展议程国别方案》，规定了落实可持续发展的总体路径和具体落实方案，将“采取紧急行动对应对气候变化及其影响”作为中国可持续发展的目标之一。

2020 年 10 月，生态环境部、国家发展和改革委员会等 5 部门联合发布《关于促进应对气候变化投融资的指导意见》，提出要更好发挥投融资对应对气候变化的支撑作用，引导和撬动更多社会资金进入应对气候变化领域。

4.“双碳”目标确立阶段（2020年以来）

在国际社会纪念《巴黎协定》达成 5 周年之际，中国为了更科学、更积极地应对气候变化，控碳减碳，实现可持续发展，2020 年 9 月 22 日，习近平主席在第 75 届联合国大会一般性辩论上郑重宣布中国“力争于 2030 年前二氧化碳排放达到峰值，努力争取 2060 年前实现碳中和”。此为“双碳”目标在中国的首次正式提出，推动了中国的控碳减碳进程进一步发展。自此，中国绿色发展之路提升到新的高度，“双碳”目标将是中国未来数十年经济社会发展的主基调之一。随后又宣布了“到 2030 年，中国单位国内生产总值二氧化碳排放将比 2005 年下降 65%以上，非化石能源占一次能源消费比重将达到 25%左右”等提高国家自主贡献力度的新举措，为全面有效落实《巴黎协定》、推进全球气候治理进程和经济绿色复苏注入了强大政治推动力。

2021 年 1 月，生态环境部发布了《关于统筹和加强应对气候变化与生态环境保护相关工作的指导意见》，旨在促进应对气候变化与环境治理、生态保护修复等协同增效，并提出到2030年前，应对气候变化与生态环境保护相关工作整体合力充分发挥，为实现碳排放达峰目标与碳中和愿景提供支撑，助力美丽中国建设。7月，生态环境部发布了《中国应对气候变化的政策与行动2020年度报告》，涵盖2019年有关部门、地方在应对气候变化、推动绿色低碳循环发展方面所做的工作，全面展示了中国在控制温室气体排放、适应气候变化、战略规划制定、体制机制建设、社会意识提升和能力建设等方面取得的积极成效。

实现碳达峰碳中和是一场广泛而深刻的经济社会系统性变革，与发达国家相比，中国从碳达峰到碳中和的时间窗口偏紧，为做好碳达峰碳中和工作，迫切需要加强顶层设计。因此，2021年5月，中央层面成立了碳达峰碳中和工作领导小组，作为指导和统筹做好碳达峰碳中和工作的议事协调机构，领导小组办公室设在国家发展改革委，按照统一部署，加快建立“1+N”政策体系，立好碳达峰碳中和工作的“四梁八柱”。

2021年9月，中共中央、国务院印发了《关于完整准确全面贯彻新发展理念做好碳达峰碳中和工作的意见》（以下简称《意见》），对碳达峰碳中和这项重大工作进行系统谋划和总体部署，进一步明确总体要求，提出主要目标，部署重大举措，明确实施路径，对统一全党认识和意志、汇聚全党全国力量完成碳达峰碳中和这一艰巨任务具有重大意义。《意见》提出了构建绿色低碳循环发展经济体系、提升能源利用效率、提高非化石能源消费比重、降低二氧化碳排放水平、提升生态系统碳汇能力等五个方面的主要目标，规定了到2025年、2030年、2060年的各项目标。《意见》作为纲领性文件，发布了重点领域和行业碳达峰实施方案和一系列支撑保障措施，构建起“1+N”政策体系（见表6）。同年10月，国务院印发了《2030年前碳达峰行动方案》的通知，提出“到2030年，非化石能源消费比重达到25%左右，单位GDP二氧化碳排放比2005年下降65%以上，顺利实现2030年前碳达峰目标”。

《意见》作为“1”，是管总、管长远的，在碳达峰碳中和“1+N”政策体系中发挥统领作用，将与《2030年前碳达峰行动方案》共同构成贯穿碳达峰碳中和两个阶段的顶层设计。“N”则包括能源、工业、交通运输、城乡建设等分领域分行业碳达峰实施方案，以及科技支撑、能源保障、碳汇能力、财政金融价格政策、标准计量体系、督察考核等保障方案。一系列文件将构建起目标明确、分工合理、措施有力、衔接有序的碳达峰碳中和政策体系。

表 6 碳达峰碳中和“1+N”政策体系

发布时间	政策名称	发布单位
1 能源绿色低碳转型行动		
2022 年 1 月	《关于完善能源绿色低碳转型体制机制和政策措施的意见》	国家发展改革委等
2022 年 3 月	《“十四五”现代能源体系规划》	国家发展改革委等
2022 年 3 月	《氢能产业发展中长期规划(2021—2035 年)》	国家发展改革委等
2022 年 5 月	《煤炭清洁高效利用重点领域标杆水平和基准水平(2022 年版)》	国家发展改革委等
2022 年 5 月	《关于促进新时代新能源高质量发展的实施方案》	国家发展改革委等
2022 年 6 月	《“十四五”可再生能源发展规划》	国家发展改革委等
2022 年 10 月	《能源碳达峰碳中和标准化提升行动计划》	国家能源局
2022 年 11 月	《关于进一步做好新增可再生能源消费不纳入能源消费总量控制有关工作的通知》	国家发展改革委等
2023 年 2 月	《加快油气勘探开发与新能源融合发展行动方案(2023—2025 年)》	国家能源局
2023 年 3 月	《关于加快推进能源数字化智能化发展的若干意见》	国家能源局
2023 年 10 月	《关于进一步规范可再生能源发电项目电力业务许可管理的通知》	国家能源局
2 节能降碳增效行动		
2022 年 1 月	《“十四五”节能减排综合工作方案》	国务院
2022 年 2 月	《高耗能行业重点领域节能降碳改造升级实施指南(2022 年版)》	国家发展改革委等
2022 年 4 月	《节能增效、绿色降碳服务行动方案》	国家节能中心
2022 年 6 月	《减污降碳协同增效实施方案》	生态环境部等
2021 年 10 月	《关于严格能效约束推动重点领域节能降碳的若干意见》	国家发展改革委等
2022 年 11 月	《重点用能产品设备能效先进水平、节能水平和准入水平(2022 年版)》	国家发展改革委等
2023 年 2 月	《关于统筹节能降碳和回收利用加快重点领域产品设备更新改造的指导意见》	国家发展改革委等
2023 年 3 月	《关于进一步加强节能标准更新升级和应用实施的通知》	国家发展改革委等

续表

发布时间	政策名称	发布单位
3 工业领域碳达峰行动		
2021 年 12 月	《“十四五”工业绿色发展规划》	工业和信息化部
2022 年 1 月	《“十四五”医药工业发展规划》	工业和信息化部等
2022 年 2 月	《关于促进钢铁工业高质量发展的指导意见》	工业和信息化部等
2022 年 4 月	《关于“十四五”推动石化化工行业高质量发展的指导意见》	工业和信息化部等
2022 年 4 月	《关于化纤工业高质量发展的指导意见》	工业和信息化部等
2022 年 4 月	《关于产业用纺织品行业高质量发展的指导意见》	工业和信息化部等
2022 年 6 月	《关于推动轻工业高质量发展的指导意见》	工业和信息化部等
2022 年 6 月	《工业水效提升行动计划》	工业和信息化部等
2022 年 6 月	《工业能效提升行动计划》	工业和信息化部等
2022 年 7 月	《工业领域碳达峰实施方案》	工业和信息化部等
2022 年 11 月	《有色金属行业碳达峰实施方案》	工业和信息化部等
2022 年 12 月	《关于深入推进黄河流域工业绿色发展的指导意见》	工业和信息化部等
2023 年 10 月	《绿色航空制造业发展纲要(2023—2035 年)》	工业和信息化部等
4 城乡建设碳达峰行动		
2021 年 10 月	《关于推动城乡建设绿色发展的意见》	中办、国办
2022 年 1 月	《“十四五”建筑业发展规划》	住房和城乡建设部
2022 年 2 月	《“十四五”推进农业农村现代化规划》	国务院
2022 年 3 月	《“十四五”住房和城乡建设科技发展规划》	住房和城乡建设部
2022 年 3 月	《“十四五”建筑节能与绿色建筑发展规划》	住房和城乡建设部
2022 年 6 月	《农业农村减排固碳实施方案》	农业农村部等
2022 年 7 月	《城乡建设领域碳达峰实施方案》	住房和城乡建设部等
2022 年 11 月	《建材行业碳达峰实施方案》	工业和信息化部等
2023 年 7 月	《环境基础设施建设水平提升行动(2023—2025 年)》	国家发展改革委等
5 交通运输绿色低碳行动		
2022 年 1 月	《“十四五”现代综合交通运输体系发展规划》	国务院
2022 年 1 月	《绿色交通“十四五”发展规划》	交通运输部
2022 年 1 月	《交通领域科技创新中长期发展规划纲要(2021-2035 年)》	交通运输部等
2022 年 3 月	《城市绿色货运配送示范工程管理办法》	交通运输部等
2022 年 8 月	《绿色交通标准体系(2022 年)》	交通运输部
2022 年 9 月	《关于加快内河船舶绿色智能发展的实施意见》	工业和信息化部等

续表

发布时间	政策名称	发布单位
6 循环经济助力降碳行动		
2021 年 7 月	《“十四五”循环经济发展规划》	国家发展改革委
2022 年 1 月	《关于加快推动工业资源综合利用的实施方案》	工业和信息化部等
2022 年 3 月	《关于加快推进废旧纺织品循环利用的实施意见》	国家发展改革委等
2023 年 7 月	《关于促进退役风电、光伏设备循环利用的指导意见》	国家发展改革委等
7 绿色低碳科技创新行动		
2021 年 11 月	《贯彻落实碳达峰碳中和目标要求推动数据中心和 5G 等新型基础设施绿色高质量发展实施方案》	国家发展改革委等
2021 年 12 月	《“十四五”能源领域科技创新规划》	国家能源局等
2022 年 8 月	《科技支撑碳达峰碳中和实施方案（2022—2030 年）》	科技部等
2022 年 9 月	《“十四五”生态环境领域科技创新专项规划》	科技部等
2022 年 12 月	《关于进一步完善市场导向的绿色技术创新体系实施方案（2023—2025 年）》	国家发展改革委等
8 碳汇能力巩固提升行动		
2021 年 12 月	《林业碳汇项目审定和核证指南》（GB/T 41198—2021）	国家市场监督管理总局等
2022 年 2 月	《海洋碳汇经济价值核算方法》	自然资源部
9 绿色低碳全民行动		
2022 年 4 月	《加强碳达峰碳中和高等教育人才培养体系建设工作方案》	教育部
10 各地区梯次有序碳达峰行动		
2021 年 6 月	《浙江省碳达峰碳中和科技创新行动方案》	浙江省委科技强省建设领导小组
2021 年 11 月	《关于完整准确全面贯彻新发展理念做好碳达峰碳中和工作的实施意见》	中共吉林省委、吉林省人民政府
2022 年 1 月	《关于完整准确全面贯彻新发展理念认真做好碳达峰碳中和工作的实施意见》	中共河北省委、河北省人民政府
2022 年 1 月	《关于引导服务民营企业做好碳达峰碳中和工作的意见》	全国工商联
2022 年 2 月	《关于完整准确全面贯彻新发展理念做好碳达峰碳中和工作的实施意见》	中共浙江省委、浙江省人民政府
2022 年 2 月	《河南省“十四五”现代能源体系和碳达峰碳中和规划》	河南省人民政府
2022 年 3 月	《上海证券交易所“十四五”期间碳达峰碳中和行动方案》	上海证券交易所
2022 年 3 月	《关于完整准确全面贯彻新发展理念做好碳达峰碳中和工作的实施意见》	中共湖南省委、湖南省人民政府

续表

发布时间	政策名称	发布单位
2022 年 3 月	《关于完整准确全面贯彻新发展理念做好碳达峰碳中和工作的实施意见》	中共四川省委、四川省人民政府
2022 年 4 月	《关于完整准确全面贯彻新发展理念做好碳达峰碳中和工作的实施意见》	中共江西省委、江西省人民政府
2022 年 5 月	《关于完整准确全面贯彻新发展理念做好碳达峰碳中和工作的实施意见》	中共广西壮族自治区委员会、广西壮族自治区人民政府
2022 年 6 月	《关于完整准确全面贯彻新发展理念做好碳达峰碳中和工作的实施意见》	内蒙古自治区党委、自治区人民政府
2022 年 7 月	《江西省碳达峰实施方案》	江西省人民政府
2022 年 7 月	《关于完整准确全面贯彻新发展理念推进碳达峰碳中和工作的实施意见》	中共广东省委、广东省人民政府
2022 年 7 月	《上海市碳达峰实施方案》	上海市人民政府
2022 年 8 月	《吉林省碳达峰实施方案》	吉林省人民政府
2022 年 8 月	《关于完整准确全面贯彻新发展理念做好碳达峰碳中和工作的实施意见》	中共福建省委、福建省人民政府
2022 年 8 月	《海南省碳达峰实施方案》	海南省人民政府

2021 年 10 月，国务院新闻办公室发布了《中国应对气候变化的政策与行动》白皮书，该书介绍了中国应对气候变化的政策理念、实践行动和成就贡献，分享中国应对气候变化的实践和经验，包含中国应对气候变化新理念，实施积极应对气候变化国家战略，中国应对气候变化发生历史性变化，以及共建公平合理、合作共赢的全球气候治理体系四个方面的内容。

2022 年 6 月，生态环境部、国家发展和改革委员会等 17 部门联合印发《国家适应气候变化战略 2035》（以下简称《适应战略 2035》），是在深入评估气候变化影响风险和适应气候变化工作基础及挑战机遇的基础上发布的新战略，提出了新阶段下中国适应气候变化工作的主要目标，进一步明确了适应气候变化工作重点领域、区域格局和保障措施。《适应战略 2035》明确当前至 2035 年，适应气候变化应坚持主动适应、预防为主等原则，气候适应型社会基本建成。

与2013年的《国家适应气候变化战略》相比，《适应战略2035》具有四个特征：一是更加突出气候变化监测预警和风险管理，提出完善气候变化观测网络、强化气候变化监测预测预警、加强气候变化影响和风险评估、强化综合防灾减灾等任务举措；二是划分自然生态系统和经济社会系统两个维度，分别明确了水资源、陆地生态系统、海洋与海岸带、农业与粮食安全、健康与公共卫生、基础设施与重大工程、城市与人居环境、敏感二三产业等重点领域适应任务；三是多层面构建适应气候变化区域格局，将适应气候变化与国土空间规划结合，并考虑气候变化及其影响和风险的区域差异，提出覆盖全国八大区域和京津冀、长江经济带、粤港澳大湾区、长三角、黄河流域等重大战略区域适应气候变化任务；四是更加注重机制建设和部门协调，进一步强化组织实施、财政金融支撑、科技支撑、能力建设、国际合作等保障措施。

为贯彻落实《适应战略2035》，生态环境部办公厅印发了《省级适应气候变化行动方案编制指南》，指导各省区市编制实施省级适应气候变化行动方案，强化省级行政区域适应气候变化行动力度。四川、吉林、湖北率先印发本地区适应气候变化行动方案。

2022年10月，生态环境部发布了《中国应对气候变化的政策与行动2022年度报告》，这是对《2020年度报告》的延续，内容包括中国应对气候变化新部署、积极减缓气候变化、主动适应气候变化、完善政策体系和支撑保障、积极参与应对气候变化全球治理五个方面。同时，全面总结了2021年以来中国各领域应对气候变化新的部署和政策行动，展示中国应对气候变化工作的新进展和新成效，以及为推动应对气候变化全球治理所作出的贡献，并阐述了中方关于《联合国气候变化框架公约》第27次缔约方大会（COP27）的基本立场和主张。

2023年8月，生态环境部等8部门联合印发《关于深化气候适应型城市建设试点的通知》，将以城市为切入点，积极探索气候适应型城市建设路径和模式，着力提升城市适应气候变化能力。此外，生态环境部还正在研究编制《适应气候变化——省级气候变化影响和风险评估技术指南》，将进一步加强气候变化影响和风险评估工作。

2023 年 10 月，生态环境部按惯例编制《中国应对气候变化的政策与行动 2023 年度报告》，介绍了 2022 年以来中国应对气候变化的新进展，总结了中国应对气候变化的新部署、新要求，反映了重点领域控制温室气体排放、适应气候变化、碳市场建设、政策和支撑保障以及积极参与应对气候变化全球治理的进展，并阐述了中国对《联合国气候变化框架公约》第 28 次缔约方大会（COP28）的基本主张和立场。

（二）中国适应气候变化制度建设的主要内容

1. 重大战略

推进和实施适应气候变化重大战略，努力提高适应气候变化的能力和水平。党的十八大以来，中国把主动适应气候变化作为实施积极应对气候变化国家战略的重要内容，构建起目标明确、分工合理、措施有力、衔接有序的“1+N”政策体系，实施积极应对气候变化国家战略。一是坚决遏制高耗能高排放低水平项目盲目发展，严格控制并逐年收紧煤电、石化、化工、钢铁、有色金属冶炼、建材等“双高”行业准入门槛。二是组织实施工业锅炉窑炉节能改造、内燃机系统节能、电机系统节能改造、余热余压回收利用、热电联产等九大重点节能工程，全方位提高“双高”企业的能源利用效率。三是通过完善绿色采购、绿色信贷、绿色税收等激励机制，构建政府引导、市场推动与企业主导的三位一体绿色低碳工业园区发展模式，引导供应链相关企业提升工艺水平、优化用能结构，基本实现了制造业的绿色转型。四是通过税收、补贴和绿色基金等方式引导企业积极采用绿色低碳技术，鼓励银行和担保机构丰富绿色债券与绿色保险产品，为中小企业绿色低碳技术的开发与应用提供担保服务和信贷支持。五是积极利用市场机制控制和减少温室气体排放，推动重点企业节能减排行为的改变，建立和完善温室气体自愿减排交易机制，有效促进了能源结构优化和生态保护补偿。

积极开展重点区域、重点领域适应气候变化行动，强化监测预警和防灾减灾，努力提高适应气候变化能力和水平。推进和实施适应气候变化重大战略，编制完成《国家适应气候变化战略2035》；开展重点区域适应气候变化行动，制定《城市适应气候变化行动方案》《海绵城市专项规划编制暂行规定》等专项文件；推进农业、林业、草原、水资源和公众健康等重点领域适应气候变化行动；强化自然灾害风险监测、调查和评估，完善自然灾害监测预警预报和综合风险防范体系。2017年，中国选取28个城市开展气候适应型城市建设试点，完成农业气象灾害风险区划5000多项，实现基层气象防灾减灾标准化全国县（区）全覆盖。①

2. 支持措施

国家出台税收优惠、财政补贴、绿色金融等政策支持“双碳”目标的实现。

2021年11月，国资委印发《关于推进中央企业高质量发展做好碳达峰碳中和工作的指导意见》的通知，推动作为碳排放重点单位的中央企业在推进国家碳达峰碳中和中发挥示范引领作用。

2022年3月，生态环境部办公厅发布了《关于做好2022年企业温室气体排放报告管理相关重点工作的通知》，以加强企业温室气体排放数据管理工作，强化数据质量监督管理。

财税政策助力是实现“双碳”目标不可或缺的一环，需更进一步发挥财税政策“指挥棒”“牵引机”作用，为此有关部门也出台了相应政策。2022年5月，财政部印发《财政支持做好碳达峰碳中和工作的意见》的通知，充分发挥财政职能作用，推动如期实现“双碳”目标；国家税务总局印发《支持绿色发展税费优惠政策指引》，实施了56项支持绿色发展的税费优惠政策，以支持环境保护、促进节能环保、鼓励资源综合利用、推动低碳产业发展。6月，中国银保监会制定了《银行业保险业绿色金融指引》，为促进银行业保险业发展绿色金融，更好助力污染防治攻坚，有序推进碳达峰碳中和工作提供指引。

3. 国际合作

中国积极参与国际气候治理，与国际社会合作，推进碳减排技术的研发

① 资料来源：《关于深化气候适应型城市建设试点的通知》。

和应用，努力推动构建公平合理、合作共赢的全球气候治理体系。

2021 年 7 月，生态环境部发布了《中国应对气候变化的政策与行动 2020 年度报告》，阐述了中国政府坚持“共同但有区别的责任”等原则，坚定推动多边进程，在气候国际谈判中发挥积极建设性作用，推动气候变化南南合作的有关情况，以及为推动构建公平合理、合作共赢的全球气候治理体系作出的“中国贡献”。

中美气候合作是中国在气候变化领域开展国际合作中不可或缺的一环。作为世界上最大的两个经济体和温室气体排放国，中美两国在气候变化领域的合作对于全球应对气候变化具有决定性的影响。早在 2013 年，两国便发布了《中美气候变化联合声明》，成立气候变化工作组，达成科学共识应对气候风险。2021 年 4 月，中美就气候问题进行会谈，发布了《中美应对气候危机联合声明》，强调在《联合国气候变化框架公约》和《巴黎协定》等多边进程中开展合作。在同年举行的英国格拉斯哥《联合国气候变化框架公约》第二十六次缔约方大会（COP26）上，两国再次携手发布了《中美关于在 21 世纪 20 年代强化气候行动的格拉斯哥联合宣言》，继续讨论 21 世纪 20 年代的具体减排行动，以确保《巴黎协定》相符的温升限制目标可以实现。2023 年 11 月，两国共同发表《关于加强合作应对气候危机的阳光之乡声明》，这是两国达成的第三份气候领域共识文件，且内容更加丰富具体，覆盖了中美气候合作机制建立、能源转型、甲烷及其他非二氧化碳温室气体排放、循环经济和资源利用效率、地方合作、森林、温室气体和大气污染物减排协同、2035 年国家自主贡献（NDC）、COP28 等九大议题。这三份文件体现了中美气候合作的发展，有望为全球气候治理打开新局面。

四　中国碳市场制度建设

（一）中国碳市场制度建设的历史演进

碳排放权交易市场（以下简称“碳市场”）作为碳减排的市场化途径，

通过配额管理制度，将温室气体控排责任压实到企业，并设置相应的经济激励机制以推动企业加强碳排放管理，是以最具成本效益的方式实现减排目标的重要政策工具。“十二五”以来，中国为了应对气候变化、促进经济可持续发展、提升资源利用效率、推动低碳转型，开始进行碳排放权交易（以下简称“碳交易”）试点，推进全国碳交易体系建设。目前，中国碳市场的发展取得了长足进步，已成为全球覆盖碳排放量最大的碳市场。

1. 地方试点启动阶段（2010~2013年）

2010 年 9 月，国务院发布《关于加快培育和发展战略性新兴产业的决定》，首次提出要建立和完善主要污染物和碳排放权交易制度。2011 年 3 月，国务院发布的“十二五”规划中提出逐步建立碳市场，推进低碳试点示范。

2011 年 10 月，国家发展改革委颁布《关于开展碳排放权交易试点工作的通知》，批准北京、上海、天津、重庆、湖北、广东和深圳 7 省市开展碳交易试点工作，标志着中国正式启动碳排放权交易试点。

2011 年 12 月，国务院发布《“十二五”控制温室气体排放工作方案》，明确探索建立碳排放权交易市场，提出了建立自愿减排交易机制、开展碳排放权交易试点、加强碳排放权交易支撑体系建设的具体要求。

2012 年 6 月，国家发展改革委印发的《温室气体自愿减排交易管理暂行办法》，是为鼓励开展基于项目的自愿减排交易活动而设置的暂行办法，开启了中国自愿碳交易标准及市场建设的篇章，对提高自愿减排交易的公正性，调动全社会自觉参与碳减排活动的积极性发挥了重要作用。

2013 年 6 月，首个碳排放权交易试点市场在深圳率先启动，随后相继启动其他 6 个第一批试点碳市场，从此中国试点碳市场开始交易。之后，福建获批成为国内第 8 个试点碳市场。自 2013 年 6 月深圳试点碳市场率先正式启动至 2016 年 12 月，试点的碳交易覆盖热力、电力、钢铁、石化、水泥、制造业、大型公建等行业，碳交易数量累计达到 1.6 亿吨，交易总值达 25 亿元人民币。

这一时期，中国关于碳交易的政策散见于国民经济规划、通知、方案等政府文件，例如“十二五”规划、《金融业发展和改革“十二五”规划》、《能源发展“十二五”规划》和《关于2013年深化经济体制改革重点工作意见的通知》等文件，暂未发布纲要统领性文件。

各试点地区根据自身实际情况，出台了地方性碳排放权交易试点政策。如《北京市碳排放权交易试点办法》《上海市碳排放权交易管理办法》等。这些试点政策主要探索了碳市场的基础机制和运行模式，如配额分配、交易规则、核查制度等。目前试点区域均能够有序且有效运行，继续为全国碳市场的技术创新和政策制度创新起领航作用。

2. 全国碳市场准备阶段（2014~2019年）

在7个试点碳市场启动后，2013年，党的十八届三中全会进一步明确提出建设全国碳市场成为全面深化改革的重要任务之一。

2014年12月，国家发展改革委发布了《碳排放权交易管理暂行办法》，首次从制度层面明晰了全国碳市场建设的总体框架。

2015年，中国在《中美元首气候变化联合声明》及巴黎气候大会上的承诺，中国计划于2017年启动全国碳排放权交易体系。这是首次公开宣布中国碳市场的启动时间。

2016年1月，国家发展改革委发布《关于切实做好全国碳排放权交易市场启动重点工作的通知》，再次重申2017年启动全国碳排放权交易，实施碳排放权交易制度。10月，《“十三五”控制温室气体排放工作方案》中明确提出中国将于2017年启动全国碳排放权交易市场，推动区域性碳排放权交易体系向全国碳排放权交易市场过渡，2020年力争建成全国碳排放权交易市场。

2017年12月，国家发展改革委印发《全国碳排放权交易市场建设方案（发电行业）》，宣布以发电行业为突破口，分三个周期建立全国碳排放权交易市场，决定同时进行碳排放的数据报送系统、碳排放权注册登记系统、碳排放权交易系统和结算系统等四个支撑系统的建设。次日，国家发展改革委召开了中国碳市场建设的新闻发布会，宣布正式启动全国碳市场。这标志着全国碳排放权交易市场的建设正式拉开帷幕。

2018 年，全国碳市场建设的具体技术性操作开始成为主要建设任务，如数据报送、注册登记等系统建设工作加速跟进。2019 年，随着相关基础工作的完成，以发电行业配额交易为主的全国碳市场进入重要的模拟、运行阶段。

3. 全国碳市场发展阶段（2020年以来）

2020 年，全国碳市场建设进入深化完善阶段。12 月，生态环境部发布了《2019—2020 年全国碳排放权交易配额总量设定与分配实施方案（发电行业）》和《纳入 2019—2020 年全国碳排放权交易配额管理的重点排放单位名单》，表明发电行业的碳排放强度远高于其他行业，全国碳市场建设将以发电行业为突破口，率先开展全国范围内的碳排放权交易，名单公布的纳入配额管理的重点排放单位实现了发电行业重点排放单位的全覆盖。

2020 年 12 月，生态环境部正式发布《碳排放权交易管理办法（试行）》，对全国碳交易及相关活动进行了全面规范，进一步加强了对温室气体排放的控制和管理，为新形势下加快推进全国碳市场建设提供了更加有力的法治保障。

2021 年是全国碳排放权交易发展的分水岭。2021 年 1 月 1 日起，中国正式启动全国碳市场发电行业第一个履约周期，总排放规模预计约为 45 亿吨二氧化碳，约占全国碳排放总量的 40%，成为全球覆盖碳排放量最大的碳市场。这标志着全国碳交易体系正式投入运行，全国碳市场的建设和发展进入了新的阶段。

2021 年 5 月，生态环境部发布《碳排放权登记管理规则（试行）》《碳排放权交易管理规则（试行）》《碳排放权结算管理规则（试行）》，进一步规范全国碳排放权登记、交易、结算活动，落实全国碳市场的管理规则体系。这三项新规明确了管理全国碳市场登记和交易工作的主体机构，即在全国碳排放注册登记机构（以下简称“中碳登”）和全国碳排放权交易机构（以下简称“中碳所”）成立前，由湖北碳排放权交易中心有限公司和上海环境能源交易所股份有限公司承担具体工作。

经过多年的准备与模拟运行，2021 年 7 月 16 日，以电力行业为对象的全国碳市场正式上线，全国碳交易在上海环境能源交易所正式启动，纳入发电行业2000余家，这对“双碳”目标的实现具有重大的现实意义。除发电行业外，后续将逐步扩大行业覆盖范围，如钢铁、石化、化工、航空等重点行业，随着时间的推移，全国碳市场的交易产品和方式将进一步丰富，中国碳市场将成为全球最大的碳市场。

2024年2月，国务院发布了《碳排放权交易管理暂行条例》，为碳市场提供了更具法治性的管理框架，这也是中国碳市场发展的重要里程碑，为市场运行提供了更加明确的法规依据。5月，国务院发布《2024—2025年节能降碳行动方案》，再次提出要完善全国碳市场法规体系，积极开展以电力、碳市场数据为基础的能源消费和碳排放监测分析。

（二）中国碳市场制度建设的基本要素

1. 碳排放权

（1）碳排放权的定义

碳排放权，一般指与温室气体排放的相关权益。为控制温室气体浓度、防止气候被人为破坏，经《联合国气候变化框架公约》《京都议定书》《巴黎协定》等一系列协定，相关缔约国约定了自行承诺的碳排放分配数量和减少碳排放承诺的数量，这也是碳排放权概念的来源。而基于对碳排放的有限分配和限制，各国也不同程度地发展出了一系列碳排放权交易制度，原则上为：如排放国家/企业的实际碳排放数量未达分配额，可将未使用的分配额进行交易；如排放国家/企业的实际碳排放数量超出分配额，可额外购买其他国家/企业未使用的分配额。因此，在市场交易实践的语境下，碳排放权也主要指碳排放配额及其交易权益。

在中国法律法规中，碳排放权主要指碳排放配额，碳排放权交易主要指对碳排放配额的交易。在前期地方试点交易市场中，碳排放权也被定义为“排放温室气体的权益”，而碳排放配额则被认为是碳排放权的量化，或者凭证载体（例如北京、天津、重庆、湖北等地）。上海和广东在交易市场中并未使用“碳排放权”这一表述，而直接使用“碳排放管理”作为规范性文件名称，强调交易市场主要目的是规范碳排放管理。

综合来说，碳排放权是指在控制总碳排放量的条件下，通过碳排放管理主管部门的核定，针对不同类型企业，通过既定的排放量计算方法，发放给纳管企业一定时期内向大气排放温室气体的配额，也就是碳排放配额（CEA）。而当企业实际排放量超出所得配额时，则需要花钱购买超出配额的排放量；当企业实际排放量低于所得配额时，结余部分可以结转使用或者对外出售。

（2）碳排放权的获得方式

目前我国实践中碳排放权的获得方式比较有限，主要包括由生态环境主管部门初始分配、承继或强制执行、参与碳市场等方式直接获得，或者通过参与中国核证自愿减排量（Chinese Certified Emission Reduction，CCER）交易间接参与、获得经济收益。

一是通过分配方式获得。根据《碳排放权交易管理办法（试行）》（以下简称《管理办法》）和各试点地区的相关规定，碳排放权初始是由生态环境主管部门分配给一定条件的温室气体排放单位（以下简称“排放单位”），由其履行碳减排义务，在规定的时间内按照其实际碳排放量清缴其被分配的碳排放配额。

在全国碳市场中，符合条件的排放单位被称为温室气体重点排放单位，其名录由省级生态环境主管部门制定（也可由排放单位自行申请），并须为全国碳市场覆盖行业（截至2024年9月，仅有电力行业被纳入，被纳入的排放单位均为电力企业），且年度温室气体排放量达到2.6万吨二氧化碳当量。而在试点地方交易市场中，被纳入碳排放配额管理的、或可被分配碳排放配额的排放单位也基本由当地政府或政府部门根据其行业碳排放情况及排放单位自身的温室气体排放量确定。

目前，对排放单位分配碳排放配额（或碳排放权）的方式仍为免费分配，但根据《管理办法》及试点地方相关规范性文件，以及碳排放权交易的发展趋势，后续可能会逐步引入有偿分配模式。另外根据《管理办法》第19条，为鼓励减排，已获得碳排放配额的排放单位也可出于减少温室气体排放等公益目的自愿注销其所持有的碳排放配额。自愿注销的碳排放配额，在国家碳排放配额总量中予以等量核减，不再进行分配、登记或者交易，对应所有权益即消灭。

二是通过承继、强制执行等方式获得。根据《碳排放权登记管理规则（试行）》第 21 条、第 22 条，除对排放单位的初始分配外，其他机构和个人也可能通过承继、强制执行等方式获得碳排放权。在试点地区，例如根据上海相关规定，如排放单位合并的，其所持有的碳排放配额可由合并后存续或新设单位承继；如排放单位分立的，其所持有的碳排放配额可由分立后拥有排放设施的单位承继。

三是通过碳市场参与交易获得。排放单位按实际碳排放量清缴其碳排放配额时，如其实际排放量高于其被分配的配额，该排放单位须通过碳市场购买其他排放单位、机构或个人的碳排放配额；如排放单位实际排放量低于其被分配的配额，则排放单位也可将未使用配额留在下一年度使用，或通过碳市场卖给其他排放单位、机构或个人。

四是通过参与 CCER 交易获得。根据《管理办法》和各试点地区的相关规定，CCER 具有抵销清缴机制，即排放单位可以使用 CCER 抵消碳排放配额的清缴。但是，该抵消有比例限制，例如全国碳市场规定重点排放单位抵消比例不得超过应清缴碳排放配额的 5%；并且用于抵消的 CCER，不得来自纳入相应碳市场配额管理的减排项目。因此尽管有相应限制，该抵消机制允许排放单位申请获取或向其他机构和个人购买 CCER 抵消碳排放配额清缴，也给予了其他机构和个人通过参与 CCER 交易而间接参与碳交易、获取相关经济收益的机会和可能性。

2. 碳交易

碳交易，全称为碳排放权交易，即把二氧化碳排放权作为一种商品，买方通过向卖方支付一定金额获得一定数量的二氧化碳排放权，从而形成了二氧化碳排放权的交易。

碳交易的主要目的在于利用市场机制来推动低碳发展，实现温室气体减排目标，创造环境效益和经济效益的双赢。它在控制温室气体排放总量的前提下，实施碳排放权的买卖交易，给予企业经济激励进行排放减量，促进企业采取措施减少温室气体排放，具有重要的环境效益和经济效益。

3. 碳排放配额

（1）碳排放配额的定义

碳排放配额是指经政府主管部门核定，企业所获得的一定时期内向大气中排放温室气体（以二氧化碳当量计）的总量，即纳入碳交易的企业允许的碳排放额度。企业为了履约，每年必须核销与自身排放量等量的配额，它是碳市场的主要交易产品。

碳排放配额分配是碳排放权交易制度设计中与企业关系最密切的环节。碳排放权交易体系建立以后，由于配额的稀缺性将形成市场价格，因此配额分配实质上是财产权利的分配，配额分配方式决定了企业参与碳排放权交易体系的成本。

根据《全国碳排放权配额总量设定与分配方案》，全国碳市场覆盖石化、化工、建材、钢铁、有色、造纸、电力（含自备电厂）和航空等八个行业中年度综合能源消费量 1 万吨标准煤（约 2.6 万吨二氧化碳当量）及以上的企业或经济主体。目前，只有电力行业被纳入全国碳市场。

各省级、计划单列市生态环境主管部门可根据本地实际适当扩大纳入全国碳市场的行业覆盖范围，增加纳入的重点排放单位，报国务院生态环境主管部门备案。纳入碳市场管理的温室气体包括企业化石燃料燃烧排放的二氧化碳、水泥和化工等部分行业工业过程产生的二氧化碳、电力热力消费间接产生的二氧化碳。

配额总量是纳入全国碳市场企业的排放上限，根据全国碳市场覆盖范围、国家重大产业发展布局、经济增长预期和控制温室气体排放目标等因素确定，具体按照“自下而上”方法设定，即由各省级、计划单列市生态环境主管部门分别核算本行政区域内各重点排放单位配额数量，加总形成本行政区域配额总量基数；国务院生态环境主管部门以各地配额基数审核加总为基本依据，综合考虑有偿分配、市场调节、重大建设项目等需要，最终研究确定全国配额总量。

（2）碳排放配额的分配方法

配额分配方法主要包括免费分配、有偿分配，以及这两种方法的混合使用；初始配额计算方法则主要包括历史排放法、历史碳强度下降法、行业基准线法（见表7）。

表 7　碳排放配额分配方法

项目	方法	描述	优缺点
如何分配	免费分配	政府直接免费发放给控排企业	优点:企业接受意愿强,政策容易推行,对经济负面影响相对小 缺点:会出现寻租问题
	有偿分配	拍卖分配:政府对碳配额进行拍卖,出价高的企业获得碳配额 固定价格法:企业按照固定价格购买	拍卖优点:增加政府收入,通过补贴政策降低扭曲效应,解决寻租问题,分配更有效率 缺点:不易被企业接受
分配多少	历史排放法	指以纳入配额管理的单位在过去一定年度的碳排放数据为主要依据,确定其未来年度碳排放配额的方法	优点:计算方法简单,对数据要求低 缺点:不公平,变相奖励了历史排放量高的企业,未考虑近期经济发展以及减排发展趋势,未考虑新公司无历史排放数据
	历史碳强度下降法	介于历史排放法和行业基准线法之间,是指根据排放企业的产品产量、历史强度值、减排系数等计算分配配额,即企业自身进行纵向对比,例如在过去3年、5年的平均排放水平上叠加减排系数	优点:计算方法相对简单,对数据要求相对低,适用于产品类型较多的行业 缺点:同样存在不公平,变相奖励了历史排放量相对高的企业,未考虑新公司无历史排放数据
	行业基准线法	指以纳入配额管理单位的碳排放效率基准为主要依据,确定其未来年度碳排放配额的方法,即与行业中企业进行横向对比,例如将整个行业的排放量较少的前15%、25%做加权平均作为基准值,在此基础上进行计算	优点:相对公平,为行业减排树立了明确的标杆,考虑了新老公司的排放 缺点:计算方法复杂,所需数据要求高,行政成本高,仅用于产品类别单一的行业

资料来源：作者整理。

在分配政策上，全国层面及各试点地区也相应出台了相关方案，以作为碳排放配额分配和管理等工作的依据（见表8）。

表 8　我国碳配额分配政策

碳市场	发布时间	政策	发布单位
全国	2022 年 11 月	《2021、2022 年度全国碳排放权交易配额总量设定与分配实施方案（征求意见稿）》	生态环境部办公厅
北京	2024 年 5 月	《关于做好 2024 年本市碳排放单位管理和碳排放权交易工作的通知》	北京市生态环境局
上海	2024 年 2 月	《上海市 2023 年度碳排放配额分配方案》	上海市生态环境局
广东	2024 年 1 月	《广东省 2023 年度碳排放配额分配方案》	广东省生态环境厅
天津	2023 年 12 月	《天津市 2023 年度碳排放配额分配方案》	天津市生态环境局
湖北	2023 年 11 月	《湖北省 2022 年度碳排放权配额分配方案》	湖北省生态环境厅
重庆	2023 年 9 月	《重庆市碳排放配额管理细则》	重庆市生态环境局
福建	2023 年 7 月	《福建省 2022 年度碳排放配额分配实施方案》	福建省生态环境厅
深圳	2023 年 6 月	《深圳市 2022 年度碳排放配额分配方案》《深圳市 2023 年度碳排放配额分配方案》	深圳市生态环境局

资料来源：作者整理。

4. 中国核证自愿减排量（CCER）

中国核证自愿减排量（CCER）指对我国境内可再生能源、林业碳汇等项目的温室气体减排效果进行量化核证，并在国家温室气体自愿减排交易注册登记系统中登记的温室气体减排量。与只进行配额交易的全国性碳市场不同，CCER 市场允许符合国家有关规定的法人、其他组织和自然人参与自愿减排交易。因此，参与 CCER 交易的市场主体，既可以是企事业单位、金融机构等，还可以是自然人，同时，温室气体为这些交易主体出售其经审定的自愿减排量提供了交易平台，这就为我国实行总量控制的碳交易体系带来了抵消机制，控排企业不仅可以在全国碳市场直接购买其他企业的排放配额，也可以选择在 CCER 市场上购买基于环保项目的自愿减排量用于抵消自己的碳排放量，因此 CCER 交易本质是一种抵消机制。这样强制碳市场和自愿碳市场，二者互补衔接、互联互通，共同构成了全国碳市场体系。强制碳市场的重点在于中国排放最大的高耗能行业中的重点排放企业，覆盖碳排放的七至八成。而 CCER 面向的是全社会各行业。

CCER 市场可以追溯到 2012 年，实际上来源于联合国清洁发展机制

（CDM），其伴随当时 7 个碳交易试点省市的碳市场产生。当时的业务主管部门国家发展改革委在 2012 年正式印发了《温室气体自愿减排交易管理暂行办法》和《温室气体自愿减排项目审定与核证指南》，为该市场奠定了制度基础，CCER 起步时有将近 200 个项目方法学，其中 173 个由联合国清洁发展机制（CDM）转化而来，比较活跃的方法学多为可再生能源并网发电方法学，即光伏、风电、水电等。随着 2015 年国家自愿减排交易注册登记系统上线，中国温室气体自愿减排交易市场正式运行。当时为了避免大量 CCER 项目短时间内涌入市场并造成冲击，7 个试点市场均对 CCER 的抵消比例设置了较为严格的上限，大多规定为抵消比例不能超过企业碳配额或企业实际碳排放量的 10%。由于当时全国碳市场尚未建设完成，服务于各地方碳市场的 CCER 明显供大于求，并且存在交易量小、个别项目不够规范等问题，也为了更好地从区域性试点碳市场向全国碳市场过渡，2017 年国家发展改革委暂停了中国温室气体自愿减排项目体系的新项目开发和减排量签发。2018 年，应对气候变化职能从国家发展改革委转隶到生态环境部，中国温室气体自愿减排交易的主管机构也随之发生变化。

2023 年是 CCER 市场的制度准备之年。2023 年 3 月，生态环境部向社会公开征集自愿减排项目方法学建议，收到林业、能源产业、废物处理等 15 个领域的 300 余项方法学，要求既保证项目满足额外性的要求，又能有一定的市场参与度。2023 年 10 月 19 日，生态环境部发布了《温室气体自愿减排交易管理办法（试行）》，明确了项目业主、审定与核查机构、注册登记机构、交易机构等各方权利、义务和法律责任，以及各级生态环境主管部门和市场监督管理部门的管理责任，为全国温室气体自愿减排交易市场有序运行奠定了基础性制度。10 月 24 日，生态环境部印发了包括造林碳汇、并网光热发电、并网海上风力发电和红树林营造在内的 4 个温室气体自愿减排方法学，明确了 CCER 市场优先支持的领域。2023 年 11 月 16 日，北京绿色交易所发布了《温室气体自愿减排交易和结算规则（试行）》，与此同时国家气候战略中心发布了《温室气体自愿减排注册登记规则（试行）》《温室气体自愿减排项目设计与实施指南》，可见主管部门正大力健全 CCER 交易市场制度体系并推动制度落实。2023 年 12 月 25 日，国家市场监督管理总局发布了《温室气体自愿减排项目审定与减排量核查实施规则》，进一步明确了温室气体自愿减排机制的审定与核查流程，并对信息披露作出了规定，增加了项目的透明度。

2024 年 1 月 19 日，国家认证认可监督管理委员会发布《国家认监委关于开展第一批温室气体自愿减排项目审定与减排量核查机构资质审批的公告》，该公告为 CCER 项目第三方展业制定了准入门槛。至此，CCER 市场的项目开发、审定、核查和交易等各个环节的制度已经基本就位。

北京绿色交易所作为全国温室气体自愿减排交易系统的运行和管理机构，为 CCER 提供集中统一的交易和结算服务，研究编制自愿减排交易和结算规则，为全国自愿减排交易市场的安全稳定、规范高效运行提供规则保障。2024 年 1 月 22 日，全国温室气体自愿减排交易市场启动，当日总成交量 37 万余吨，总成交额超过 2383 万元。中国海油是首单交易中的最大买家，购进了 25 万吨 CCER，卖方是海油发展，标的物是海油发展旗下工业余热利用热电联产项目的减排量。

相较于强制碳市场，CCER 市场价格略低，自愿减排市场对强制减排市场有补充作用，CCER 在与强制碳市场做置换交易时存在一定利润空间。根据《碳排放权交易管理办法（试行）》，重点排放单位每年可以使用核证自愿减排量抵消碳配额的清缴，抵消比例不得超过应清缴碳配额的 5%。当前，符合现有方法学的项目大部分由大型国企持有。例如，深远海风电和光热发电投资高昂、回报周期长，一般民营企业难以负担。对握有 CCER 项目的大型国企而言，自持比出售更好：一方面，它们自身往往有抵消碳配额的需求；另一方面，在碳交易体系机制设计中，CCER 单价低于碳配额价格，以给控排企业提供一种低成本履约的路径。

虽然 CCER 已于 2024 年重启，但新的项目签发至少需要半年时间。假设全国四类 CCER 项目全面开发，一年最多签发量不到 1 亿吨。但同时，全国碳市场覆盖的控排量是 51 亿吨，以 5%的 CCER 抵消量计算，理论需求是 2.5 亿吨，因此 CCER 的供应量还远远不够。未来将有更多方法学发布，CCER 供给量将随之上升。

此外，CCER 也是中国碳交易机制加强国际衔接的突破口，对完善全国碳市场的构成和帮助其未来衔接到国际碳市场起着十分重要的作用。

5. 碳金融

碳金融是指服务于减少温室气体排放技术、项目等的直接投融资，以及围绕碳排放权交易开展的直接和衍生金融活动。碳金融能够为碳市场提供交易、融资、资产管理等工具，对碳市场形成合理的碳价、提升交易活跃度有着重要推动作用。

碳金融市场就是金融化的碳市场，狭义上是指企业间就政府分配的温室气体排放权进行市场交易所产生的金融活动；广义上泛指服务于限制碳排放的所有金融活动。既包括碳排放配额及其金融衍生品交易，也包括基于碳减排的直接投融资活动以及相关金融中介等服务。

中国碳金融实践成效逐步显现。2022 年 4 月，中国证券监督管理委员会发布了金融行业标准《碳金融产品》（JR/T 0244—2022），明确碳金融产品的分类，给出了具体的碳金融产品实施要求，为金融机构开发、实施碳金融产品提供指引。在证监会的指导下，广州期货交易所稳步推动碳排放权期货研发，已经形成包括期货合约月份、交割制度、风险控制在内的一整套碳排放权期货合约制度设计方案。各金融机构纷纷开展碳保险、碳配额质押、“碳中和”债券、碳结构性存款等碳金融产品的创新和使用，更多金融资源投入碳减排领域。并将碳金融产品划分为碳市场融资工具、碳市场交易工具和碳市场支持工具，包括了碳债券、碳资产抵押质押融资、碳远期、碳期货、碳期权、碳保险、碳基金等系列碳市场金融化衍生产品（见表 9）。

表9 碳金融工具

类别	产品	含义及特点
交易工具	碳期货	是以碳排放配额及项目减排量等现货合约为标的物的合约,基本要素包括交易平台、合约规模、保证金制度、报价单位、最小交易规模、最小/最大波幅、合约到期日、结算方式、清算方式等。EU-ETS流动性最强、市场份额最大的交易产品就是碳期货,与碳现货共同成为市场参与者进行套期保值、建立投资组合的关键金融工具
	碳期权	实质上是一种标的物买卖权,买方向卖方支付一定数额权利金后,拥有在约定期内或到期日以一定价格出售或购买一定数量标的物的权利。如有企业有配额缺口,可以提前买入看涨期权锁定成本;如果企业配额富裕,可以提前买入看跌期权锁定收益
	碳远期	是国际市场上进行CCER交易的最常见和成熟的交易方式之一,买卖双方以合约的方式,约定在未来某一时期以确定价格买卖一定数量配额或项目减排量。碳远期的意义在于保值,帮助碳排放权买卖双方提前锁定碳收益或碳成本
	碳掉期	是以碳排放权为标的物,双方以固定价格确定交易,并约定未来某个时间以当时的市场价格完成与固定价交易对应的反向交易,最终只需对两次交易的差价进行现金结算。由于碳掉期交易的成本较低,且可有效降低控派企业持有碳资产的利率波动风险,已成为企业碳资产管理中的一项重要手段。目前中国碳掉期主要有两种模式:一是由控派企业在当期卖出碳配额,换取远期交付的等量CCER和现金;二是由项目业主在当期出售CCER,换取远期交付的不等量碳配额
融资工具	碳质押	是指以碳配额或项目减排量等碳资产作为担保进行的债务融资,举债方将估值后碳资产质押给银行或券商等债权人,获得一定折价的融资,到期再通过支付本息解押
	碳回购	指碳配额持有者向其他机构出售配额,并约定在一定期限按约定价格回购所交配额的短期融资安排。在协议有效期内,受让方可以自行处置碳配额
	碳债券	指政府、企业为筹集碳减排项目资金发行的债券,也可以作为碳资产证券化的一种形式,即以碳配额及减排项目未来收益权等为支持进行的债券型融资
支持工具	碳指数	碳指数可参考金融市场基于指数开发的交易产品,目前中国有中碳指数,为碳市场投资者和研究机构分析、判断碳市场动态及大势走向提供基础信息,未来也可以依托此类碳指数作为标的物开发相应的碳指数交易产品
	碳保险	是为了规避减排项目开发过程中的风险,确保项目减排量按期足额交付的担保工具。它可以降低项目双方的投资风险或违约风险,确保项目投资和交易行为顺利进行
	碳基金	是为参与减排项目或碳市场投资而设立的基金,既可以投资于CCER项目开发,也可以参与碳配额与项目减排量的二级市场交易。碳基金管理机构是碳市场的重要投资主体,碳基金本身则是重要的碳融资工具

资料来源:作者整理。

目前，碳金融产品主要在区域碳市场层面进行，全国碳市场的金融化仍进展较慢，亟须在全国层面放开。全国碳市场交易标的主要为碳配额和CCER，而上海试点碳市场包括碳配额现货、CCER和上海碳配额远期。上海碳配额远期是全国首个中央对手清算的标准化碳金融衍生品，是符合监管要求的、有中国特色的碳金融衍生品。

参考文献

薄凡、庄贵阳：《中国气候变化政策演进及阶段性特征》，《阅江学刊》2018年第6期。

曹先磊、许骞骞、吴伟光：《我国碳市场建设进展、问题与对策研究》，《经济研究参考》2021年第20期。

范英：《中国碳市场顶层设计：政策目标与经济影响》，《环境经济研究》2018年第1期。

傅京燕、刘佳鑫：《气候变化政策的协同收益研究述评》，《环境经济研究》2018年第2期。

郝敏：《国际气候安全与气候技术合作困境与对策——以中美气候技术合作为例》，《国际安全研究》2023年第5期。

黄勤、曾元、江琴：《中国推进生态文明建设的研究进展》，《中国人口·资源与环境》2015年第2期。

李娟：《中国生态文明制度建设40年的回顾与思考》，《中国高校社会科学》2019年第2期。

刘希刚、王永贵：《习近平生态文明建设思想初探》，《河海大学学报》（哲学社会科学版）2014年第4期。

吕江：《气候变化立法的制度变迁史：世界与中国》，《江苏大学学报》（社会科学版）2014年第4期。

吕忠梅：《习近平法治思想的生态文明法治理论》，《中国法学》2021年第1期。

齐绍洲、程师瀚：《中国碳市场建设的经验、成效、挑战与政策思考》，《国际经济评论》2024年2月2日网络首发。

隋广军、郁清漪、唐丹玲：《全球气候变化治理制度变迁的逻辑：路径、动力和效能》，《改革》2023年第7期。

孙永平、惠利：《积极参与全球气候治理维护全球气候正义》，《环境与生活》2023年第5期。

孙永平、张志强：《新时代十年我国气候治理的成功实践与宝贵经验》，《国家治理》2022 年第 17 期。

许骞、操群、王立彦：《碳市场、碳减排与企业价值——基于估值模型和电力试点企业数据的分析》，《福建论坛》（人文社会科学版）2020 年第 5 期。

姚前：《〈碳金融产品〉标准研制与应用发展》，《清华金融评论》2023 年第 2 期。

周生贤：《走向生态文明新时代——学习习近平同志关于生态文明建设的重要论述》，《求是》2013 年第 17 期。

周小川：《COP27 后应对气候变化的政策研究》，《新金融》2023 年第 2 期。

IPCC, *Climate Change 2022: Mitigation of Climate Change* (Cambridge: Cambridge University Press, 2022), pp. 78-102.

《"1+6 组合拳"功力练到几成？——聚焦生态文明体制改革》，中国政府网，2016 年 3 月 1 日，https://www.gov.cn/xinwen/2016-03/01/content_5047879.htm。

《凝聚起推进全球生态文明建设的国际合力（和音）》，人民网，2022 年 6 月 11 日，http://paper.people.com.cn/rmrb/html/2022-06/11/nw.D110000renmrb_20220611_3-03.htm。

《中共中央 国务院关于完整准确全面贯彻新发展理念做好碳达峰碳中和工作的意见》，2021 年 10 月 24 日，https://www.gov.cn/zhengce/2021-10/24/content_5644613.htm。

《关于印发〈国家适应气候变化战略 2035〉的通知》，2022 年 5 月 10 日，https://www.gov.cn/zhengce/zhengceku/2022-06/14/content_5695555.htm。

《中国应对气候变化的政策与行动》，2021 年 10 月 27 日，https://www.gov.cn/zhengce/2021-10/27/content_5646697.htm。

中国证券监督管理委员会发布《碳金融产品》（JR/T 0244—2022），2022 年 4 月 12 日，https://www.gov.cn/zhengce/zhengceku/2022-04/16/5685514/files/cc8cf837e8c645e4beaef8cde91f2c2f.pdf。

中国碳市场运行与履约

吕文慧　严　飞*

摘　要： 本报告对全国碳市场和各试点碳市场启动以来的纳入行业、重点企业数量、配额分配方法、市场运行和履约情况进行了梳理和总结，全国碳市场纳入重点企业数量逐渐增多，配额分配方法逐步改进，履约情况良好。试点碳市场中，湖北、深圳、广东成交量和成交额处于领先水平，各试点碳市场成交价格波动幅度较大，履约率均几乎达到100%。本报告为中国碳市场运行与履约的分析和研究提供了参考依据。

关键词： 碳市场　碳排放权交易　重点排放单位

一　全国碳市场运行与履约

2017年末，经国务院同意，《全国碳排放权交易市场建设方案》印发实施，要求建设全国统一的碳排放权交易市场。2020年12月29日，生态环境部印发《2019—2020年全国碳排放权交易配额总量设定与分配实施方案（发电行业）》，全国碳市场正式开始执行配额分配制度。2021年7月16日，全国碳排放权交易市场正式启动上线交易。交易中心设在上海（上海环境交易所），登记中心设在武汉（中碳登）。第一个履约周期内，共有2162家发电企业纳入重点排放单位，覆盖约45亿

* 吕文慧，中国地质大学（武汉）经济管理学院，主要研究方向为绿色低碳发展；严飞，湖北经济学院低碳经济学院院长，碳排放权交易省部共建协同创新中心常务副主任，教授，主要研究方向为低碳经济。

吨二氧化碳排放量，中国成为全球覆盖温室气体排放量规模最大的碳市场（见表1）。①

表1　全国碳市场基本情况

项　目	内　　容
开市时间	2021年
纳入行业	发电（水泥、电解铝、钢铁行业有望在2024~2025年纳入全国碳市场）
纳入门槛	年度温室气体排放量达到2.6万吨二氧化碳当量
配额分配方式	以免费分配为主，适时引入有偿分配
抵消机制	国家核证自愿减排量（CCER），抵消比例不得超过应清缴碳排放配额的5%

资料来源：根据生态环境部网站整理。

（一）全国碳市场纳入行业

2017年12月，国家发展改革委印发了《全国碳排放权交易市场建设方案（发电行业）》，该方案标志着全国碳排放权交易体系的启动。最初计划的全国碳排放权交易体系的纳入行业共包含14个四位数工业行业，即石化、钢铁、有色、造纸、电力、化工、建材等能源密集型行业。但截至2024年9月，中国的全国碳交易体系中纳入的行业仅包括电力行业，且在市场启动初期，只把火电行业作为重点排放单位，并在重点排放单位中间开展配额现货交易。发电行业由于行业性质，二氧化碳的年排放量超过40亿吨，因此把发电行业作为首批纳入行业，是发挥碳市场控制二氧化碳排放量的必然要求。除此之外，发电行业发展历史悠久，发展年限较长，管理制度相对优化，数据基础相对有效准确，便于开展碳市场交易。综观国际经验，大部分国家都优先将发电行业作为碳市场纳入行业。

2024年3月5日，十四届全国人大二次会议开幕。政府工作报告（以下简称“报告”）指出，加强生态文明建设，推进绿色低碳发展，不仅要大力发展绿色低碳经济，同时要积极稳妥推进碳达峰碳中和。关于积极稳妥

① 《全国碳市场第一个履约周期顺利收官，再启新征程》，《中国环境报》2022年1月24日。

推进碳达峰碳中和，“报告”称，积极稳妥推进碳达峰碳中和，扎实开展“碳达峰十大行动”。提升碳排放统计核算核查能力，建立碳足迹管理体系，扩大全国碳市场行业覆盖范围。其中，在确保全国启动碳交易并平稳规范运行下，扩大碳市场的参与行业和主体范围，有利于在总的减排目标下降低总的履约成本。扩大碳市场的参与行业也有助于平稳碳价。对于哪些行业优先考虑纳入全国碳市场，要从内外两个因素考虑。

最重要的是优先考虑那些碳排放量大、数据容易核查核实、碳配额也容易分配的行业。从这个角度考虑，钢铁、水泥和电解铝行业应优先考虑纳入全国碳市场。钢铁、水泥行业既是国民经济中重要的基础产业，同样也是碳排放大户，钢铁、水泥行业的碳排放分别占全国碳排放总量的13%～15%和10%～12%，因此这两个行业是实现“双碳”目标的重点碳减排行业。加上发电行业排放量45%的占比，这三个行业的碳排放总量占到全国排放总量的大约70%，远远超过欧盟碳交易体系覆盖欧盟碳排放总量的大约45%。[①] 生态环境部已连续多年重点组织开展了钢铁、水泥、石化、化工、建材、有色金属、造纸和航空等高排放行业的数据核算、报送与核查工作，对这些重点行业的配额分配方法、核算报告方法、核算要求指南、扩围实施路径等也开展了专题研究评估论证，这都为扩大全国碳市场覆盖行业范围奠定了一定基础。在2023年10月生态环境部发布的《关于做好2023—2025年部分重点行业企业温室气体排放报告与核查工作的通知》中，特别强调了水泥、电解铝和钢铁行业要提前完成，并同时更新了这几个行业的碳排放核算指南。这些都是水泥、电解铝和钢铁行业优先考虑纳入全国碳市场的积极信号。

外部环境也是确定优先顺序的考虑因素。根据欧盟委员会实施的CBAM法案，首批CBAM涵盖欧洲碳市场中的电力、钢铁、水泥、电解铝、化肥和氢六个领域生产过程中的直接碳排放。目前，欧盟CBAM提案只承认以碳税或排放额度形式存在的、可量化的碳价。如果进口商能够根据第三国生产商提交的可核查证据证明已经支付了碳价，则可以扣除相应金额。从减少

① 张中祥：《全国碳市场扩围应优先纳入钢铁、水泥和电解铝》，《新京报》2024年3月7日。

欧盟碳边境调节机制影响角度，可把欧盟 CBAM 覆盖的行业，比如钢铁、水泥、电解铝行业，作为优先考虑纳入全国碳市场的行业。

按照“成熟一个行业，纳入一个行业”的碳市场扩容原则，这样继发电行业后，预计全国碳市场优先纳入钢铁、水泥和电解铝行业，在“十五五”期间化工、航空、石化、造纸、建材、有色金属等其他六个高能耗行业也将被逐步纳入全国碳市场，以便在总的减排目标下降低总的履约成本。与此同时，要逐步增加交易品种，逐步推出碳金融衍生品，探索引入个人和机构投资者入市进行交易，助力提升市场流动性，最大化地发挥碳价格的激励作用，促进实现全社会绿色低碳转型，实现高质量经济发展，确保以最低的成本实现“双碳”目标。

（二）全国碳市场重点企业数量

1. 第一个履约周期

2020 年 12 月 30 日，中华人民共和国生态环境部发布了《纳入 2019—2020 年全国碳排放权交易配额管理的重点排放单位名单》（以下简称《重点排放单位名单》），《重点排放单位名单》共纳入了 2225 家企业，图 1 为这些企业在全国各省份的分布情况。2022 年 1 月 24 日，生态环境部举行 1 月例行新闻发布会，据发布会信息，全国碳市场第一个履约周期纳入的发电行业重点排放单位更新为 2162 家。2023 年 1 月 1 日，生态环境部在系统总结全国碳排放权交易市场第一个履约周期建设运行经验的基础上，发布了《全国碳排放权交易市场第一个履约周期报告》（以下简称《报告》），据《报告》信息，在全国碳市场第一个履约周期纳入的 2162 家重点排放单位中，由于企业关停、符合暂不纳入配额管理条件等原因，有 151 家重点排放单位未实际发放全国碳市场配额，第一个履约周期有 2011 家实际发放配额的重点排放单位。

全国碳市场第一个履约周期共纳入了 2162 家重点排放单位，年度覆盖二氧化碳排放量约 45 亿吨，是全球覆盖排放量规模最大的碳市场。全国碳市场第一个履约周期纳入的 2162 家重点排放单位均为发电行业（含其他行业自备电厂），为 2013~2019 年任一年排放达到 2. 6 万吨二氧化碳当量（综合能源消费量约 1 万吨标准煤）以上的企业或者其他经济组织。

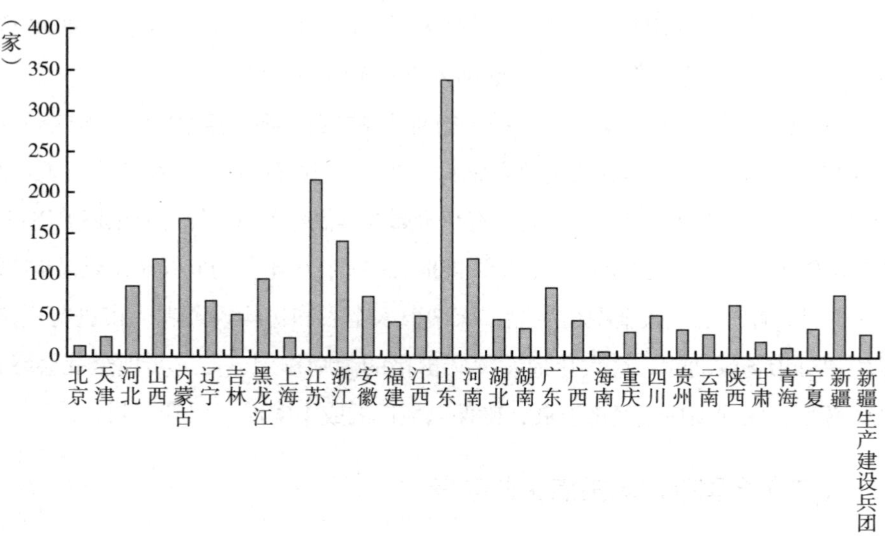

图 1　2019~2020 年全国碳排放权交易市场覆盖重点排放单位分布情况

资料来源：根据各省区市生态环境部门网站公开资料整理。

2. 第二个履约周期

在第二个履约周期内，电力行业企业增加 300 余家。如果未来钢铁、化工、建材、水泥等行业全部进入，企业的数量预计会达到 1 万家左右。中碳登承建的注登系统在建设之初就考虑到要满足市场扩容后的各项要求，在圆满支撑第一个履约周期的实战基础上，注登系统已为行业扩容完成了多项前期准备工作，目前完全具备承接全国碳市场多行业纳入的各项条件。为更好地服务第二个履约周期，从 2022 年开始，中碳登不断优化服务机制，持续提升服务质效，高效推动新增 300 余家重点排放单位注册登记账户开立及市场参与工作，并与多地生态主管部门合作，协助边远地区和履约困难地区做好能力建设。接下来，中碳登将在账户服务方面持续优化注册登记流程和系统功能，在交易结算方面加快推进“1+N”结算银行体系建设，在能力建设方面将继续为地方主管部门和控排企业提供更专业辅导。

2021 年和 2022 年全国碳排放权交易市场覆盖重点排放单位分布情况如图 2、图 3 所示，可以看出各省份和各地区间的重点排放单位分布情况差异较大，这和各省份的产业结构和城市定位有关，山东省的重点排放单位达到三百多家，而海南、北京、青海的重点排放单位则不到二十家，中国碳排放权交易市场覆盖的重点排放单位分布不均衡。

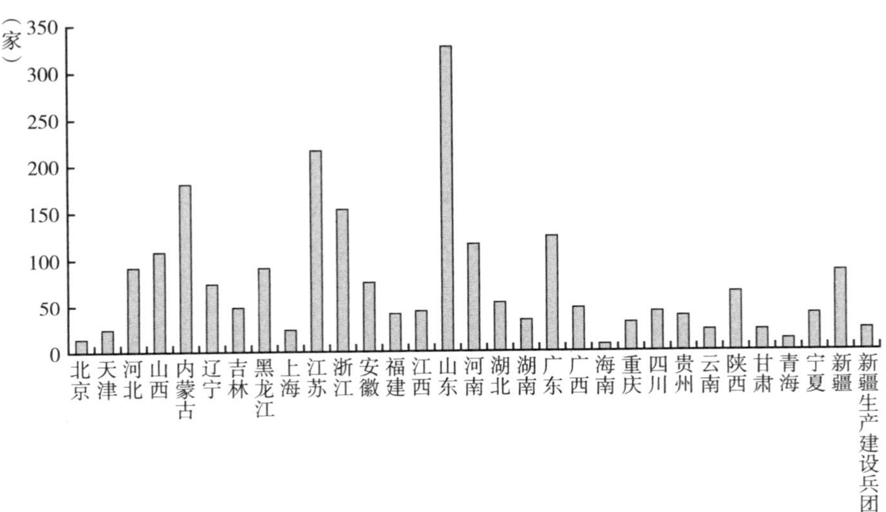

图 2　2021 年全国碳排放权交易市场覆盖重点排放单位分布情况

资料来源：根据各省区市生态环境部门网站公开资料整理。

（三）全国碳市场配额分配方法

1. 第一个履约周期

碳排放配额是国家分配给重点排放单位的规定期内的碳排放额度。生态环境部根据国家温室气体排放控制要求，制定碳排放配额总量确定与分配方案，2020 年 12 月，生态环境部印发《2019—2020 年全国碳排放权交易配额总量设定与分配实施方案（发电行业）》。第一个履约周期采用基于碳排放强度控制目标的行业基准法，核算重点排放单位拥有各类机组的配额数量，加总确定全国配额总量，通过预分配和核定分配两个阶段全部免费发放。全国碳市场第一个履约周期配额分配量最大的地区是山东、内蒙古、江苏，配额总量占全国 33.71%。300MW 等级以上常规燃煤机组、300MW 等级及以

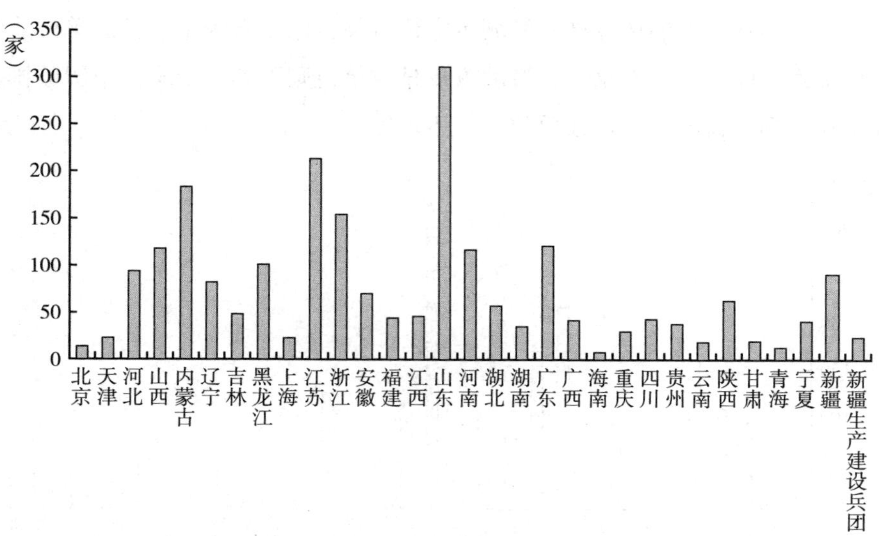

图 3　2022 年全国碳排放权交易市场覆盖重点排放单位分布情况

资料来源：根据各省区市生态环境部门网站公开资料整理。

下常规燃煤机组、非常规燃煤机组、燃气机组分配配额量分别占总配额量的 32.4%、48.3%、18.4%、0.9%。

重点排放单位应当在规定的时限内，向分配配额的省级生态环境主管部门清缴本履约期的碳排放配额，第一个履约周期配额清缴的截止日是 2021 年 12 月 31 日。2021 年 10 月和 2022 年 2 月，生态环境部先后印发《关于做好全国碳排放权交易市场第一个履约周期碳排放配额清缴工作的通知》和《关于做好全国碳市场第一个履约周期后续相关工作的通知》，对重点排放单位配额清缴的时间节点、清缴量以及相关操作规范等提出明确要求。为减轻配额缺口较大的重点排放单位履约负担，第一个履约周期设定配额履约缺口上限等柔性管理规定；为鼓励燃气机组发展，该类机组配额清缴量不大于其获得的免费配额量。重点排放单位每年可以使用 CCER 抵消碳排放配额清缴，抵消比例不超过应清缴碳排放配额的 5%。省级生态环境主管部门组织开展对未按时足额清缴配额重点排放单位的限期改正和处理工作，并公示配额清缴和处罚相关情况，目前均依法对社会公开。

2. 第二个履约周期

初始配额的分配制度是碳市场制度体系中的重要组成部分。公平、科学、可操作的配额分配方法和配额管理体系是保证碳市场健康有序运行、实现政策目标的基石。2023 年 3 月 13 日，生态环境部出台《2021、2022 年度全国碳排放权交易配额总量设定与分配实施方案（发电行业）》，用于 2021 年度、2022 年度配额分配、清缴等工作。方案延续了第一个履约周期配额分配覆盖主体范围以及基于强度的配额分配方法。

同时，与第一个履约周期配额分配方案相比，在四方面进行优化：一是实行配额年度管理模式，分年度规定基准值，2021 年度、2022 年度分别发放配额并履约；二是扩大负荷（出力）系数修正系数的使用范围，由之前“常规燃煤纯凝发电机组”调整至“全部常规燃煤机组”；三是新增配额预支机制，考虑到 2021 年和 2022 年新冠疫情、煤价居高不下、保障能源供应等因素，发电行业压力较大，为降低配额缺口较大企业的履约负担，对配额缺口在 10%及以上的重点排放单位，可申请预支 2023 年部分配额，预支量不超过配额缺口量的 50%；四是新增配额分配调整项，对于执法检查中发现问题并需调整的企业在 2021 年分配阶段调整其发放的配额量。通过对配额分配方法的调整以及履约机制的优化，增强全国碳市场免费配额分配的公平性、科学性、可操作性。

（四）全国碳市场运行情况

1. 2021年全国碳市场运行情况

从 2021 年 7 月 16 日全国碳市场开市到 2021 年末，尽管只有五个月左右的时间，但仍取得了不错的成绩。2021 年全国碳市场的交易主要集中在 12 月，2021 年碳排放配额总成交量达到 1.79 亿吨，其中挂牌协议交易成交量达到 3077 万吨，占到总成交量的 17.21%，大宗协议交易成交量达到 1.48 亿吨，占到总成交量的 82.79%。2021 年全国碳市场的成交总金额达到 76.61 亿元，其中挂牌协议交易成交金额为 14.51 亿元，占成交总金额的 18.94%，大宗协议交易成交金额为 62.10 亿元，占成交总金额的 81.06%（见图 4、图 5、表 2）。

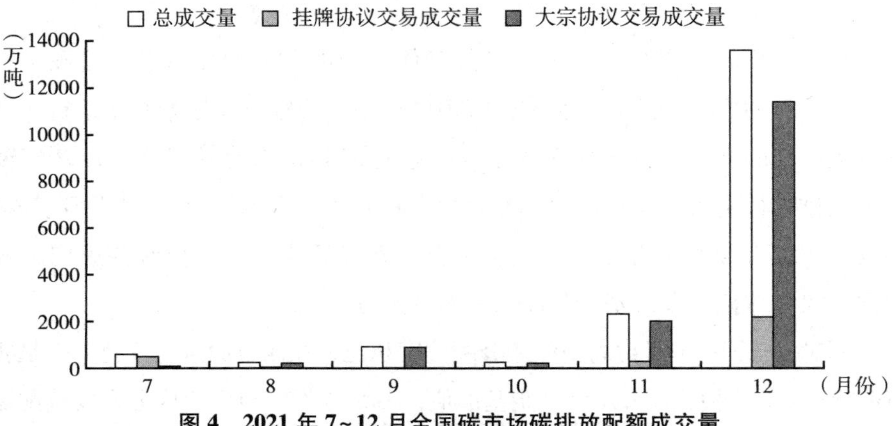

图 4　2021 年 7～12 月全国碳市场碳排放配额成交量

资料来源：根据 Wind 数据库整理。

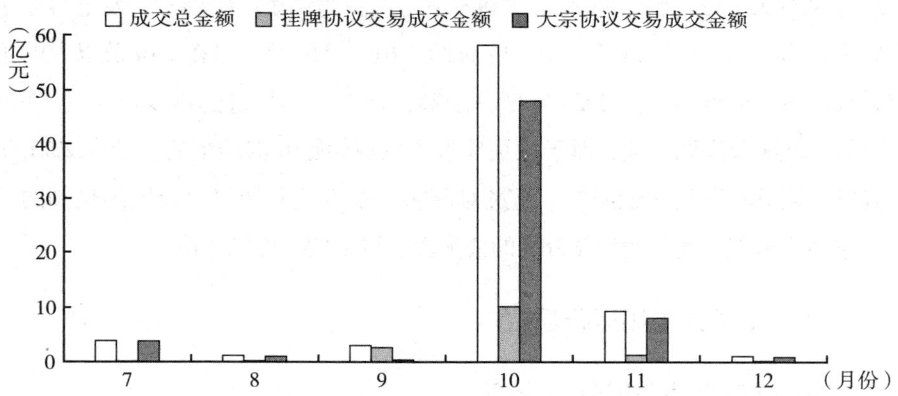

图 5　2021 年 7～12 月全国碳市场碳排放配额成交金额

资料来源：根据 Wind 数据库整理。

表 2　2021 年 7～12 月全国碳市场交易情况

单位：万吨，亿元

月份	成交量			成交金额		
	总成交量	挂牌协议交易	大宗协议交易	成交总金额	挂牌协议交易	大宗协议交易
7 月	595.19	505.19	90.00	3.00	2.62	0.38
8 月	248.85	35.36	213.49	1.17	0.19	0.98

续表

月份	成交量			成交金额		
	总成交量	挂牌协议交易	大宗协议交易	成交总金额	挂牌协议交易	大宗协议交易
9月	920.86	22.52	898.34	3.85	0.10	3.75
10月	255.30	40.74	214.55	1.07	0.18	0.90
11月	2302.97	296.02	2006.95	9.39	1.27	8.12
12月	13555.76	2177.62	11378.15	58.14	10.17	47.97
总计	17878.94	3077.46	14801.48	76.61	14.51	62.10

资料来源：根据Wind数据库整理。

图6展示了全国碳市场开市以来到2021年末的日成交最高价和最低价的变化趋势，可以看出全国碳市场的日成交价基本稳定在40~60元/吨，存在一定程度的波动。

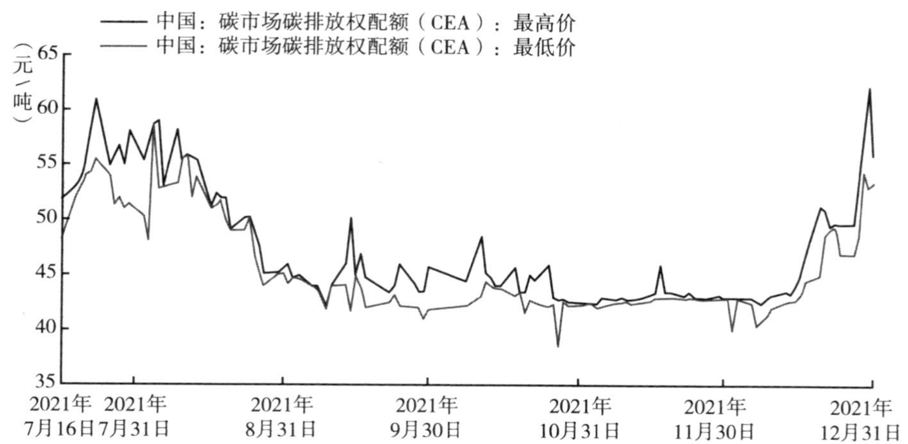

图6　2021年7~12月全国碳排放权交易市场日成交价变化

资料来源：根据Wind数据库整理。

2. 2022年全国碳市场运行情况

2022年全国碳市场碳排放权配额成交总量达到5097.09万吨，挂牌协议交易成交量为615.04万吨，约占交易总量的12.07%，大宗协议交易成交量为4482.05万吨，约占交易总量的87.93%。2022年全国碳市场碳排放配额成交总金额为28.20亿元，其中挂牌协议交易成交金额为3.54亿元，约占成交总金额的12.55%，大宗协议交易成交金额为24.66亿元，约占成交总金额的87.45%。2022年的全国碳市场交易主要集中在1月、11月、12月，且12月总成交量为2625.30万吨，创年内成交量新高（见图7、图8、表3）。

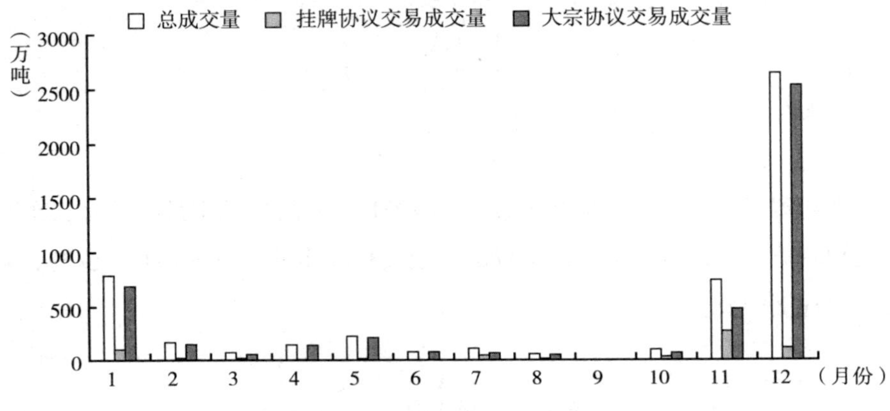

图7　2022年全国碳市场碳排放配额成交量

资料来源：根据Wind数据库整理。

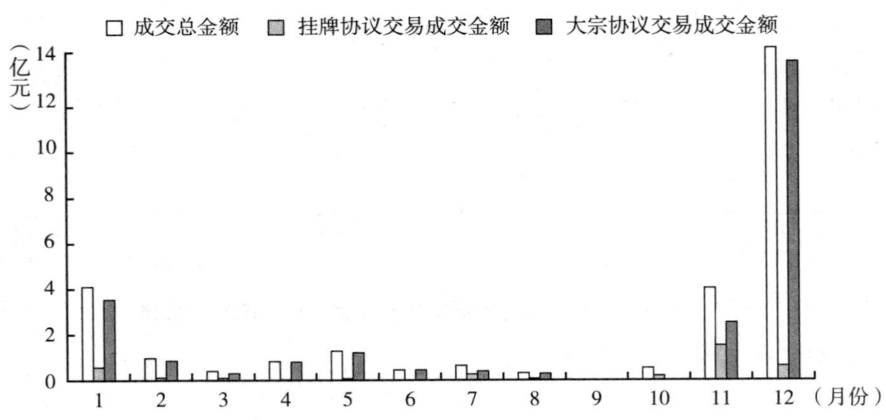

图8　2022年全国碳市场碳排放配额成交金额

资料来源：根据Wind数据库整理。

表 3　2022 年全国碳市场交易情况

单位：万吨，亿元

月份	成交量			成交金额		
	总成交量	挂牌协议交易	大宗协议交易	成交总金额	挂牌协议交易	大宗协议交易
1 月	786.25	99.18	687.06	4.11	0.57	3.54
2 月	167.06	19.24	147.82	0.96	0.11	0.85
3 月	70.86	16.79	54.07	0.40	0.10	0.30
4 月	145.05	4.54	140.51	0.83	0.03	0.80
5 月	225.51	12.51	213.00	1.28	0.07	1.21
6 月	77.03	0.03	77.00	0.45	0.00	0.45
7 月	109.20	44.20	65.00	0.64	0.26	0.39
8 月	62.94	12.81	50.13	0.36	0.07	0.29
9 月	1.08	1.08	0.00	0.01	0.01	0.00
10 月	96.97	31.01	65.97	0.53	0.18	0.35
11 月	729.84	263.42	466.41	4.04	1.52	2.52
12 月	2625.30	110.22	2515.08	14.59	0.62	13.97
总计	5097.09	615.04	4482.05	28.20	3.54	24.66

资料来源：根据 Wind 数据库整理。

2022 年全国碳市场日成交价变化波动较大。2022 年 1 月 4 日首个交易日，全国碳市场碳排放配额最高价就达到 59.64 元/吨，最低价则为 54.23 元/吨，最高价和最低价之间相差 5.41 元/吨；2 月 14 日，碳排放配额最高价和最低价之间的差值更是达到 8.26 元/吨。1 月 28 日，全国碳市场达到全年最高价 61.60 元/吨；2 月 11 日，全国碳市场达到全年最低价 50.54 元/吨（见图 9）。

3. 2023年全国碳市场运行情况

2023 年全国碳市场碳排放配额总成交量为 2.12 亿吨，其中挂牌协议交易成交量为 3533.62 万吨，占总成交量的 16.67%，大宗协议交易成交量为 1.77 亿吨，占总成交量的 83.33%。2023 年全国碳市场碳排放配额成交总金额为 144.84 亿元，其中挂牌协议交易成交金额为 26.05 亿元，占成交总金额的 17.99%，大宗协议交易成交金额为 118.78 亿元，占总

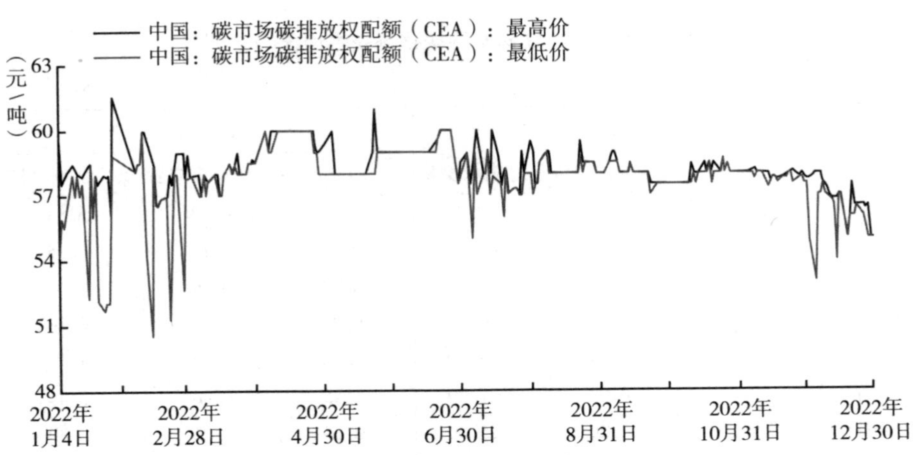

图 9　2022 年全国碳市场日成交价变化

资料来源：根据 Wind 数据库整理。

成交额的 82.01%。2023 年全国碳排放权交易市场交易集中在下半年，10 月份达到交易高峰期，10 月份总成交量为 9305.13 万吨（见图 10、图 11、表 4）。

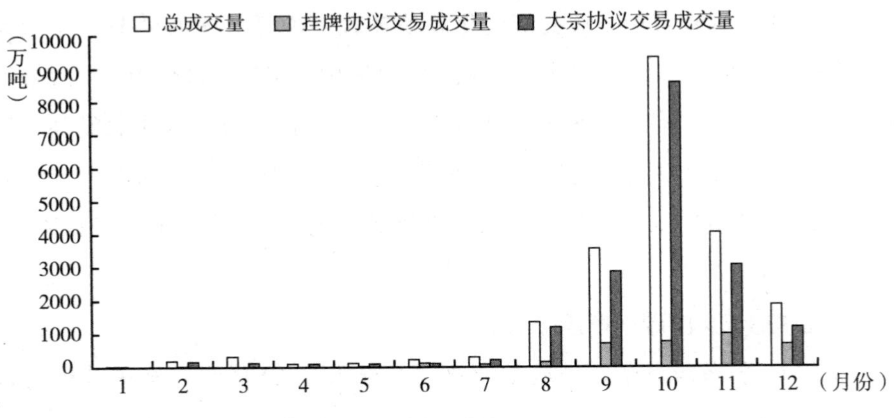

图 10　2023 年全国碳市场碳排放配额成交量

资料来源：根据 Wind 数据库整理。

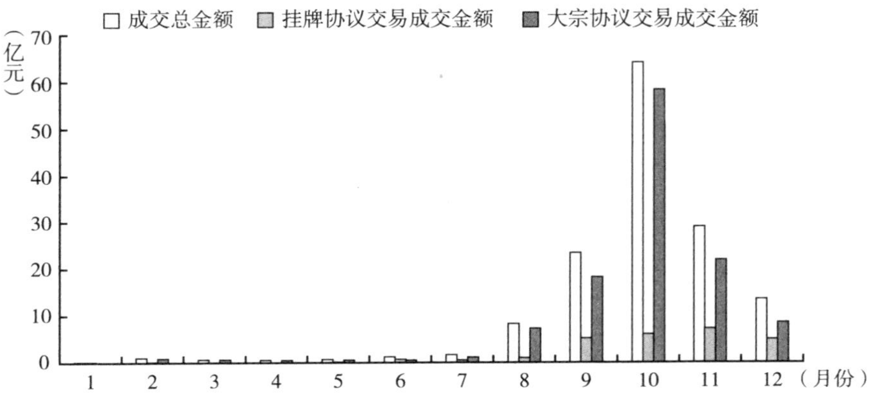

图 11 2023 年全国碳市场碳排放配额成交额

资料来源：根据 Wind 数据库整理。

表 4 2023 年全国碳市场交易情况

单位：万吨，亿元

月份	成交量			成交金额		
	总成交量	挂牌协议交易	大宗协议交易	成交总金额	挂牌协议交易	大宗协议交易
1 月	26.07	26.07	0.00	0.15	0.15	0.00
2 月	185.43	25.43	160.00	1.04	0.14	0.89
3 月	130.76	3.16	127.60	0.69	0.02	0.67
4 月	104.15	4.15	100.00	0.55	0.02	0.53
5 月	123.18	20.68	102.50	0.69	0.12	0.58
6 月	230.25	122.67	107.57	1.25	0.71	0.54
7 月	300.93	84.75	216.17	1.66	0.51	1.15
8 月	1339.77	145.92	1193.85	8.26	1.01	7.25
9 月	3557.52	702.59	2854.93	23.39	5.16	18.23
10 月	9305.13	752.75	8552.38	64.48	6.03	58.45
11 月	4043.23	979.41	3063.82	29.15	7.23	21.92
12 月	1847.18	666.03	1181.15	13.53	4.96	8.57
总计	21193.59	3533.62	17659.97	144.83	26.05	118.78

资料来源：根据 Wind 数据库整理。

2023 年全国碳市场日成交价在 50～83 元/吨波动，2023 年全国碳市场碳排放配额价格波动起伏较大，但整体价格呈上升趋势。10 月 30 日碳市场碳排放配额成交价达到最高价 82.70 元/吨，10 月 23 日全国碳市场碳排放配额最低价达到该年最低价最高水平 81.43 元/吨。2023 年全国碳市场碳排放配额成交价的变化也反映了不同时间段全国碳市场碳排放配额的稀缺程度。在一定范围内，市场上的需求量越大，成交价也就越高，稀缺程度也就越高，市场上需求量越小，成交价也就越低，稀缺程度也就越低（见图 12）。

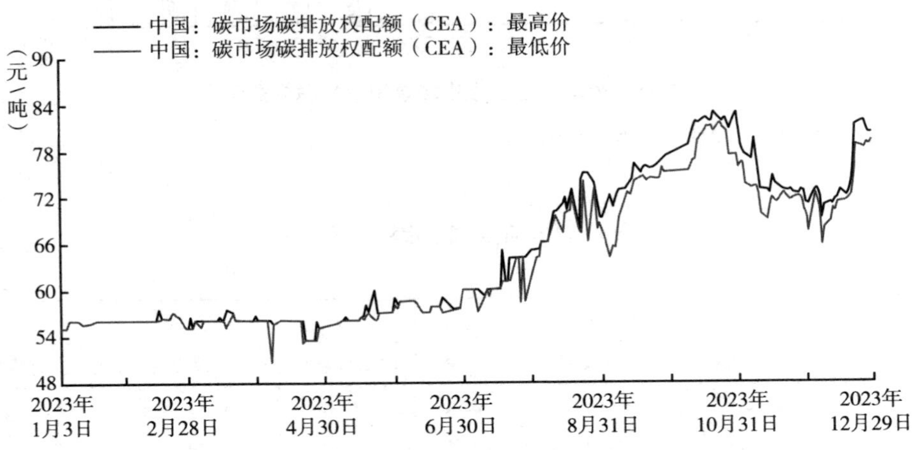

图 12　2023 年全国碳市场日成交价变化

资料来源：根据 Wind 数据库整理。

（五）全国碳市场履约情况

第一个履约周期，全国碳市场在发电行业重点排放单位间开展碳排放配额现货交易，共有 847 家重点排放单位存在配额缺口，缺口总量约为 1.88 亿吨，第一个履约周期累计使用 CCER 约 3273 万吨用于配额清缴抵消。总体上看，市场交易量与重点排放单位配额缺口较为接近，交易主体以完成履约为主要目的，成交量基本能够满足重点排放单位履约需求，交易价格未出现大幅波动，符合全国碳市场作为控制温室气体排放政策工具的定位和建设初期的阶段性特征。

截至 2021 年 12 月 31 日，全国碳市场总体配额履约率为 99.5%，共有 1833 家重点排放单位按时足额完成配额清缴，178 家重点排放单位部分完成配额清缴，从各地区履约完成情况看，海南、广东、上海、湖北、甘肃 5 个省市全部按时足额完成配额清缴（见图 13）。

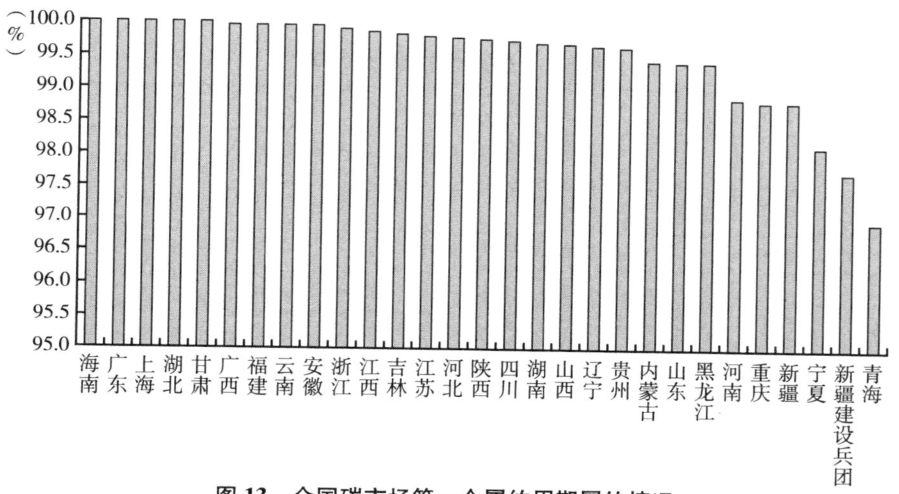

图 13　全国碳市场第一个履约周期履约情况

注：西藏无符合纳入条件的重点排放单位；北京、天津、广东（不含深圳）由于已参与地方碳市场 2019 年、2020 年配额发放和清缴，不参与全国碳市场第一个履约周期配额分配和清缴。

资料来源：生态环境部《全国碳排放权交易市场第一个履约周期报告》。

二　试点碳市场运行与履约

2011 年 10 月 29 日，为落实“十二五”规划关于逐步建立国内碳排放权交易市场的要求，国家发展改革委同意北京市、天津市、上海市、重庆市、湖北省、广东省及深圳市开展碳排放权交易试点。2013 年起，7 个地方试点碳市场陆续开始上线交易，有效促进了试点省市企业温室气体减排，也为全国碳市场制度建设提供了经验。

2016 年 8 月 12 日，中共中央办公厅、国务院办公厅印发了《国家生态文明试验区（福建）实施方案》，明确支持福建省深化碳交易试点，出台碳交易实施细则，设立碳交易平台，开展碳交易。福建成为第8个碳交易试点。

（一）试点碳市场纳入行业

各试点碳市场纳入行业见表5。

表5　各试点碳市场关键要素

试点	开市时间	纳入行业	纳入门槛
北京	2013年	电力生产业、水泥制造业、石油化工生产业、热力生产和供应业、服务业、道路运输业、航空运输业、其他行业	年度二氧化碳排放总量达到5000吨
上海	2013年	工业、建筑、交通、数据中心	各行业不同
天津	2013年	建材、钢铁、化工、石化、油气开采、航空、有色、机械设备制造、农副食品加工、电子设备制造、食品饮料、医药制造、矿山行业	年度二氧化碳排放总量2万吨
广东	2013年	水泥、钢铁、石化、造纸、民航、陶瓷（建筑、卫生）、交通（港口）、数据中心	年度排放1万吨二氧化碳当量（或年综合能源消费量5000吨标准煤）
深圳	2013年	供电、供水、供气、公交、地铁、危险废物处理、污泥处理、污水处理、港口码头、平板显示、信息化学品及其他专用化学品、制造业及其他行业、宾馆、商超等服务行业及高校	年度排放3000吨二氧化碳当量
湖北	2014年	水泥、热力生产和供应、造纸、玻璃及其他建材（不含自产熟料型水泥、陶瓷行业）、水的生产和供应行业、设备制造、纺织业、化工、汽车制造、钢铁、食品饮料、有色金属、医药、石化、陶瓷制造、其他行业	年度排放1.3万吨二氧化碳当量（综合能源消费量约5000吨标准煤）
重庆	2014年	水泥、钢铁、电解铝、玻璃及玻璃制品制造业、造纸与纸制品生产业、化工行业、生活垃圾焚烧行业、机械设备制造业、电子设备制造业、食品、烟草及酒、饮料和精制茶生产行业、其他有色金属冶炼和压延加工业、石油和天然气生产行业、陶瓷生产行业、其他行业	年度排放1.3万吨二氧化碳当量（综合能源消费量约5000吨标准煤）
福建	2016年	电力、石化、化工、建材、钢铁、有色、造纸、航空、陶瓷	年度排放1.3万吨二氧化碳当量（综合能源消费量约5000吨标准煤）

资料来源：根据八个地方碳排放权交易所及生态环境部门网站数据收集整理。

（二）试点碳市场重点企业数量

各试点碳市场重点企业数量见表6。

表6 2013~2023年各试点碳市场重点企业数量

单位：家

试点	2013年	2014年	2015年	2016年	2017年	2018年	2019年	2020年	2021年	2022年	2023年
北京	415	543	981	947	943	903	843	843	886	909	882
天津	114	112	109	109	109	107	113	104	139	145	154
上海	191	190	191	310	371	381	313	314	323	357	378
福建	—	—	—	277	255	255	269	284	296	—	—
湖北	—	138	168	236	344	—	373	332	339	343	—
重庆	—	—	—	—	—	197	—	—	308	308	334
广东	184	184	186	244	246	249	242	245	176	200	391
深圳	635	636	636	811	795	794	721	690	750	680	737

资料来源：根据八个地方碳排放权交易所及生态环境部门网站数据收集整理。

（三）试点碳市场配额分配方法

1. 北京碳市场

配额分配方式：免费分配为主，有偿分配为辅。

抵消机制：国家核证自愿减排量（CCER）、北京核证自愿减排量（BCER），抵消比例不得超过应清缴碳排放配额的5%；京外项目产生的核证自愿减排量不得超过其当年核发配额量的2.5%；优先使用河北省、天津市等与本市签署应对气候变化、生态建设、大气污染治理等相关合作协议地区的核证自愿减排量。

特殊政策：重点碳排放单位通过市场化手段购买使用的绿电碳排放量核算为零。

2. 上海碳市场

配额分配方式：免费分配为主，有偿分配为辅。

抵消机制：国家核证自愿减排量（CCER）、上海碳普惠减排量（SHCER），抵消比例不得超过企业经市生态环境局审定的上年度碳排放量的5%。

特殊政策：外购绿电排放因子调整为0 tCO_2/MWh。

3. 天津碳市场

配额分配方式：免费分配为主，有偿分配为辅。

抵消机制：国家核证自愿减排量（CCER）、天津林业碳汇项目减排量（TJCER），抵消比例不得超过企业经市生态环境局审定的上年度碳排放量的5%。

特殊政策：纳入碳排放权交易试点企业可核减其购买使用的绿电，不计入企业碳排放履约总量。

4. 广东碳市场

配额分配方式：部分免费发放和部分有偿发放，并逐步降低免费配额比例。

抵消机制：国家核证自愿减排量（CCER）、广东省碳普惠核证减排量（PHCER），不得超过本企业2021年度实际碳排放量的10%，且提交的CCER中必须有70%以上是本省CCER或PHCER。

5. 深圳碳市场

配额分配方式：免费分配为主，有偿分配为辅。

抵消机制：国家核证自愿减排量（CCER）、深圳市碳普惠核证减排量，抵消比例不超过不足以履约部分的20%。

6. 重庆碳市场

配额分配方式：以免费分配为主，适时引入有偿分配。

抵消机制：国家核证自愿减排量（CCER）、重庆“碳惠通”项目核证自愿减排量（CQCER），重点排放单位使用减排量比例上限为其应清缴碳排放配额的10%，且使用的减排量中产生于本市行政区域内的比例应为60%以上。

7. 湖北碳市场

配额分配方式：以免费分配为主，适时引入有偿分配。

抵消机制：国家核证自愿减排量（CCER）、湖北省核证减排量，抵消比例不超过该重点排放单位年度碳排放初始配额的10%。

特殊政策：纳入企业可以使用由湖北电力交易中心、湖北碳排放权交易中心共同认证的绿色电力交易凭证对应减排量抵消实际碳排放；对于配额存在缺口的企业可进行绿电减排量抵消，抵消比例不超过该企业单位年度碳排放初始配额的10%，且抵消量不超出企业配额缺口量。

8. 福建碳市场

配额分配方式：以免费分配为主，适时引入有偿分配。

抵消机制：国家核证自愿减排量（CCER）、福建省林业碳汇减排量（FFCER），不得高于其当年经确认的排放量的10%，其中CCER需在福建省产生。

（四）试点碳市场运行

1. 2013~2014年试点碳市场运行情况

2013~2014年各试点碳市场碳排放权配额成交量和成交额及其占比情况、成交均价如图14、图15、图16和图17所示。

深圳碳市场碳排放权配额成交量达到201.37万吨，成交额为1.26亿元，成交量和成交额分别占各试点碳市场总和的16.5%和27.2%，日成交均价最高达到122.97元/吨，最低为开市当天的29元/吨。作为运行时间最长的市场，深圳在经历了2013年度的价格波动之后，在2014年度价格波动有所放缓，市场更加平稳。

上海碳市场碳排放权配额成交量达到168.03万吨，成交额为0.64亿元，成交量和成交额占各试点碳市场总和的13.8%和13.7%，日成交均价最高达到44.91元/吨，最低为28元/吨。相较于其他碳市场，上海碳市场的成交均价变化幅度较小，在30元/吨上下徘徊。

北京碳市场碳排放权配额成交量达到107.48万吨，成交额为0.64亿元，成交量和成交额分别占各试点碳市场总和的8.8%和13.8%。北京碳市场自开市以来，成交均价大部分时间在50元/吨左右，2014年7月16日，日成交均价最高达到77元/吨。

广东碳市场碳排放权配额成交量达到117.56万吨，成交额为0.63亿元，成交量和成交额分别占各试点碳市场总和的9.7%和13.7%。广东碳市场日成交均价最高达到77元/吨，最低为20.55元/吨。2014年下半年，广东开始采用阶梯底价方式拍卖，由于底价设置较2013年大幅下调，市场价格下行。

天津碳市场碳排放权配额成交量达到107.35万吨，成交额为0.22亿元，成交量和成交额分别占各试点碳市场总和的8.8%和4.8%。天津碳市场日成交均价最高达到50.1元/吨，最低为17元/吨。

湖北碳市场碳排放权配额成交量达到500.69万吨，成交额为1.19亿元，成交量和成交额分别占各试点碳市场总和的41.1%和25.8%。湖北碳市场日成交均价最高达到25.83元/吨，最低为21.31元/吨。湖北碳市场的成交均价自开市以来都很平稳，且湖北碳市场交易较为活跃，长期保持了良好的流动性，总成交量居各试点之首。

重庆碳市场碳排放权配额成交量为14.5万吨，成交额为0.04亿元，成交量和成交额均占各试点碳市场总和的1.2%和1.0%。且重庆碳市场在开市后除首日外，暂未产生后续交易。重庆碳市场在开市当天的成交均价为30.74元/吨。

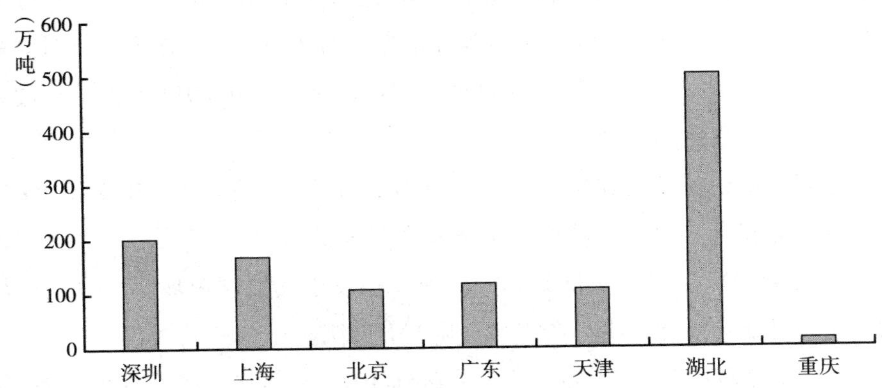

图14　2013~2014年各试点碳市场碳排放权配额成交量

资料来源：根据Wind数据库整理。

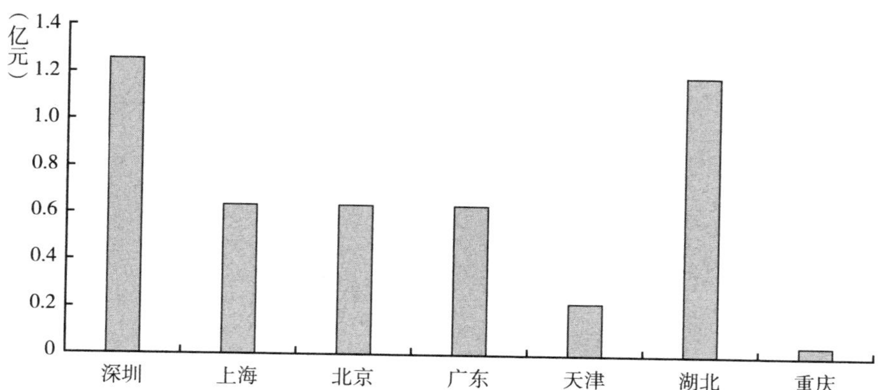

图 15　2013～2014 年各试点碳市场碳排放权配额成交额

资料来源：根据 Wind 数据库整理。

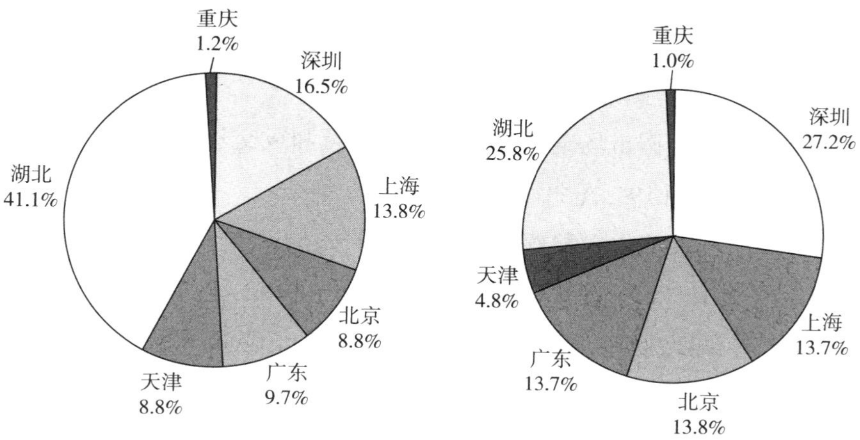

图 16　2013～2014 年各试点碳市场碳排放权配额成交量占比（左）和成交额占比（右）

资料来源：根据 Wind 数据库整理。

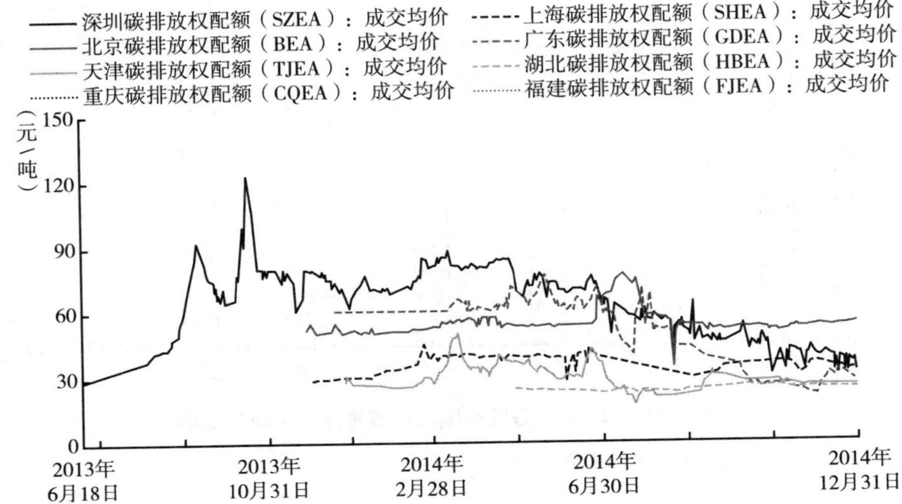

图 17　2013~2014 年各试点碳市场碳排放权配额成交均价变化

资料来源：根据 Wind 数据库整理。

2. 2015年试点碳市场运行情况

2015 年各试点碳市场碳排放权配额成交量和成交额及其占比情况、成交均价如图 18、图 19、图 20 和图 21 所示。

深圳碳市场碳排放权配额成交量达到 432.60 万吨，成交额为 1.65 亿元，分别占 2015 年各试点碳市场总量的 15.0% 和 22.4%，成交均价为 38.09 元/吨，同比下降 38%。日成交均价最高达到 46.09 元/吨，最低为 21.47 元/吨。

上海碳市场碳排放权配额成交量达到 147.61 万吨，成交额为 0.38 亿元，均占 2015 年各试点碳市场总量的 5.1%，成交均价为 25.41 元/吨，同比下降 33%。日成交均价最高达到 35.88 元/吨。

北京碳市场碳排放权配额成交量达到 125.46 万吨，成交额为 0.59 亿元，分别占 2015 年各试点碳市场总量的 4.4% 和 8.0%，成交均价为 46.69 元/吨，同比下降 22%。日成交均价最高达到 60 元/吨，最低为 33.6 元/吨。

广东碳市场碳排放权配额成交量达到675.65万吨，成交额为1.11亿元，分别占2015年各试点碳市场总量的23.4%和15.0%，成交均价为16.37元/吨，同比下降69%。日成交均价最高达到34.11元/吨，最低为14元/吨。

天津碳市场碳排放权配额成交量达到97.57万吨，成交额为0.14亿元，分别占2015年各试点碳市场总量的3.4%和1.9%，成交均价为14.30元/吨，同比下降29%。日成交均价最高达到25.54元/吨，最低为11.2元/吨。

湖北碳市场碳排放权配额成交量达到1390.41万吨，成交额为3.47亿元，分别占2015年各试点碳市场总量的48.2%和47.3%，成交均价为24.99元/吨，同比上涨5%。日成交均价最高达到28.01元/吨，最低为20.03元/吨。

重庆碳市场碳排放权配额成交量达到13.21万吨，成交额为0.02亿元，分别占2015年各试点碳市场总量的0.5%和0.3%，成交均价为17.68元/吨，同比下降42%。日成交均价最高达到24元/吨，最低为10.4元/吨。

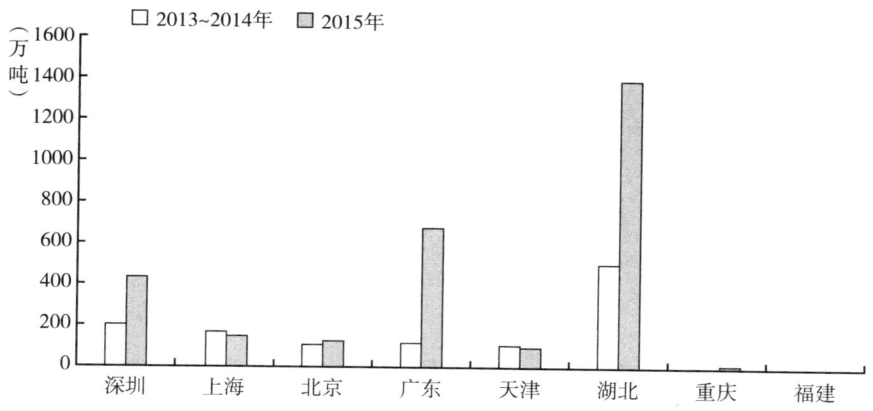

图18　2013~2014年、2015年各试点碳市场碳排放权配额成交量

资料来源：根据Wind数据库整理。

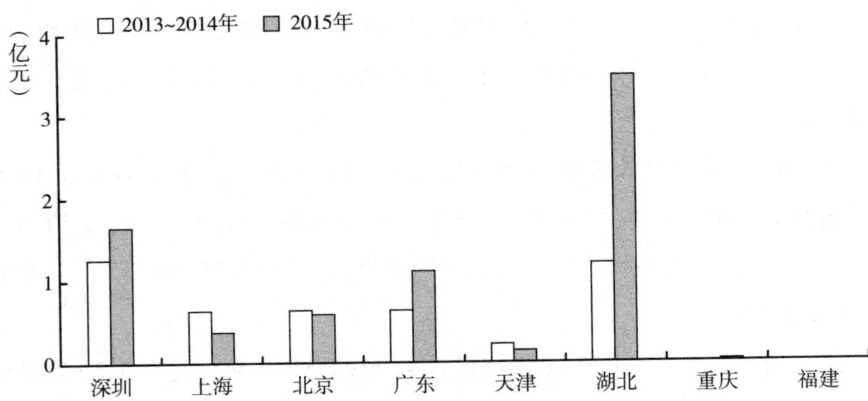

图 19　2013~2014 年、2015 年各试点碳市场碳排放权配额成交额

资料来源：根据 Wind 数据库整理。

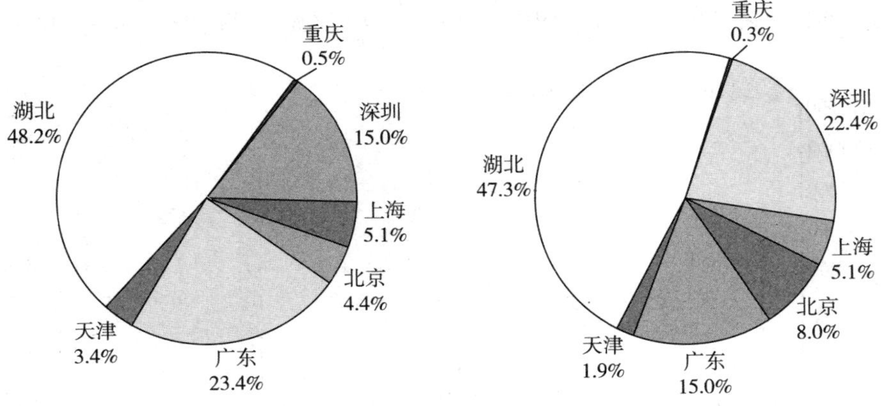

图 20　2015 年各试点碳市场碳排放权配额成交量占比（左）和成交额占比（右）

资料来源：根据 Wind 数据库整理。

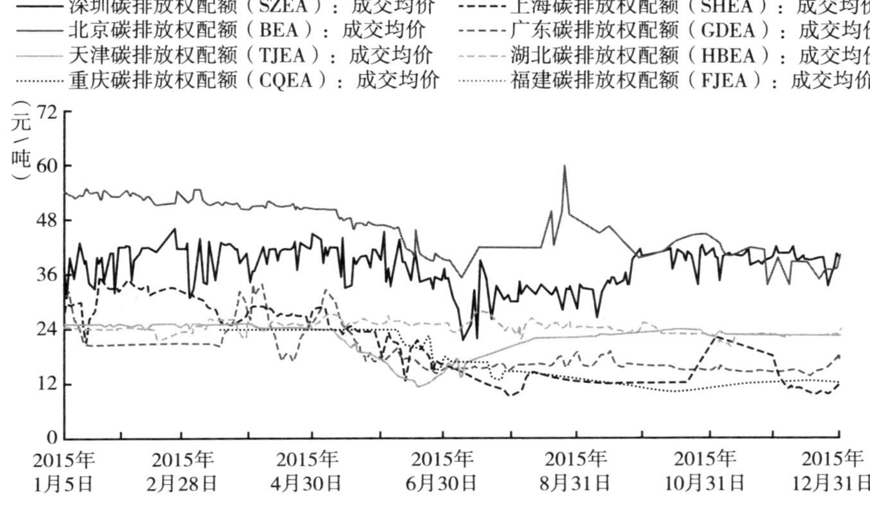

图 21　2015 年各试点碳市场碳排放权配额成交均价变化

资料来源：根据 Wind 数据库整理。

3. 2016年试点碳市场运行情况

2016 年各试点碳市场碳排放权配额成交量和成交额及其占比情况、成交均价如图 22、图 23、图 24 和图 25 所示。

深圳碳市场碳排放权配额成交量达到 1064. 39 万吨，成交额为 2. 82 亿元，分别占 2016 年各试点碳市场总量的 20. 6% 和 30. 4%，成交均价为 26. 45 元/吨，同比下降 31%。日成交均价最高达到 49. 99 元/吨，最低为 17. 83 元/吨。

上海碳市场碳排放权配额成交量达到 386. 71 万吨，成交额为 0. 33 亿元，分别占 2016 年各试点碳市场总量的 7. 5% 和 3. 5%，成交均价为 8. 41 元/吨，同比下降 67%。日成交均价最高达到 27. 21 元/吨，最低为 4. 21 元/吨。

北京碳市场碳排放权配额成交量达到 246. 75 万吨，成交额为 1. 20 亿元，分别占 2016 年各试点碳市场总量的 4. 8% 和 13. 0%，成交均价为 48. 83 元/吨，同比上涨 5%。日成交均价最高达到 69 元/吨，最低为

32.40 元/吨。

广东碳市场碳排放权配额成交量达到 2223.30 万吨，成交额为 2.77 亿元，分别占 2016 年各试点碳市场总量的 43.0%和 29.9%，成交均价为 12.45 元/吨，同比下降 24%。日成交均价最高达到 18.45 元/吨，最低为 7.57 元/吨。

天津碳市场碳排放权配额成交量达到 36.79 万吨，成交额为 0.04 亿元，分别占 2016 年各试点碳市场总量的 0.7%和 0.4%，成交均价为 9.95 元/吨，同比下降 30%。日成交均价最高达到 23.25 元/吨，最低为 7 元/吨。

湖北碳市场碳排放权配额成交量达到 1172.28 万吨，成交额为 2.07 亿元，分别占 2016 年各试点碳市场总量的 22.6%和 22.4%，成交均价为 17.67 元/吨，同比下降 29%。日成交均价最高达到 23.83 元/吨，最低为 9.38 元/吨。

重庆碳市场碳排放权配额成交量达到 46.00 万吨，成交额为 0.04 亿元，分别占 2016 年各试点碳市场总量的 0.9%和 0.4%，成交均价为 7.97 元/吨，同比下降 55%。日成交均价最高达到 47.52 元/吨，最低为 3.28 元/吨。

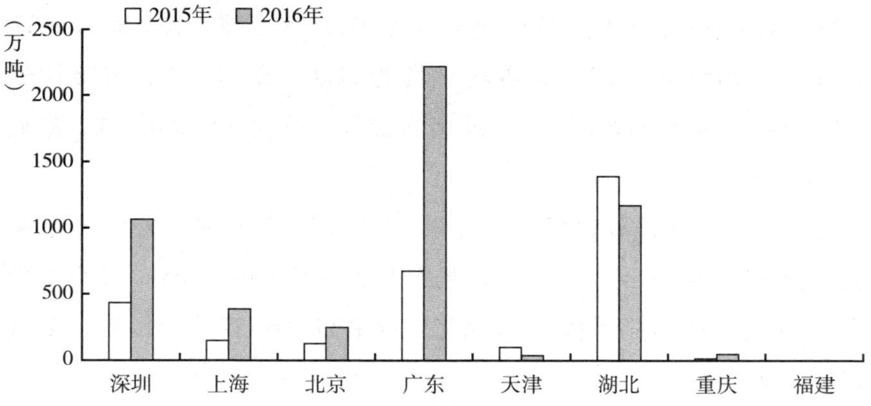

图 22　2015 年、2016 年各试点碳市场碳排放权配额成交量

资料来源：根据 Wind 数据库整理。

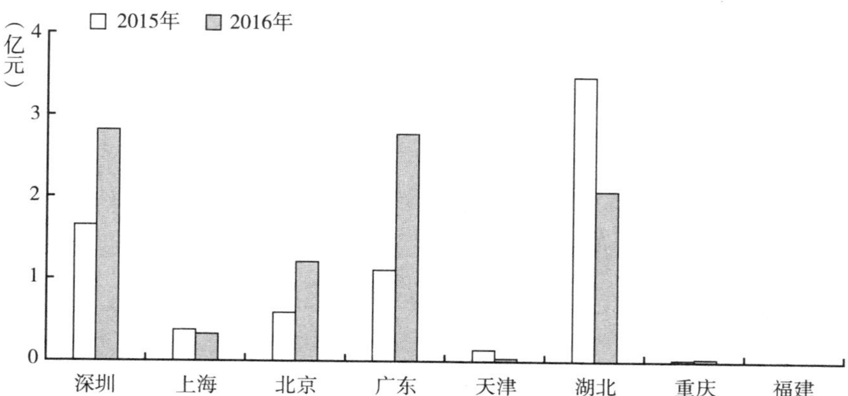

图 23　2015 年、2016 年各试点碳市场碳排放权配额成交额

资料来源：根据 Wind 数据库整理。

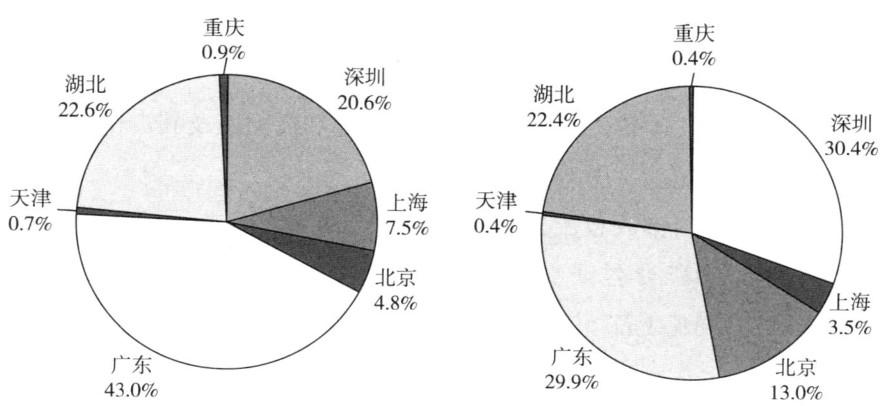

图 24　2016 年主要试点碳市场碳排放权配额成交量占比（左）和成交额占比（右）

资料来源：根据 Wind 数据库整理。

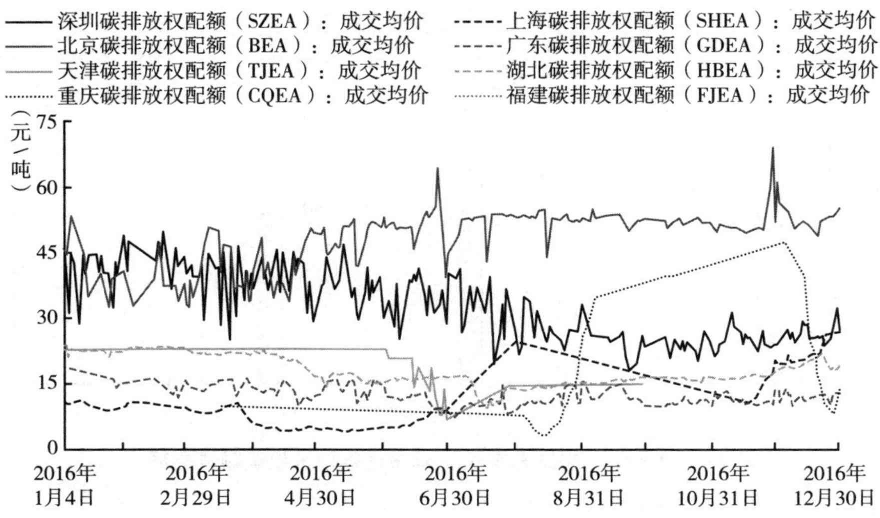

图 25　2016 年各试点碳市场碳排放权配额成交均价变化

资料来源：根据 Wind 数据库整理。

4. 2017年试点碳市场运行情况

2017 年各试点碳市场碳排放权配额成交量和成交额及其占比情况、成交均价如图 26、图 27、图 28 和图 29 所示。

深圳碳市场碳排放权配额成交量达到 524.59 万吨，成交额为 1.46 亿元，分别占 2017 年各试点碳市场总量的 10.5%和 17.3%，成交均价为 27.91 元/吨，同比上涨 6%。日成交均价最高达到 40.75 元/吨，最低为 16 元/吨。

上海碳市场碳排放权配额成交量达到 236.83 万吨，成交额为 0.83 亿元，分别占 2017 年各试点碳市场总量的 4.7%和 9.8%，成交均价为 34.87 元/吨，同比上涨 315%。日成交均价最高达到 39.35 元/吨，最低为 24.75 元/吨。

北京碳市场碳排放权配额成交量达到 247.83 万吨，成交额为 1.24 亿元，分别占 2017 年各试点碳市场总量的 5.0%和 14.6%，成交均价为 49.95 元/吨，同比上涨 2%。日成交均价最高达到 61.6 元/吨，最低为 40.6 元/吨。

广东碳市场碳排放权配额成交量达到 1657.34 万吨，成交额为 2.25 亿元，分别占 2017 年各试点碳市场总量的 33.2%和 26.6%，成交均价为 13.57 元/吨，同比上涨 9%。日成交均价最高达到 18.9 元/吨，最低为 6.93 元/吨。

天津碳市场碳排放权配额成交量达到 120.88 万吨，成交额为 0.11 亿元，分别占 2017 年各试点碳市场总量的 2.4%和 1.3%，成交均价为 8.94 元/吨，同比下降 10%。日成交均价最高达到 13.78 元/吨，最低为 8.59 元/吨。

湖北碳市场碳排放权配额成交量达到 1248.89 万吨，成交额为 1.83 亿元，分别占 2017 年各试点碳市场总量的 25.0%和 21.6%，成交均价为 14.63 元/吨，同比下降 17%。日成交均价最高达到 19.46 元/吨，最低为 11.65 元/吨。

重庆碳市场碳排放权配额成交量达到 743.66 万吨，成交额为 0.17 亿元，分别占 2017 年各试点碳市场总量的 14.9%和 2.0%，成交均价为 2.25 元/吨，同比下降 72%。日成交均价最高达到 20.16 元/吨，最低为 1 元/吨。

福建碳市场碳排放权配额成交量达到 206.96 万吨，成交额为 0.58 亿元，分别占 2017 年各试点碳市场总量的 4.1%和 6.9%，成交均价为 28.24 元/吨。日成交均价最高达到 42.28 元/吨，最低为 17.26 元/吨。

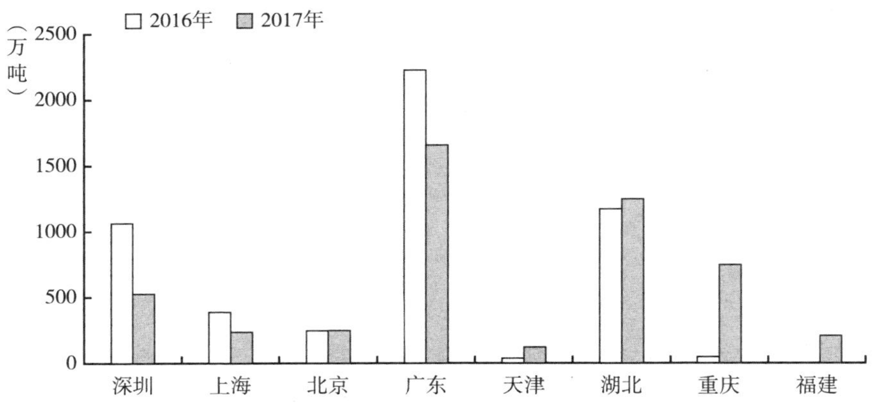

图 26　2016 年、2017 年各试点碳市场碳排放权配额成交量

资料来源：根据 Wind 数据库整理。

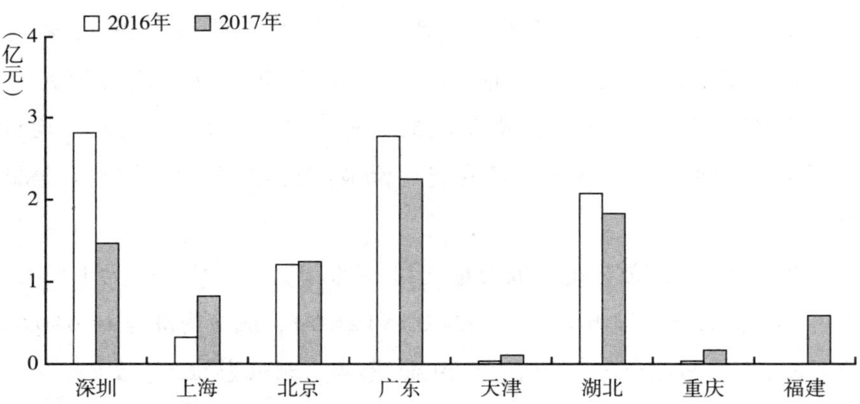

图 27　2016 年、2017 年各试点碳市场碳排放权配额成交额

资料来源：根据 Wind 数据库整理。

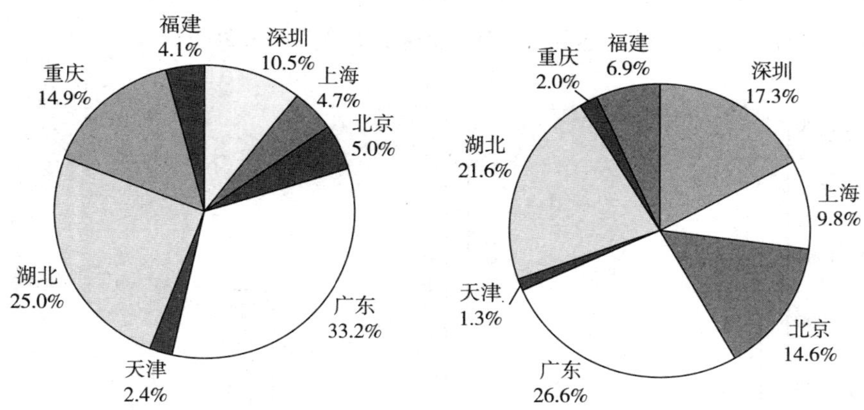

图 28　2017 年各试点碳市场碳排放权配额成交量占比（左）和成交额占比（右）

资料来源：根据 Wind 数据库整理。

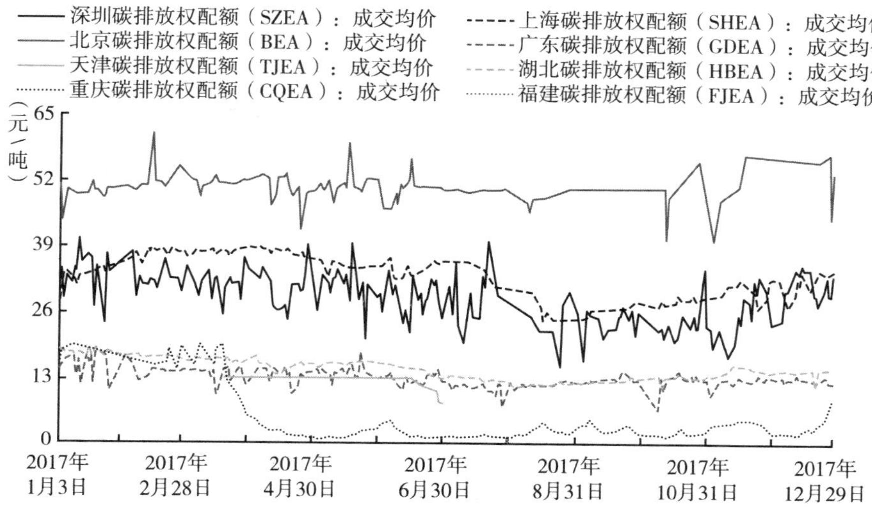

图 29　2017 年各试点碳市场碳排放权配额成交均价变化

资料来源：根据 Wind 数据库整理。

5. 2018年试点碳市场运行情况

2018 年各试点碳市场碳排放权配额成交量和成交额及其占比情况、成交均价如图 30、图 31、图 32 和图 33 所示。

深圳碳市场碳排放权配额成交量达到 1265.75 万吨，成交额为 2.97 亿元，分别占 2018 年各试点碳市场总量的 21.3%和 24.9%，成交均价为 23.46 元/吨，同比下降 16%。日成交均价最高达到 44.24 元/吨，最低为 9.9 元/吨。

上海碳市场碳排放权配额成交量达到 266.60 万吨，成交额为 0.97 亿元，分别占 2018 年各试点碳市场总量的 4.5%和 8.2%，成交均价为 36.54 元/吨，同比上涨 5%。日成交均价最高达到 42.58 元/吨，最低为 27.79 元/吨。

北京碳市场碳排放权配额成交量达到 322.64 万吨，成交额为 1.87 亿元，分别占 2018 年各试点碳市场总量的 5.4%和 15.7%，成交均价为 57.93 元/吨，同比上涨 16%。日成交均价最高达到 74.60 元/吨，最低为 30.32 元/吨。

广东碳市场碳排放权配额成交量达到2686.05万吨，成交额为3.34亿元，分别占2018年各试点碳市场总量的45.1%和28.0%，成交均价为12.45元/吨，同比下降8%。日成交均价最高达到18.87元/吨，最低为1.27元/吨。

天津碳市场碳排放权配额成交量达到228.78万吨，成交额为0.27亿元，分别占2018年各试点碳市场总量的3.8%和2.2%，成交均价为11.60元/吨，同比上涨30%。日成交均价最高达到13.96元/吨，最低为9.24元/吨。

湖北碳市场碳排放权配额成交量达到860.75万吨，成交额为1.97亿元，分别占2018年各试点碳市场总量的14.5%和16.5%，成交均价为22.91元/吨，同比上涨57%。日成交均价最高达到32.71元/吨，最低为13.33元/吨。

重庆碳市场碳排放权配额成交量达到26.94万吨，成交额为0.01亿元，在2018年各试点碳市场中占比极小，成交均价为4.36元/吨，同比上涨94%。日成交均价最高达到31.93元/吨，最低为2.24元/吨。

福建碳市场碳排放权配额成交量达到293.48万吨，成交额为0.52亿元，分别占2018年各试点碳市场总量的4.9%和4.4%，成交均价为17.82元/吨，同比下降37%。日成交均价最高达到30元/吨，最低为12元/吨。

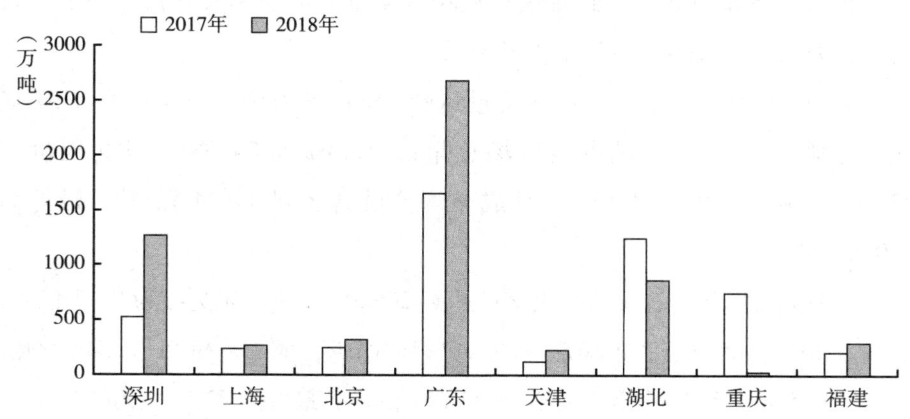

图30　2017年、2018年各试点碳市场碳排放权配额成交量

资料来源：根据Wind数据库整理。

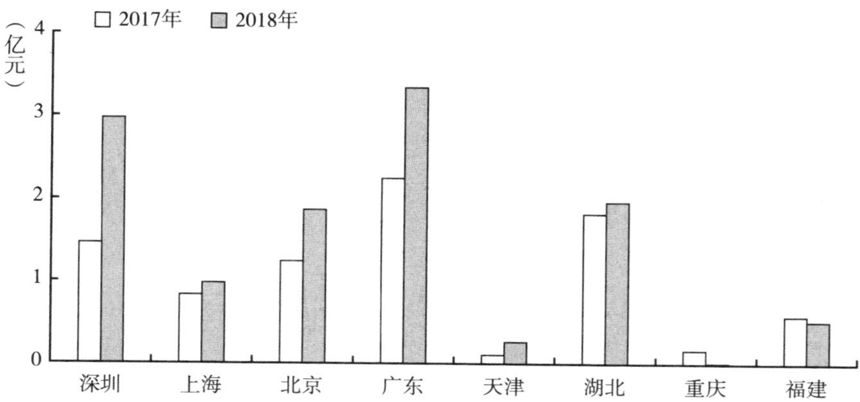

图 31　2017 年、2018 年各试点碳市场碳排放权配额成交额

资料来源：根据 Wind 数据库整理。

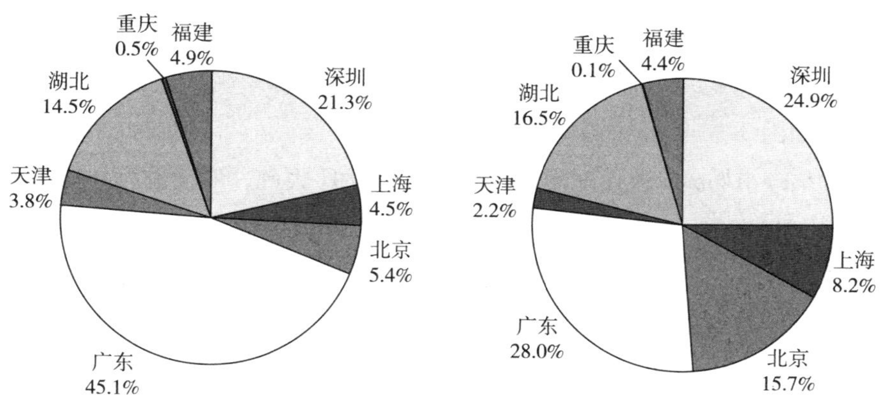

图 32　2018 年各试点碳市场碳排放权配额成交量占比（左）和成交额占比（右）

资料来源：根据 Wind 数据库整理。

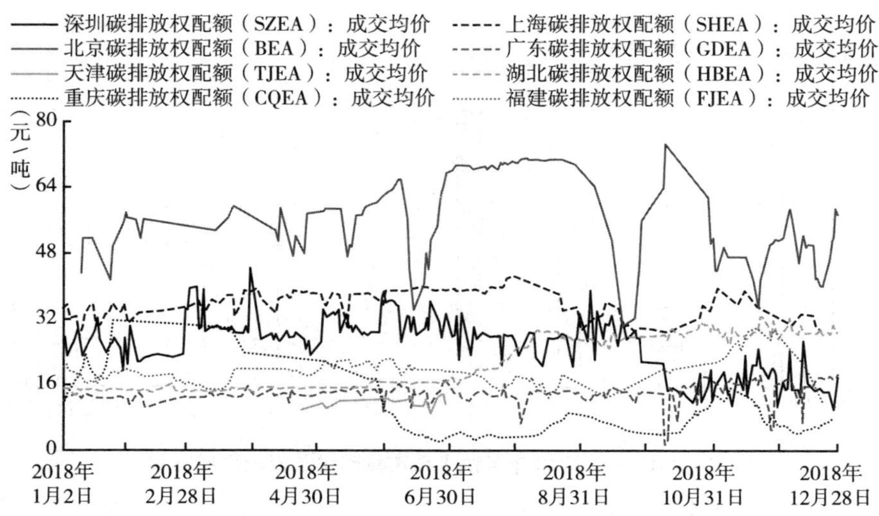

图 33　2018 年各试点碳市场碳排放权配额成交均价变化

资料来源：根据 Wind 数据库整理。

6. 2019年试点碳市场运行情况

2019 年各试点碳市场碳排放权配额成交量和成交额及其占比情况、成交均价如图 34、图 35、图 36 和图 37 所示。

深圳碳市场碳排放权配额成交量达到 842.42 万吨，成交额为 0.91 亿元，分别占 2019 年各试点碳市场总量的 11.7%和 5.7%，成交均价为 10.84 元/吨，同比下降 54%。日成交均价最高达到 35.64 元/吨，最低为 3.3 元/吨。

上海碳市场碳排放权配额成交量达到 263.72 万吨，成交额为 1.10 亿元，分别占 2019 年各试点碳市场总量的 3.7%和 6.9%，成交均价为 41.70 元/吨，同比上涨 14%。日成交均价最高达到 47.79 元/吨，最低为 27.32 元/吨。

北京碳市场碳排放权配额成交量达到 306.98 万吨，成交额为 2.56 亿元，分别占 2019 年各试点碳市场总量的 4.3%和 16.0%，成交均价为 83.27 元/吨，同比上涨 44%。日成交均价最高达到 87.48 元/吨，最低为 48.4 元/吨。

广东碳市场碳排放权配额成交量达到 4538.36 万吨，成交额为 8.54 亿元，分别占 2019 年各试点碳市场总量的 63.1%和 53.6%，成交均价为 18.82 元/

吨，同比上涨 51%。日成交均价最高达到 28.1 元/吨，最低为 4.21 元/吨。

天津碳市场碳排放权配额成交量达到 220.80 万吨，成交额为 0.32 亿元，分别占 2019 年各试点碳市场总量的 3.1%和 2.0%，成交均价为 14.30 元/吨，同比上涨 23%。日成交均价最高达到 12.54 元/吨，最低为 15.4 元/吨。

湖北碳市场碳排放权配额成交量达到 613.89 万吨，成交额为 1.81 亿元，分别占 2019 年各试点碳市场总量的 8.5%和 11.4%，成交均价为 29.50 元/吨，同比上涨 29%。日成交均价最高达到 54.64 元/吨，最低为 24.6 元/吨。

重庆碳市场碳排放权配额成交量达到 5.21 万吨，成交额为 0.0036 亿元，分别占 2019 年各试点碳市场总量的 0.1%和 0.02%，成交均价为 6.93 元/吨，同比上涨 59%。日成交均价最高达到 39.7 元/吨，最低为 3.38 元/吨。

福建碳市场碳排放权配额成交量达到 406.53 万吨，成交额为 0.69 亿元，分别占 2019 年各试点碳市场总量的 5.6%和 4.3%，成交均价为 16.89 元/吨，同比下降 5%。日成交均价最高达到 30.05 元/吨，最低为 7.19 元/吨。

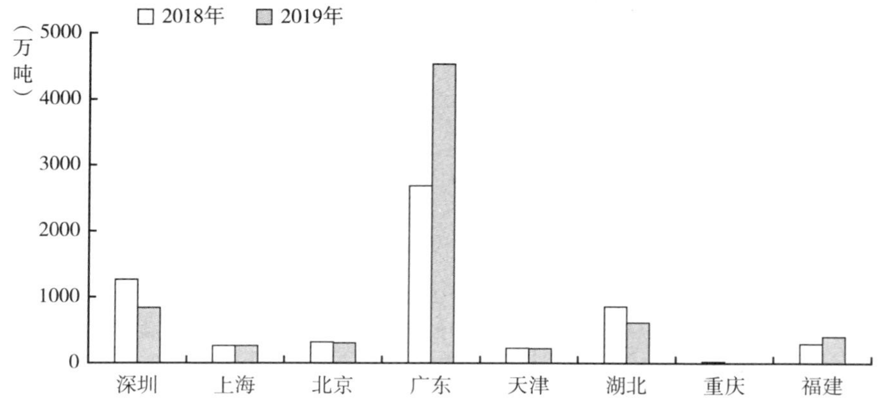

图 34　2018 年、2019 年各试点碳市场碳排放权配额成交量

资料来源：根据 Wind 数据库整理。

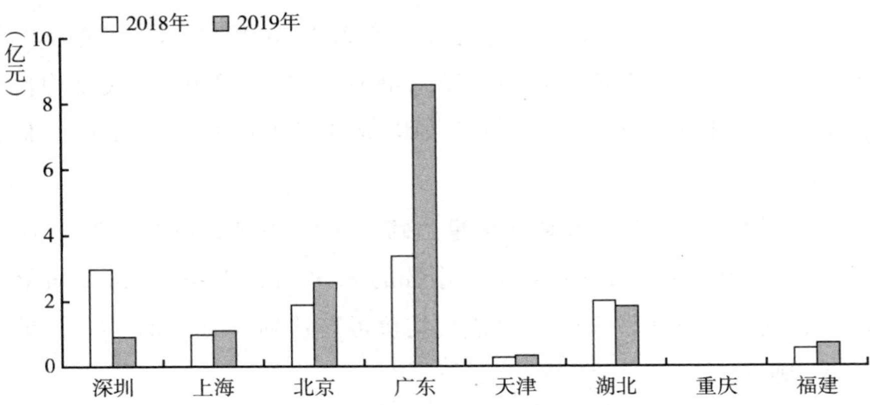

图 35　2018 年、2019 年各试点碳市场碳排放权配额成交额

资料来源：根据 Wind 数据库整理。

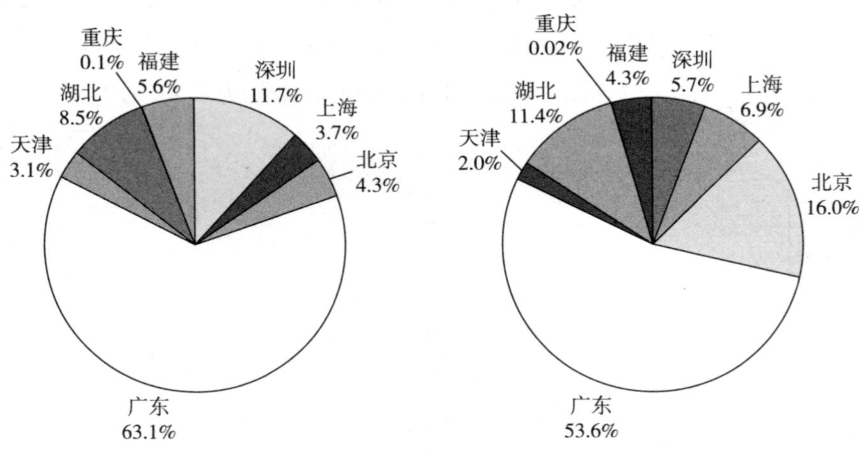

图 36　2019 年各试点碳市场碳排放权配额成交量占比（左）和成交额占比（右）

资料来源：根据 Wind 数据库整理。

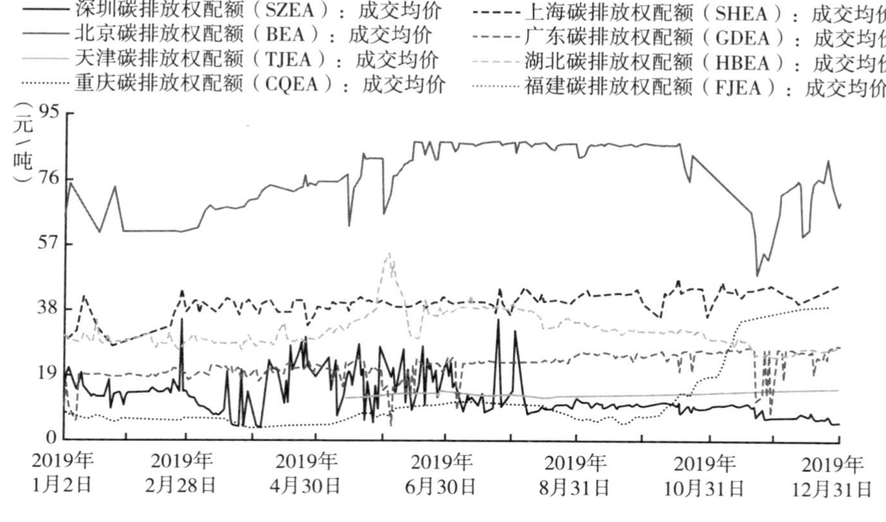

图 37　2019 年各试点碳市场碳排放权配额成交均价变化

资料来源：根据 Wind 数据库整理。

7. 2020年试点碳市场运行情况

2020 年各试点碳市场碳排放权配额成交量和成交额及其占比情况、成交均价如图 38、图 39、图 40 和图 41 所示。

深圳碳市场碳排放权配额成交量达到 123.92 万吨，成交额为 0.25 亿元，分别占 2020 年各试点碳市场总量的 2.0%和 1.5%，成交均价为 19.88 元/吨，同比上涨 83%。日成交均价最高达到 42.27 元/吨，最低为 3.19 元/吨。

上海碳市场碳排放权配额成交量达到 184.04 万吨，成交额为 0.74 亿元，分别占 2020 年各试点碳市场总量的 3.0%和 4.4%，成交均价为 39.96 元/吨，同比下降 4%。日成交均价最高达到 49.93 元/吨，最低为 28.60 元/吨。

北京碳市场碳排放权配额成交量达到 105.22 万吨，成交额为 0.96 亿元，分别占 2020 年各试点碳市场总量的 1.7%和 5.8%，成交均价为 91.59 元/吨，同比上涨 10%。日成交均价最高达到 102.96 元/吨，最低为 62.58 元/吨。

广东碳市场碳排放权配额成交量达到 3211.24 万吨，成交额为 8.20 亿元，分别占 2020 年各试点碳市场总量的 52.1%和 49.0%，成交均价为 25.52 元/

吨，同比上涨 36%。日成交均价最高达到 31.71 元/吨，最低为 8.75 元/吨。

天津碳市场碳排放权配额成交量达到 998.71 万吨，成交额为 2.41 亿元，分别占 2020 年各试点碳市场总量的 16.2%和 14.4%，成交均价为 24.12 元/吨，同比上涨 69%。日成交均价最高达到 27 元/吨，最低为 15 元/吨。

湖北碳市场碳排放权配额成交量达到 1427.81 万吨，成交额为 3.96 亿元，分别占 2020 年各试点碳市场总量的 23.2%和 23.7%，成交均价为 27.70 元/吨，同比下降 6%。日成交均价最高达到 31.56 元/吨，最低为 22.96 元/吨。

重庆碳市场碳排放权配额成交量达到 16.24 万吨，成交额为 0.03 亿元，分别占 2020 年各试点碳市场总量的 0.3%和 0.2%，成交均价为 21.41 元/吨，同比上涨 209%。日成交均价最高达到 44.86 元/吨，最低为 11.15 元/吨。

福建碳市场碳排放权配额成交量达到 99.14 万吨，成交额为 0.17 亿元，分别占 2020 年各试点碳市场总量的 1.6%和 1.0%，成交均价为 17.34 元/吨，同比上涨 3%。日成交均价最高达到 27.10 元/吨，最低为 8.27 元/吨。

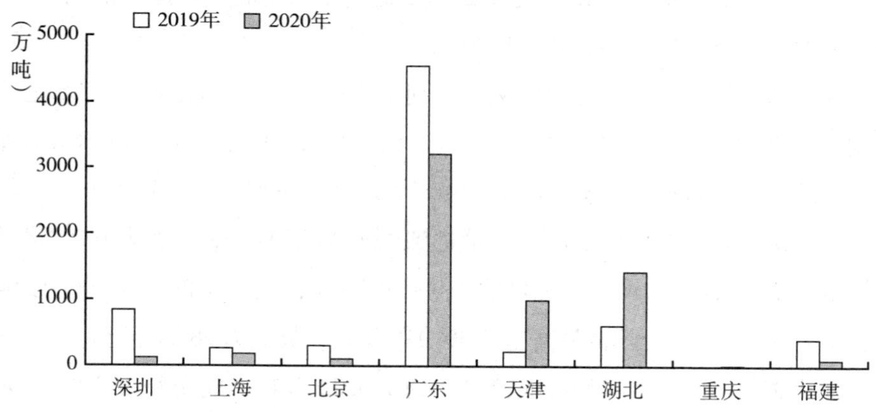

图 38　2019 年、2020 年各试点碳市场碳排放权配额成交量

资料来源：根据 Wind 数据库整理。

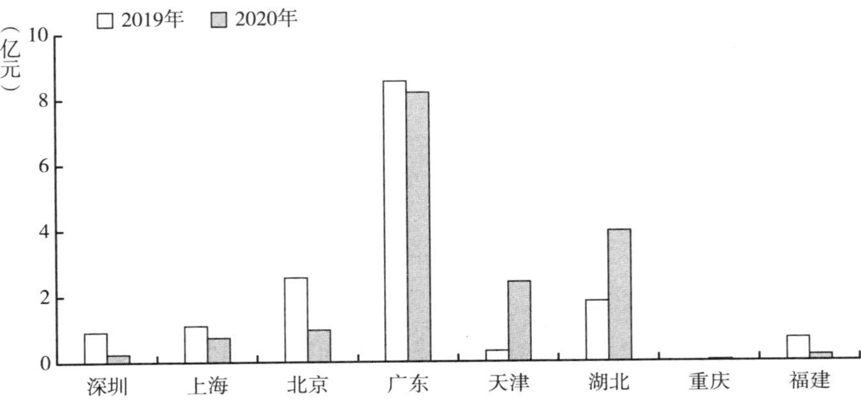

图 39　2019 年、2020 年各试点碳市场碳排放权配额成交额

资料来源：根据 Wind 数据库整理。

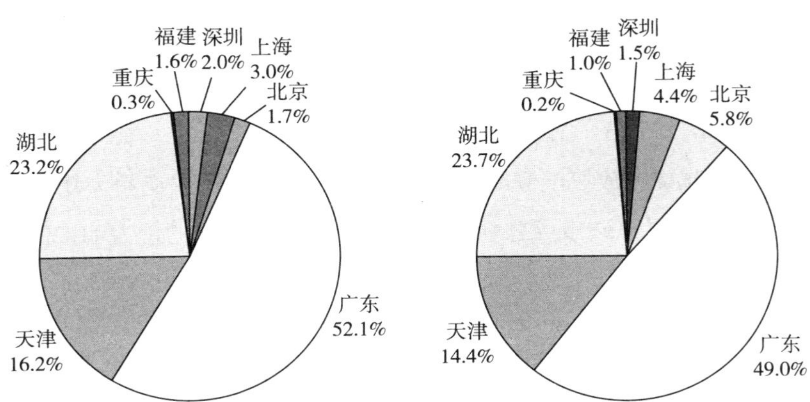

图 40　2020 年各试点碳市场碳排放权配额成交量占比（左）和成交额占比（右）

资料来源：根据 Wind 数据库整理。

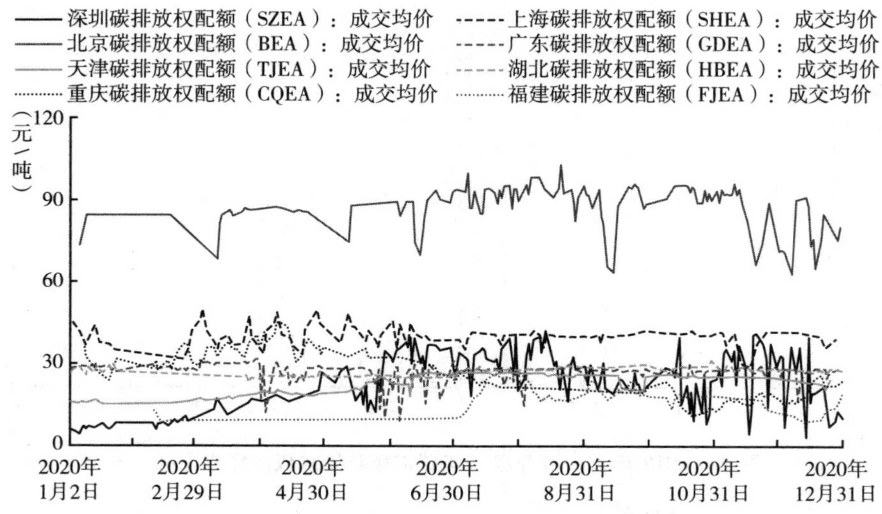

图 41　2020 年各试点碳市场碳排放权配额成交均价变化

资料来源：根据 Wind 数据库整理。

8. 2021年试点碳市场运行情况

2021 年各试点碳市场碳排放权配额成交量和成交额及其占比情况、成交均价如图 42、图 43、图 44 和图 45 所示。

深圳碳市场碳排放权配额成交量达到 599.29 万吨，成交额为 0.68 亿元，分别占 2021 年各试点碳市场总量的 11.2%和 3.8%，成交均价为 11.29 元/吨，同比下降 43%。日成交均价最高达到 36.32 元/吨，最低为 1.00 元/吨。

上海碳市场碳排放权配额成交量达到 138.00 万吨，成交额为 0.54 亿元，分别占 2021 年各试点碳市场总量的 2.6%和 3.0%，成交均价为 39.46 元/吨，同比下降 1%。日成交均价最高达到 43.66 元/吨，最低为 34.75 元/吨。

北京碳市场碳排放权配额成交量达到 187.02 万吨，成交额为 1.36 亿元，分别占 2021 年各试点碳市场总量的 3.5%和 7.6%，成交均价为 72.50 元/吨，同比下降 21%。日成交均价最高达到 107.26 元/吨，最低为 24.00 元/吨。

广东碳市场碳排放权配额成交量达到 2683.54 万吨，成交额为 10.21 亿元，分别占 2021 年各试点碳市场总量的 50.0%和 57.0%，成交均价为

38.05 元/吨，同比上涨 49%。日成交均价最高达到 57.70 元/吨，最低为 24.61 元/吨。

天津碳市场碳排放权配额成交量达到 868.50 万吨，成交额为 2.56 亿元，分别占 2021 年各试点碳市场总量的 16.2%和 14.3%，成交均价为 29.49 元/吨，同比上涨 22%。日成交均价最高达到 34.10 元/吨，最低为 21.00 元/吨。

湖北碳市场碳排放权配额成交量达到 556.17 万吨，成交额为 1.88 亿元，分别占 2021 年各试点碳市场总量的 10.4%和 10.5%，成交均价为 33.85 元/吨，同比上涨 22%。日成交均价最高达到 45.47 元/吨，最低为 26.56 元/吨。

重庆碳市场碳排放权配额成交量达到 115.06 万吨，成交额为 0.37 亿元，分别占 2021 年各试点碳市场总量的 2.1%和 2.1%，成交均价为 32.22 元/吨，同比上涨 51%。日成交均价最高达到 40.00 元/吨，最低为 20.41 元/吨。

福建碳市场碳排放权配额成交量达到 221.71 万吨，成交额为 0.32 亿元，分别占 2021 年各试点碳市场总量的 4.1%和 1.8%，成交均价为 14.38 元/吨，同比下降 17%。日成交均价最高达到 27.00 元/吨，最低为 8.19 元/吨。

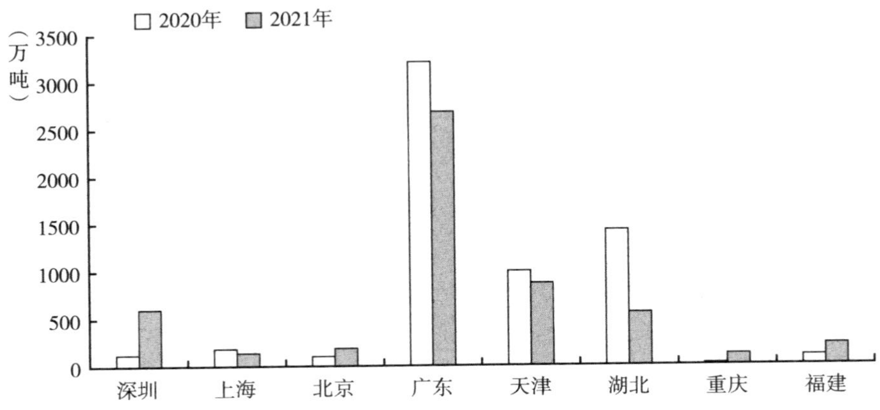

图 42　2020 年、2021 年各试点碳市场碳排放权配额成交量

资料来源：根据 Wind 数据库整理。

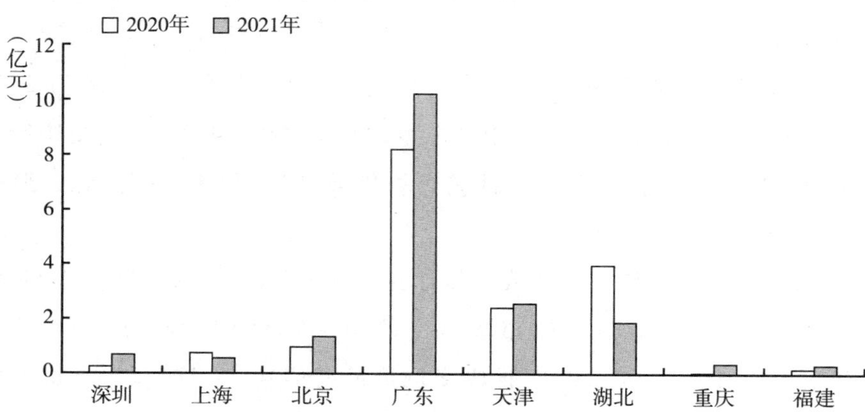

图 43　2020 年、2021 年各试点碳市场碳排放权配额成交额

资料来源：根据 Wind 数据库整理。

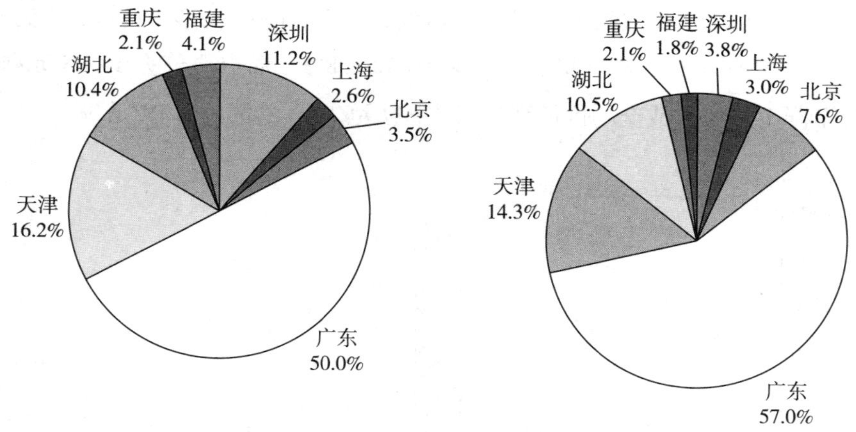

图 44　2021 年各试点碳市场碳排放权配额成交量占比（左）和成交额占比（右）

资料来源：根据 Wind 数据库整理。

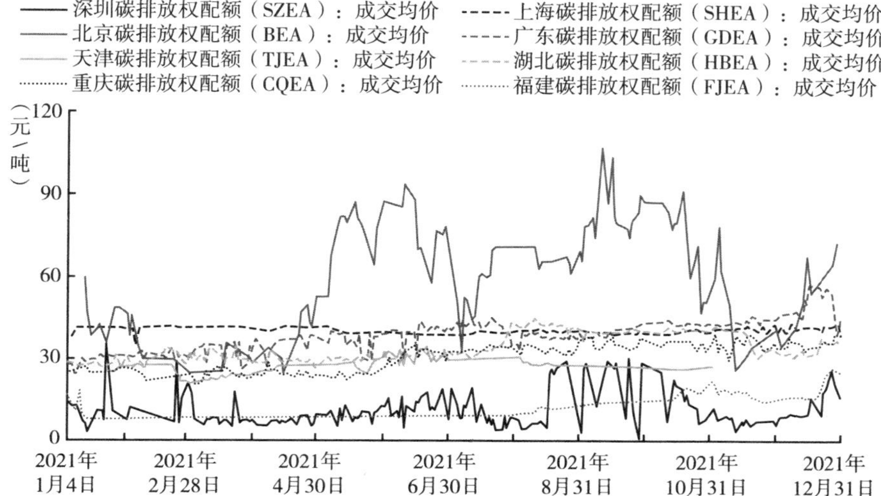

图 45　2021 年各试点碳市场碳排放权配额成交均价变化

资料来源：根据 Wind 数据库整理。

9. 2022年试点碳市场运行情况

2022 年各试点碳市场碳排放权配额成交量和成交额及其占比情况、成交均价如图 46、图 47、图 48 和图 49 所示。

深圳碳市场碳排放权配额成交量达到 508.07 万吨，成交额为 2.25 亿元，分别占 2022 年各试点碳市场总量的 11.9%和 10.2%，成交均价为 44.20 元/吨，同比上涨 291%。日成交均价最高达到 65.98 元/吨，最低为 4.08 元/吨。

上海碳市场碳排放权配额成交量达到 152.32 万吨，成交额为 0.86 亿元，分别占 2022 年各试点碳市场总量的 3.6%和 3.9%，成交均价为 56.42 元/吨，同比上涨 43%。日成交均价最高达到 63.00 元/吨，最低为 41.76 元/吨。

北京碳市场碳排放权配额成交量达到 175.28 万吨，成交额为 1.92 亿元，分别占 2022 年各试点碳市场总量的 4.1%和 8.7%，成交均价为 109.47 元/吨，同比上涨 51%。日成交均价最高达到 149.00 元/吨，最低为 41.51 元/吨。

广东碳市场碳排放权配额成交量达到 1460.91 万吨，成交额为 10.30 亿元，分别占 2022 年各试点碳市场总量的 34.3%和 46.6%，成交均价为

70.49 元/吨，同比上涨 85%。日成交均价最高达到 95.26 元/吨，最低为 30.28 元/吨。

天津碳市场碳排放权配额成交量达到 545.24 万吨，成交额为 1.87 亿元，分别占 2022 年各试点碳市场总量的 12.8%和 8.5%，成交均价为 34.36 元/吨，同比上涨 17%。日成交均价最高达到 39.26 元/吨，最低为 25.50 元/吨。

湖北碳市场碳排放权配额成交量达到 573.35 万吨，成交额为 2.69 亿元，分别占 2022 年各试点碳市场总量的 13.5%和 12.2%，成交均价为 46.84 元/吨，同比上涨 38%。日成交均价最高达到 61.89 元/吨，最低为 37.15 元/吨。

重庆碳市场碳排放权配额成交量达到 75.91 万吨，成交额为 0.30 亿元，分别占 2022 年各试点碳市场总量的 1.8%和 1.3%，成交均价为 39.22 元/吨，同比上涨 22%。日成交均价最高达到 49.00 元/吨，最低为 28.80 元/吨。

福建碳市场碳排放权配额成交量达到 766.14 万吨，成交额为 1.90 亿元，分别占 2022 年各试点碳市场总量的 18.0%和 8.6%，成交均价为 24.75 元/吨，同比上涨 72%。日成交均价最高达到 35.00 元/吨，最低为 10.87 元/吨。

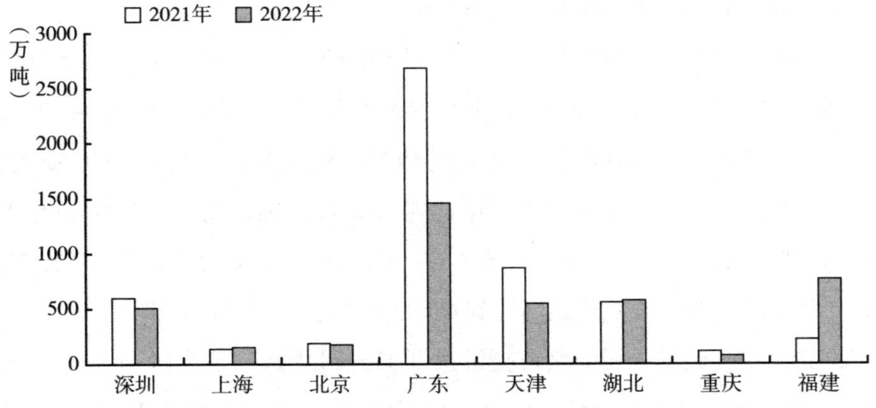

图 46　2021 年、2022 年各试点碳市场碳排放权配额成交量

资料来源：根据 Wind 数据库整理。

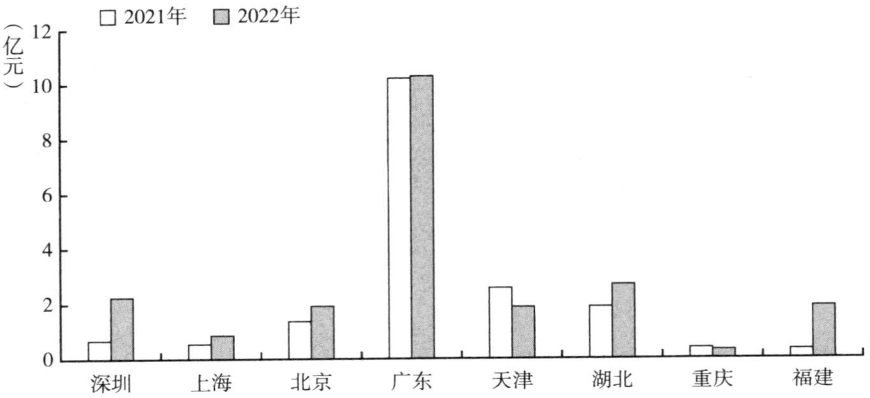

图 47　2021 年、2022 年各试点碳市场碳排放权配额成交额

资料来源：根据 Wind 数据库整理。

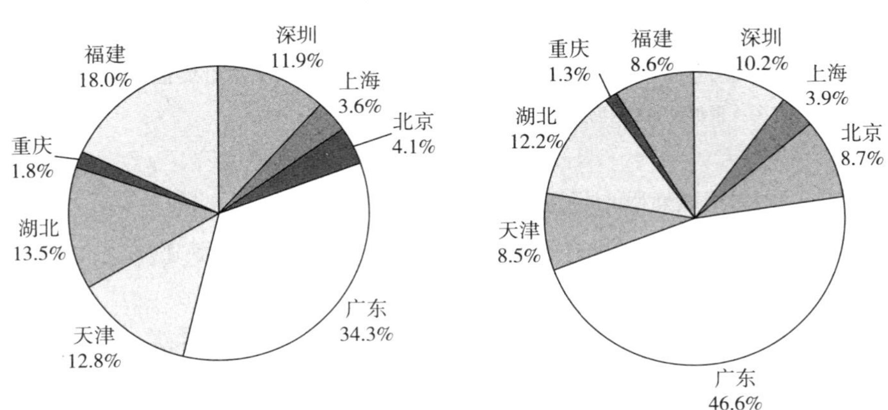

图 48　2022 年各试点碳市场碳排放权配额成交量占比（左）和成交额占比（右）

资料来源：根据 Wind 数据库整理。

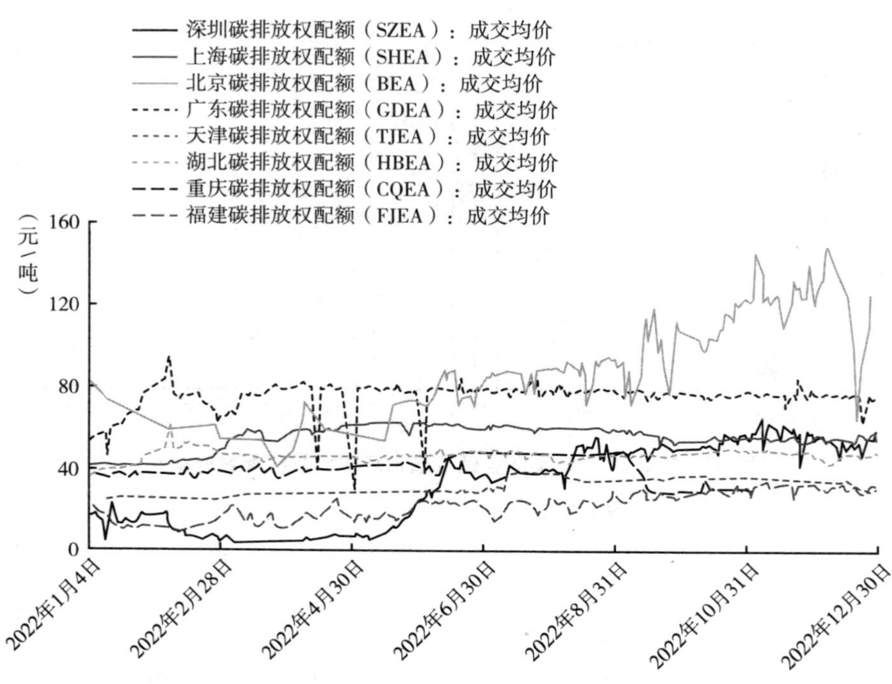

图 49　2022 年各试点碳市场碳排放权配额成交均价变化

资料来源：根据 Wind 数据库整理。

10. 2023年试点碳市场运行情况

2023 年各试点碳市场碳排放权配额成交量和成交额及其占比情况、成交均价如图 50、图 51、图 52 和图 53 所示。

深圳碳市场碳排放权配额成交量达到 365. 10 万吨，成交额为 2. 14 亿元，分别占 2023 年各试点碳市场总量的 6. 8%和 9. 7%，成交均价为 58. 65 元/吨，同比上涨 33%。日成交均价最高达到 67. 06 元/吨，最低为 40. 24 元/吨。

上海碳市场碳排放权配额成交量达到 187. 20 万吨，成交额为 1. 26 亿元，分别占 2023 年各试点碳市场总量的 3. 5%和 5. 7%，成交均价 67. 14 元/吨，同比上涨 19%。日成交均价最高达到 74. 71 元/吨，最低为 47. 10 元/吨。

北京碳市场碳排放权配额成交量达到 93. 30 万吨，成交额为 1. 09 亿元，分别占 2023 年各试点碳市场总量的 1. 7%和 4. 9%，成交均价为 116. 90 元/吨，同比上涨 7%。日成交均价最高达到 149.64 元/吨，最低为 51.47 元/吨。

广东碳市场碳排放权配额成交量达到 971.87 万吨，成交额为 7.28 亿元，分别占 2023 年各试点碳市场总量的 18.0%和 32.9%，成交均价为 74.92 元/吨，同比上涨 6%。日成交均价最高达到 87.50 元/吨，最低为 62.49 元/吨。

天津碳市场碳排放权配额成交量达到 575.20 万吨，成交额为 1.85 亿元，分别占 2023 年各试点碳市场总量的 10.7%和 8.4%，成交均价为 32.20 元/吨，同比下降 6%。日成交均价最高达到 39.80 元/吨，最低为 27.00 元/吨。

湖北碳市场碳排放权配额成交量达到 557.44 万吨，成交额为 2.36 亿元，分别占 2023 年各试点碳市场总量的 10.3%和 10.7%，成交均价为 42.42 元/吨，同比下降 9%。日成交均价最高达到 52.13 元/吨，最低为 37.20 元/吨。

重庆碳市场碳排放权配额成交量达到 19.20 万吨，成交额为 0.07 亿元，在 2023 年各试点碳市场总量中占比极小，成交均价为 37.35 元/吨，同比下降 5%。日成交均价最高达到 47.60 元/吨，最低为 25.00 元/吨。

福建碳市场碳排放权配额成交量达到 2619.89 万吨，成交额为 6.09 亿元，分别占 2023 年各试点碳市场总量的 48.6%和 27.5%，成交均价为 23.25 元/吨，同比下降 6%。日成交均价最高达到 43.53 元/吨，最低为 7.72 元/吨。

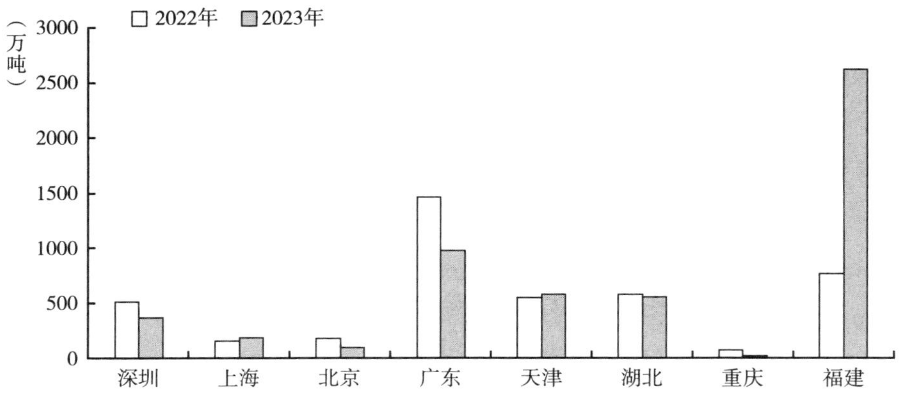

图 50　2022 年、2023 年各试点碳市场碳排放权配额成交量

资料来源：根据 Wind 数据库整理。

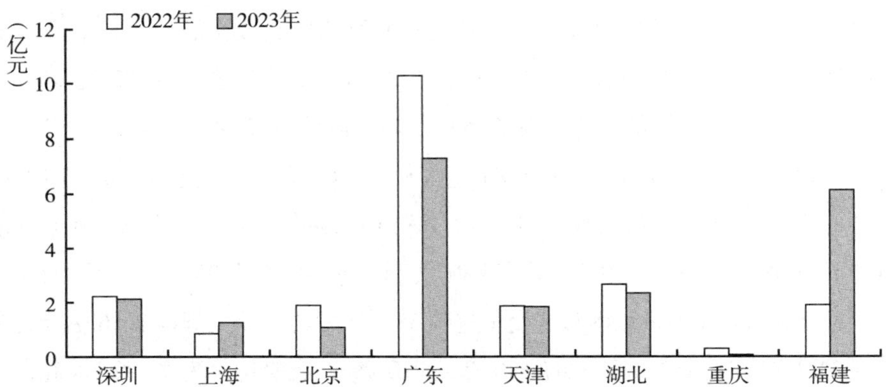

图 51　2022 年、2023 年各试点碳市场碳排放权配额成交额

资料来源：根据 Wind 数据库整理。

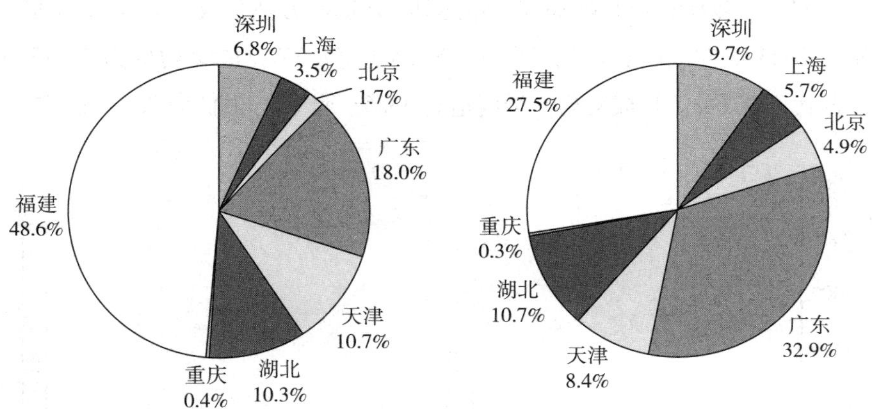

图 52　2023 年各试点碳市场碳排放权配额成交量占比（左）和成交额占比（右）

资料来源：根据 Wind 数据库整理。

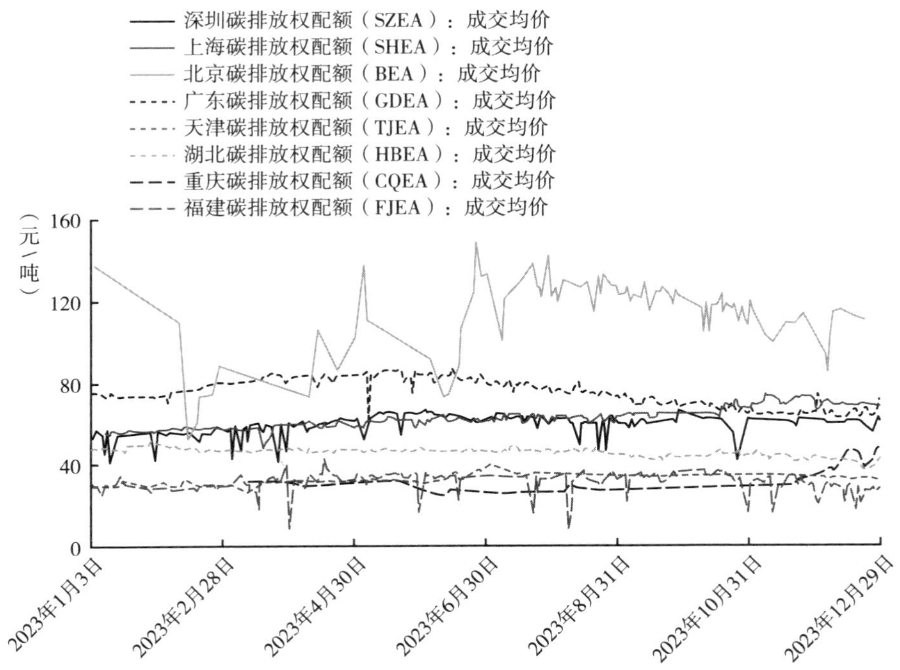

图 53　2023 年各试点碳市场碳排放权配额成交均价变化

资料来源：根据 Wind 数据库整理。

（五）试点碳市场履约情况

如表 7 所示，全国试点碳市场总体履约情况良好。2015 年、2019 年和 2020 年公布履约数据的试点碳市场的履约率均达到 100%。除北京、广东和重庆碳市场外，其余试点碳市场 2021 年度履约率均超过 99%。2015 年以来，上海、天津、湖北碳市场履约率均达到 100%。在 2022 年已经披露的试点碳市场履约情况中，上海、天津和广东的履约率达到 100%，深圳达到 99%。

表 7　2013~2022 年各试点碳市场履约情况

单位：%

试点	2013 年	2014 年	2015 年	2016 年	2017 年	2018 年	2019 年	2020 年	2021 年	2022 年
北京	97	100	100	100	99	100	100	100	—	—
上海	100	100	100	100	100	100	100	100	100	100
天津	96	99	100	100	100	100	100	100	100	100
广东	99	99	100	100	100	99	100	100	99	100
深圳	99	99	100	99	99	99	100	100	100	99
重庆	—	70	—	—	—	—	—	—	—	—
湖北	—	100	100	100	100	100	100	100	100	—
福建	—	—	—	99	100	100	100	100	100	—

资料来源：根据八个地方碳排放权交易所及生态环境部门网站数据收集整理。

参考文献

段茂盛、庞韬：《碳排放权交易体系的基本要素》，《中国人口·资源与环境》2013 年第 3 期。

段茂盛、吴力波主编《中国碳市场发展报告：从试点走向全国》，人民出版社，2018。

鲁政委、汤维祺：《国内试点碳市场运行经验与全国市场构建》，《财政科学》2016 年第 7 期。

潘晓滨：《中国地方碳试点配额总量设定经验比较及其对全国碳市场建设的借鉴》，《环境保护与循环经济》2018 年第 11 期。

孙文娟、门秀杰、张胜军：《全国碳排放权交易市场两周年运行情况及第二个履约周期展望》，《国际石油经济》2023 年第 8 期。

孙永平主编《中国碳排放权交易报告（2017）》，社会科学文献出版社，2017。

王科、李思阳：《中国碳市场回顾与展望（2022）》，《北京理工大学学报》（社会科学版）2022 年第 2 期。

王科、吕晨：《中国碳市场建设成效与展望（2024）》，《北京理工大学学报》（社会科学版）2024 年第 2 期。

王少华、王俊霞、张荣荣：《全国碳市场正式上线运行》，《生态经济》2021 年第

9 期。

易兰、鲁瑶、李朝鹏：《中国试点碳市场监管机制研究与国际经验借鉴》，《中国人口·资源与环境》2016 年第 12 期。

袁晓华、冯超、焦小平等：《关于加快高质量全国碳市场建设的问题研究及建议》，《中国财政》2021 年第 24 期。

张希良、张达、余润心：《中国特色全国碳市场设计理论与实践》，《管理世界》2021 年第 8 期。

中国碳市场发展成就与展望

冷志惠　詹 成*

摘　要： 本报告总结了中国碳市场的发展成就，前瞻性地展望了中国碳市场发展前景。研究发现中国碳市场启动以来，市场规模迅速增长，政策框架逐步完善，市场机制不断优化，碳价发现机制初步显现，对经济和社会产生了深远影响，发展得到社会广泛认可。在未来，中国碳市场法律框架将进一步强化、市场机制将进一步细化、市场范围将进一步扩大、自愿碳市场建设将进一步完善、碳金融产品将不断创新、绿色低碳技术将进一步发展、国际合作与交流将继续深化、监管和风险管理将持续加强、政策宣传和教育将持续深化，从而为实现碳中和提供坚实的支撑。

关键词： 碳市场　碳金融产品　绿色低碳技术

一　中国碳市场发展成就

（一）碳市场顺利启动

中国碳市场的启动是一个分阶段、渐进式的过程，从地方试点起步，逐步扩展至全国性市场。在国家级碳市场建立之前，中国政府在 2011 年选择了北京、上海、天津、重庆、广东、深圳和湖北等 7 个省市作为碳交易的试点地区，这些试点项目涵盖了电力、工业、建筑等多个领域，近 3000 家重

---

* 冷志惠，湖北经济学院低碳经济学院讲师，主要研究方向为低碳经济；詹成，中国地质大学（武汉）经济管理学院，主要研究方向为资源环境与低碳经济。

点排放单位，为后续全国性市场的发展奠定了基础。试点项目不仅测试了不同的交易机制和监管措施，还培养了一批专业的碳市场人才，提高了企业和公众对碳交易的认知。这些经验对于完善全国碳市场的政策设计、交易规则和监管体系至关重要。

2017 年 12 月，中国宣布正式启动全国碳排放权交易市场，并于 2021 年 7 月迎来了首批交易，首批纳入 2162 家发电企业，覆盖约 45 亿吨二氧化碳排放量。这一举措标志着中国在利用市场机制推动减排方面迈出了坚实的步伐。全国碳市场的建立，不仅为参与企业提供了一个透明的交易平台，还通过碳定价机制，促进了企业技术升级和能源结构的优化。中国碳市场的启动和运行，不仅对国内减排和低碳转型起到关键作用，也在全球范围内展示了中国在应对气候变化问题上的决心和行动。随着市场的不断成熟和国际化，预计中国碳市场将在未来发挥更加重要的作用，为全球气候行动贡献中国力量。

（二）建成全球覆盖温室气体排放量最大的碳市场

随着市场的不断发展，中国碳市场的影响力逐渐扩大，已成为全球覆盖温室气体排放量最大的碳市场。全国碳市场自启动上线交易（2021 年 7 月 16 日）至第二个履约周期截止（2023 年 12 月 31 日），已连续运行 898 天，完成第一个履约周期（2019～2020 年）和第二个履约周期（2021～2022 年）的配额清缴工作。截至 2023 年底，全国碳排放权交易市场共纳入 2257 家重点排放单位，累计成交量约 4.4 亿吨，成交额约 249 亿元。

2023 年，碳市场成交量和成交额高达 2.12 亿吨和 144.44 亿元，较 2022 年分别上涨约 316%和 413%。此外，2023 年，碳市场的收盘价为 79.42 元/吨，与 2022 年最后一个交易日相比，大幅上涨了 44.4%。碳市场成交量与成交价格的大幅上涨受到多种因素的影响。首先，全国碳市场第二个履约期的清缴截止日期定在了 2023 年 12 月 31 日，这促使 95%的行政区域内的重点排放单位在 11 月 15 日前加紧完成履约，从而引发了对履约配额的迫切需求。其次，市场上的碳配额供应相对紧张，加之重点排放企业为了满足未来履约的需求而减少了配额的销售，这些因素共同推高了市场价格。

此外，市场对于碳排放成本认识的提高和政策环境的变化，也可能增加市场对碳配额的需求，进一步促进了价格的上涨（见表1）。

表1　2021~2023年全国碳市场交易情况

年份	成交总量（万吨）	成交总额（亿元）	挂牌协议成交量（万吨）	挂牌协议成交额（亿元）	大宗协议成交量（万吨）	大宗协议成交额（亿元）	成交均价（元/吨）	收盘价（元/吨）
2021	17878.93	76.61	3077.46	14.51	14801.48	62.10	42.85	54.22
2022	5088.95	28.14	621.90	3.58	4467.05	24.56	55.30	55.00
2023	21194.28	144.44	3499.66	25.69	17694.72	118.75	68.15	79.42

资料来源：根据上海环境能源交易所全国碳排放权交易数据整理。

在2023年，中国碳排放配额（CEA）的交易继续以大宗协议交易为主导，这一模式自2021年7月市场开市以来一直保持不变，表现为大宗协议交易占主导地位，而挂牌协议交易作为补充。具体来看，2023年大宗协议成交量达到1.77亿吨，占据了总成交量的83.49%，其成交额为118.75亿元，占比82.21%。与此同时，挂牌协议成交量为3499.7万吨，占比16.51%，成交额为25.69亿元，占比17.79%。尽管大宗协议交易在市场上占据主导地位，但挂牌协议交易的重要性正在逐步增强。

（三）建立了较为完备的制度框架体系

中国政府出台了一系列支持碳市场发展的法律法规和政策文件，已建立起一套较为完备的制度框架体系。2021年以来，全国碳市场相关管理制度及技术性文件陆续出台，2021年5月生态环境部制定了《碳排放权登记管理规则（试行）》《碳排放权交易管理规则（试行）》《碳排放权结算管理规则（试行）》3个管理规则；2022年12月生态环境部发布了《企业温室气体排放核算与报告指南 发电设施》，明确了发电行业碳排放核算报告核查技术规范和监督管理要求，以及2024年2月国务院印发实施《碳排放权交易管理暂行条例》，初步形成了拥有行政法规、部门规章、标准规范以及注册登记机构和交易机构业务规则的全国碳市场法律制度体系和工作机制。这一政策体系框架对碳交易的注册登记、排放量核算、排放报告、核查、配额的分配与交易、配额清缴等关键环节和整个流程做出了明确的要求和规范，对碳市场的监管和执法进行指导，以确保市场的公平、透明和有序运行，为市场的健康运行提供了法制保障。

（四）市场机制取得显著成就

中国碳市场自启动以来，在市场机制方面取得了显著成就。一是中国碳市场交易规则不断优化，为了适应市场发展和参与者需求，国家相关部门持续修订和完善碳市场交易规则，确保了交易的公平性、合规性和高效性。二是市场效率提升，通过优化交易流程和提高交易系统的技术水平，中国碳市场缩短了交易时间，降低了交易成本，提升了市场的整体运行效率。三是市场透明度增强，中国加强了碳市场信息披露制度建设，确保市场参与者能够及时获取市场交易信息、政策动态和企业碳排放数据，增加了市场透明度。四是市场产品和服务不断丰富，中国碳市场通过引入不同类型的金融工具和服务，如碳排放权期货交易和碳信用交易，为市场参与者提供了更多的风险管理和投资选择，期货交易的引入为企业提供了一个对冲未来碳价格波动风险的平台，同时也为市场提供了价格发现的机制；通过探索碳信用交易，中国碳市场为温室气体排放的抵消提供了新的途径，鼓励了清洁能源项目和减排技术的发展（见表2）。

表2　部分试点碳市场碳金融创新情况

	试点	北京	上海	湖北	广东	深圳	天津	福建
交易工具	碳基金		√	√		√		
	碳证券			√				
	绿色结构性存款					√		
	碳远期	√	√	√	√			
	场外掉期	√						
	场外期权	√						

续表

	试点	北京	上海	湖北	广东	深圳	天津	福建
融资工具	碳债券			√		√		
	碳回购	√	√		√			
	质押、抵押融资	√	√	√	√	√		√
	碳资产托管			√	√	√		√
	碳信托		√	√				
	借碳		√					
	法人透支				√			
	融资租赁			√				
	保理			√				
	碳众筹		√	√			√	
支持工具	碳指数	√	√	√				√
	碳保险			√				√

资料来源：作者整理。

（五）碳定价功能日益增强

中国政府设定了碳价格的上限和下限，以引导企业在合理的价格范围内进行碳交易，这种做法有助于确保碳市场的价格稳定，避免价格波动过大，从而为企业提供一个可预测的碳成本环境。碳价格上限通常是指在碳市场中，政府或其他监管机构设定的一个价格顶点，超过这个价格，企业将无法在市场上购买到更多的碳排放配额，这种机制可以防止碳价格过高，从而避免给企业带来过重的经济负担，影响其正常运营和发展。同时，它也有助于防止市场出现投机行为，保持碳市场的稳定。碳价格下限通常是指在碳市场中，政府或其他监管机构设定的一个最低价格，确保碳排放的成本不低于这个水平。这种机制可以保证碳价格不会过低，从而维持对企业减排的激励。如果碳价格过低，企业可能没有足够的动力去投资清洁能源或采取其他减排措施。当前，碳市场制度设计中考虑了通过改进配额分配方法、引入抵消机制等政策措施来引导市场预期，形成合理的碳价。2021 年 7 月 16 日全国碳市场正式上线以来，全国碳市场整体运行平稳有序，交易价格稳中有升。

2024 年春节之后，碳价从长期稳定不变的态势变为向上攀升，并在 2024 年 5 月突破每吨百元，2024 年 5 月 7 日，碳价以 101.67 元/吨收盘，连续几个交易日每吨破百元，相比 2021 年初开市时的 48 元/吨翻了一番多。在中国，因为控排企业必须完成其履约义务，因此，一般在履约期收尾前碳价才会出现较大浮动，交易呈现明显的“潮汐”特征。但 2024 年碳价大幅增长，显示了市场对碳配额短期内的供不应求。具体而言，供应侧配额收紧的担忧，需求侧强烈的扩容信号，以及碳排放管理的强化等，使碳价上涨成为控排企业的共识，反映出市场正在逐步形成有效的碳价格发现机制。

（六）对企业和经济产生深远影响

碳市场的建设和发展，不仅对企业的技术进步和市场竞争力产生了积极影响，也对整个经济的绿色转型和可持续发展起到关键的推动作用。碳市场作为一种新兴的环境经济政策工具，其创新之处在于利用市场化手段来应对环境挑战。首先，碳市场的推进促使企业更加重视低碳发展，加快技术创新和转型升级。企业通过建立碳数据管理系统和采用碳计量技术，不仅提高了能源使用效率，还降低了生产成本，增强了对市场变化的适应能力。其次，碳市场的建设有助于优化资源配置，促进经济的绿色和可持续发展，通过碳定价机制，市场参与者能够更清晰地识别和承担环境成本，引导资本流向更环保、更高效的产业和项目，推动经济结构的优化升级。此外，碳市场还为中国在全球气候治理中发挥领导作用提供了重要的平台，中国的碳市场建设经验和成就，展示了中国积极参与全球气候行动的决心，增强了国际社会对中国低碳发展路径的认可。

（七）社会认可度大幅提升

中国政府在碳市场建设中重视社会参与和公众意见的征集，采取了一系列措施提升社会认可度。一是建立公众参与机制，通过举办公众听证会和在线征求意见，鼓励社会各界参与碳市场政策的讨论和制定，提高了政策的透明度和公众的参与度。二是广泛开展宣传教育活动，政府组织了一系列宣传教育活动，如碳市场知识讲座、环保主题展览等，以提高公众对碳市场的认识和理解。三是加强媒体宣传，利用电视、广播、报纸、互联网等多种媒体渠道，广泛宣传碳市场的重要性和作用，增强了公众对碳市场的支持。四是开展社区和学校的低碳生活实践，鼓励社区和学校开展低碳生活实践活动，如节能减排竞赛、绿色出行倡议等，培养节能减排的生活习惯。通过上述措施，中国政府不仅提升了碳市场的社会认可度，还增强了公众对碳市场重要性的认识，促进了全民减排意识的形成。

二　中国碳市场发展展望

（一）完善法律框架

《碳排放权交易管理暂行条例》的审议通过，标志着中国对碳排放权交易管理的法律框架逐渐完善。该条例的立法层级为“行政法规”，高于之前的《碳排放权交易管理办法（试行）》的“部门规章”层级，提升了碳交易法律制度的权威性和稳定性。该条例明确了碳排放权交易的法律地位，并对碳排放权交易市场的覆盖范围、重点排放单位的确定、配额的分配、碳排放数据质量的监管、配额的清缴以及交易运行等机制做出了统一规定，为碳市场的运行提供了明确的法律指导。该条例还包括加强党的领导、完善数据质量的管理与强化法律责任等方面的内容，进一步提升了碳市场的法制化水平。在该条例框架下，中国将进一步修订完善碳排放权交易、登记、结算等管理办法，制定出台碳排放核算、报告和核查技术与管理规则等其他配套管理规章和文件，形成较为完备的碳市场法规制度体系。这些措施将提高监管的针对性和有效性，防范和打击碳市场中的违法违规行为，规范碳市场的运行，保障交易双方的合法权益，提升碳市场的透明度和公信力。

（二）完善市场机制

中国将继续完善碳市场的机制，确保市场的公平、透明和有效运行，以提高市场功能和影响力。一是优化配额分配机制。逐步引入有偿分配机制，根据不同行业、地区的实际情况，制定差异化的配额分配方案，以更准确地反映碳排放成本，减少免费配额的比例，激励企业主动减排。二是完善交易规则和监管体系。制定更加严格、透明的交易规则，规范市场参与者的交易行为，防止市场操纵和欺诈行为。建立健全的监管体系，加强监管力度，对违法违规行为进行严厉打击，维护市场秩序。三是扩大市场参与主体。逐步扩大碳市场的参与主体范围，纳入更多行业和地区，提高市场的覆盖率和影响力，鼓励金融机构、投资机构等参与碳市场，提供多样化的碳金融产品，丰富市场交易品种。四是推动碳价格市场化。通过市场供需关系来决定碳价格，逐步减少政府干预，使碳价格能够真实反映碳排放的成本和减排的效益。同时建立碳价格稳定机制，防止碳价格过度波动，保障市场参与者的利益。五是加强国际合作与交流。加强与国际碳市场的合作与交流，积极参与国际碳减排合作项目，学习借鉴国际先进经验和技术，推动中国碳市场的国际化进程。

（三）扩大市场范围

当前的全国碳市场范围主要集中在发电行业，覆盖企业数量有限，年覆盖二氧化碳排放量在全国二氧化碳排放量中的占比约为 42%。“十四五”期间，预计将率先纳入水泥、电解铝和民航三个行业，覆盖企业数量增至 3500 余家，年覆盖二氧化碳排放量将上升至约 64 亿吨，覆盖排放量将提高至 53%。“十五五”期间，将进一步纳入钢铁、玻璃、造纸、石化和化工等行业，到 2030 年底，覆盖企业数量将扩大至约 5500 家，年覆盖二氧化碳排放量将突破 86 亿吨，在全国二氧化碳排放量中的占比提高至 74%左右。

（四）建好自愿碳市场

在中国，除了碳配额市场逐步建立，自愿减排市场也在同步发展。全国温室气体自愿减排交易市场于 2024 年 1 月 22 日正式启动，在全国碳市场历经两个履约期后，与其相互补充的 CCER 终于逐步落地，标志着中国碳市场体系建设迈出了重要一步，意味着全国碳排放权交易体系终于搭建完备。作为一个自愿减排的交易平台，该市场能够调动全社会力量共同参与温室气体减排行动。通过该市场，各类社会主体可以自主自愿地开发温室气体减排项目，项目减排效果经过科学方法量化核证并申请完成登记后，即可在市场出售，从而获得相应的减排贡献收益。这不仅有利于支持林业碳汇、可再生能源、甲烷减排、节能增效等项目的发展，而且能够激励更广泛的行业、企业和社会各界积极参与温室气体减排行动。此外，全国温室气体自愿减排交易市场的建立还有助于推动形成强制碳市场和自愿碳市场互补衔接、互联互通的全国碳市场体系，为中国实现碳达峰碳中和目标提供有力支撑。

（五）发展碳金融

首先，全国碳市场的规模将稳中有升。随着国家对碳金融市场的重视和推动，碳金融交易机制将逐步完善，预计未来将有更多行业和企业纳入碳市场，市场规模将进一步扩大。其次，市场覆盖主体、覆盖行业、产品种类等核心要素均将逐渐丰富。随着市场机制的完善和投资者认识的提高，碳市场的参与度将不断提升，金融机构、投资者等更多主体将参与到碳市场的交易活动中，碳市场覆盖的行业范围也将有序从目前的发电行业扩展到更多行业。因此，为满足市场需求，碳金融产品和服务将不断创新，包括碳基金、碳债券、碳配额抵押贷款等多元化金融产品将逐渐丰富。最后，全国碳市场价格将更加充分地反映社会平均减排成本，价格发现机制不断完善。未来碳市场的价格博弈将更为活跃，碳市场将通过碳价推动企业减排并促进减排技术革新。

（六）发展绿色技术创新

碳市场作为一种市场机制，通过碳排放权的交易和配额分配为企业提供经济激励，使绿色低碳技术创新成为企业获取竞争优势和实现可持续发展的必然选择。一方面，碳排放权的交易使碳排放成本内部化，从而激励企业加大在绿色低碳技术方面的研发投入，逐步淘汰落后产能，推动能源结构的绿色转型。另一方面，碳市场的不断完善和发展推动了绿色低碳技术的突破和应用，新能源、节能环保、清洁能源等新兴产业逐渐成为新的经济增长点，为经济结构的转型升级注入了新的动力。

（七）提升国际合作与交流

应对气候变化是全球性的共同挑战，预计中国将进一步加快与国际碳交易体系间的政策协调，不断提升碳定价能力，提高在全球碳交易体系中的参与度与竞争力。一是推进碳市场规则与标准国际化。中国将加强与国际组织、研究机构和其他国家的合作与交流，积极参与国际碳市场交易标准、碳排放核算方法等规则的制定和修订，形成公平、合理、透明的国际碳市场规则体系，共同推动碳市场标准的国际化。二是加强碳市场项目合作与数据共享。中国将鼓励国内企业参与国际碳市场项目合作与投资，推动全球碳减排项目的实施和落地。在碳排放统计核算核查方面，中国将加强与国际社会的数据共享和互认，提高碳市场数据的准确性和可靠性。三是推动国际碳定价权的多元化。中国碳市场将积极寻求与其他国家和地区的碳市场建立合作关系，共同探索碳交易机制、定价机制等，避免单一市场或单一机制对全球碳定价的过度影响，更加公平、合理地反映全球碳减排的成本和效益，推动全球碳减排目标的实现。四是强化碳市场政策沟通与协调。中国将积极参与政策对话和协商，推动形成符合全球可持续发展目标的碳市场政策体系。

（八）加强监管和风险管理

首先，中国将进一步完善碳市场的监管体系，明确各级政府和部门的监管职责，确保碳市场的规范运行；加强碳市场数据质量日常监管，更加注重数据质量、透明度和公开性，提高市场信息的准确性和可靠性。其次，建立健全碳市场风险预警和应对机制，通过定期评估市场风险、制定风险应对策略，有效防范和化解市场风险。再次，加强碳市场相关法律法规的制定和修订工作，确保碳市场的运行有法可依、有章可循。加大对违法违规行为的惩处力度，提高违法成本，维护碳市场的公平、公正和公开。最后，借助现代信息技术手段，提高碳市场监管的效率和准确性。例如，采用大数据、区块链等技术对碳排放数据进行实时监测和分析，确保数据的真实性和准确性。

（九）加强政策宣传和教育

加强政策宣传和教育是推动中国碳市场发展的重要途径之一。通过广泛的政策宣传和教育活动，可以提高公众对碳市场的认知度和参与度，推动企业积极参与碳市场交易，实现碳减排目标。一是普及政策法规。通过加强对碳市场相关政策法规的普及和宣传，提高公众对碳市场的认知度和参与度。例如，生态环境部等相关部门会通过媒体渠道发布最新的政策解读、市场分析等信息，确保企业和公众能够及时了解和掌握碳市场的最新动态。二是拓展宣传渠道。除了传统的媒体渠道外，还充分利用互联网、社交媒体等新媒体平台，以图文、视频等多种形式向公众普及碳市场知识，提高政策宣传的覆盖面和影响力。三是开展专业培训。通过组织线上线下的培训课程、研讨会等活动，提高企业和公众对碳市场的认识和理解，培养具备实际操作能力的碳市场从业人员。

（十）推动碳中和目标实现

首先，碳市场通过碳排放权的交易，为控排企业提供了经济激励，鼓励其采取更加节能、低碳的生产方式，减少碳排放，从而有助于实现碳中和目标。其次，碳市场使碳排放权成为可交易的商品，从而引导资本、技术等资源向低碳领域流动，促进资源配置的优化，推动绿色低碳经济的发展。最后，中国碳市场自建立以来，市场规模逐步扩大，成交量和成交额持续增长，碳排放权交易市场累计成交量已达到数亿吨，成交额超过数百亿元，未来行业参与度将进一步提升，纳入能源、交通、建筑等多个领域，为碳中和目标的实现提供更加有力的支持。

参考文献

曹明德：《中国碳排放交易面临的法律问题和立法建议》，《法商研究》2021 年第 5 期。

曾盈盈、冯帅：《中国特色的碳市场国际化路径选择——气候与贸易政策联动的视角》，《中国人口·资源与环境》2024 年第 5 期。

陈元哲、李怒云：《全球自愿碳市场及运行机制现状和挑战》，《绿色中国》2024 年第 11 期。

陈志祥、李全伟：《全国碳市场运行一周年：成效显著挑战犹存》，《中国财政》2022 年第 15 期。

方洁：《建设全国碳市场核心枢纽的形势、挑战与对策》，《环境经济研究》2023 年第 3 期。

巨烨、王侃宏：《碳资产交易：CCER 项目开发与管理》，《中国财政》2023 年第 11 期。

齐绍洲、张振源：《碳金融对可再生能源技术创新的异质性影响——基于欧盟碳市场的实证研究》，《国际金融研究》2019 年第 5 期。

苏涛永、孟丽、张金涛：《中国碳市场试点与企业绿色转型：作用效果与机理分析》，《研究与发展管理》2022 年第 4 期。

唐人虎、林立身：《全国碳市场运行现状、挑战及未来展望》，《中国电力企业管理》2022 年第 7 期。

王韧、袁珺、许豪、宁威：《中国碳市场风险价值度量与实证研究》，《中国软科学》2023 年第 7 期。

王少华、王俊霞、张荣荣：《全国碳市场正式上线运行》，《生态经济》2021 年第 9 期。

王文举、陈真玲：《中国省级区域初始碳配额分配方案研究——基于责任与目标、公平与效率的视角》，《管理世界》2019 年第 3 期。

王秭移：《理性审视碳排放交易试点及全国碳市场建设》，《社会科学动态》2022 年第 10 期。

杨刚强：《“双碳”背景下我国碳金融交易风险的度量与防控》，《福建金融》2024 年第 6 期。

张叶东：《“双碳”目标背景下碳金融制度建设：现状、问题与建议》，《南方金融》2021 年第 11 期。

周丽、张希良、佟庆：《扩大全国碳市场行业覆盖范围研究》，《环境保护》2024 年第 7 期。

《碳市场：从区域试点迈向全国统一》，新华网，2022 年 4 月 29 日，http：//www. xinhuanet. com/tech/20220429/af48522ebcd1411cac236f448b7e1724/c. html。

《全球最大规模碳市场“开张”助力双碳目标 推进绿色发展》，中国政策网，2021 年 7 月 22 日，https：//www. gov. cn/xinwen/2021-07/22/content_5626497. htm。

《截至去年底，全国累计成交量达 4. 4 亿吨——碳排放权交易活跃度逐步提升》，中国政府网，2024 年 2 月 28 日，https：//www. gov. cn/yaowen/liebiao/202402/content_6934685. htm。

《IIGF 专刊丨2023 中国碳市场年报》，中央财经大学绿色金融研究院，2024 年 1 月 31 日，https：//iigf. cufe. edu. cn/info/1013/8404. htm。

《全国碳排放权交易市场建设取得四方面成效》，中国政府网，2024 年 2 月 26 日，https：//www. gov. cn/xinwen/jdzc/202402/content_6934269. htm。

北京理工大学能源与环境政策研究中心：《中国碳市场建设成效与展望（2024）》，https：//ceep. bit. edu. cn/docs/2024-01/f0e73803b04a4a9d90513a563b0807b1. pdf。

《碳排放权交易管理暂行条例》，中国政府网，2024 年 2 月 4 日，https：//www. gov. cn/zhengce/content/202402/content_6930137. htm。

《全国温室气体自愿减排交易市场启动》，央广网，2024 年 1 月 23 日，https：//tech. cnr. cn/techph/20240123/t20240123_526568827. shtml。

行业篇：中国行业碳排放权交易机制研究与实践

中国电力行业碳排放权交易机制研究与实践

黄 剑 刘林坤*

摘 要： 本报告系统总结了中国电力行业碳排放特征、规模、影响因素、未来走势、减排潜力以及实现碳达峰碳中和的挑战和机遇，分析了电力行业碳交易机制的历史背景、设计原理、关键要素、实施现状及其对行业减排的影响与实践，分析其在减排目标实现中的作用，并对未来发展进行了展望。报告发现中国电力行业碳排放核算方法须不断完善，不断适应新形势碳市场数据质量要求，碳排放总量仍在增加，但是强度将趋于下降。需要提升电力系统灵活性、优化电力储能技术、解决储能技术痛点、加强需求侧管理与响应，同时通过深化建设全国统一电力市场体系、完善辅助服务及容量市场相关机制、促进参与

* 黄剑，中国质量认证中心有限公司武汉分公司工程师，主要研究方向为碳管理；刘林坤，中国质量认证中心有限公司武汉分公司工程师，主要研究方向为能源管理。

主体多元化等方式，深化碳交易，实现碳达峰碳中和。

关键词： 电力行业 碳排放 碳核算 碳交易

一 中国电力行业碳排放现状与趋势

（一）中国电力行业碳核算方法学发展

2013年10月15日，《国家发展改革委办公厅关于印发首批10个行业企业温室气体排放核算方法与报告指南（试行）的通知》（发改办气候〔2013〕2526号）指出为有效落实《中华人民共和国国民经济和社会发展第十二个五年规划纲要》提出的建立完善温室气体统计核算制度，逐步建立碳市场的目标，推动完成国务院《“十二五”控制温室气体排放工作方案》（国发〔2011〕41号）提出的加快构建国家、地方、企业三级温室气体排放核算工作体系，实行重点企业直接报送温室气体排放数据制度的工作任务。国家发展改革委组织制定了包含《中国发电企业温室气体排放核算方法与报告指南（试行）》的首批10个行业企业温室气体排放核算方法与报告指南（试行），供重点企业开展碳交易、建立企业温室气体排放报告制度、完善温室气体排放统计核算体系等相关工作参考使用。

2021年3月29日，生态环境部印发了《关于加强企业温室气体排放报告管理相关工作的通知》（环办气候〔2021〕9号），并发布了《企业温室气体排放核算方法与报告指南 发电设施》，解决了我国此前的碳核算技术参数链条过长等问题，规范了全国碳市场发电行业重点排放单位的温室气体排放核算与报告工作。

2022年3月15日，生态环境部印发了《关于做好2022年企业温室气体排放报告管理相关重点工作的通知》（环办气候函〔2022〕111号），并更新发布了《企业温室气体排放核算方法与报告指南 发电设施（2022年修订版）》。

2022 年 12 月 19 日，生态环境部发布了《关于印发〈企业温室气体排放核算与报告指南 发电设施〉〈企业温室气体排放核查技术指南 发电设施〉的通知》（环办气候函〔2022〕485 号），并更新发布了《企业温室气体排放核算方法与报告指南 发电设施（2023 年修订版）》，进一步提升了碳排放数据质量，完善全国碳市场制度机制，增强技术规范的科学性、合理性和可操作性。

从国家发展改革委到生态环境部，中国电力行业碳排放核算方法学不断完善，不断适应新形势碳市场数据质量要求，不同版本的方法学总结情况如表 1 所示。

表 1　电力行业不同版本碳核算方法学

项目	2013 版指南	2021 版指南	2022 版指南	2023 版指南
发布时间	2013 年 10 月	2021 年 3 月	2022 年 3 月	2022 年 12 月
发布文件	发改办气候〔2013〕2526 号	环办气候〔2021〕9 号	环办气候〔2022〕3 号	环办气候函〔2022〕485 号
适用时间	2013~2019 年	2020 年、2021 年、2022 年 1~3 月	2022 年 4 月起	2023 年 1 月 1 日起
总体框架	七个章节 + 两个附录	①合并吸收了 2013 版指南、监测计划和补充数据表的内容，共 13 章 ②增加章节“生产数据核算”和“数据质量控制计划” ③新增章节“工作程序和内容”“信息公开要求”	基本保持了 2021 版指南框架结构，将附录“计算公式”放到指南正文中，共 13 章、4 个附录	基本保持了 2022 版指南框架结构，将正文中“供热比、供电煤耗等内容”调整至附录 E“排放报告辅助参数计算方法”
参数要求	可以采用分煤种的缺省值	燃煤参数明确了实测要求，提出高限值和实测优先序	进一步调整和细化	进一步修正和调整
数据质量控制	①建立健全监测计划 ②建立排放和能耗台账记录	①低位发热量、单位热值含碳量外委机构需有资质 ②元素碳煤样应至少留存一年备查 ③原始记录和管理台账至少保存五年 ④40 天之内填报环境信息平台	①燃煤元素碳检测须由有 CMA 或 CNAS 资质的机构完成 ②细化对检测报告、记录存证等的要求	进一步规范数据质量控制计划的编制和修订要求

续表

项目	2013 版指南	2021 版指南	2022 版指南	2023 版指南
核算边界	企业法人边界、补充数据表边界	发电设施边界	发电设施边界（增加示意图）	与 2022 版指南一致
排放源	①化石燃料燃烧碳排放，含移动源 ②脱硫过程碳排放 ③外购电碳排放	①化石燃料燃烧碳排放 ②外购电碳排放	①化石燃料燃烧碳排放 ②外购电碳排放	与 2022 版指南一致
化石燃料碳排放量核算方法	排放量=活动水平×排放因子 活动水平=化石燃料消耗量×低位发热量 排放因子=单位热值含碳量×碳氧化率×44/12	同 2013 版指南	排放量=化石燃料消耗量×收到基元素碳含碳量×碳氧化率×44/12	与 2022 版指南一致
化石燃料消耗量	入炉煤，含非生产用煤	入炉煤，含非生产用煤	①明确不包括非生产用煤 ②皮带秤每旬校验	①删除扣减非生产用煤内容 ②皮带秤每月校验
单位热值含碳量	①单位热值含碳量=实测元素碳含量/低位发热量（发热量未明确采用月度加权值还是综合样实测值，实际操作中两者都可行） ②2019 年未实测，取 0.03356TC/GJ	明确分母低位发热量采用月度加权值	折算综合样收到基元素碳采用月度加权内水	①折算综合样收到基元素碳采用综合样内水 ②单位热值含碳量缺省值调整为 0.03085TC/GJ，非常规机组取 0.02858TC/GJ
低位发热量	无	26.7GJ/T	26.7GJ/T	26.7GJ/T
碳氧化率	未实测，则取高限值 100%	99%	99%	99%
发电厂用电量	补充数据表要求采用 904 标准	发电专用厂用电量+发电供热共用的厂用电量×(1-供热比)	（厂用电量-供热专用厂用电量）×（1-供热比）	取消供电量、供热比
年度排放量	分别计算各参数的年度数据，然后再计算排放量	月度排放量累计	月度排放量累计	月度排放量累计

资料来源：作者整理。

（二）中国电力行业碳排放特征、规模和影响因素

电力、供热行业是中国碳排放量最大的行业。火电为碳排放最主要排放方式，且目前装机容量占比最大、发电量占比最高，以火电为主要发电方式的结构目前不会改变。火力发电会不可避免产生二氧化碳，使用比煤更清洁的燃气发电将会是趋势。电力行业总体碳排放处于增长阶段，因为全社会总用电量处于增长趋势。风光电装机容量增长迅猛，总发电量的单位发电量二氧化碳排放有进一步下降的空间。

2022 年，全国单位火电发电量二氧化碳排放约 824 克/千瓦时，比 2005 年降低 21.4%；全国单位发电量二氧化碳排放约 541 克/千瓦时，比 2005 年降低 36.9%。以 2005 年为基准年，2006~2022 年，电力行业累计减少二氧化碳排放量约 247.3 亿吨。其中，非化石能源发电、降低供电煤耗、降低线损率减排贡献率分别达到 57.3%、40.5%、2.2%。基于我国总发电量和火电发电量数据计算，我国 2022 年电力行业产生的碳排放量为 47.03 亿吨。[①]

影响电力行业碳排放的因素可以归纳为四大类：能源结构、人口结构、技术效率和投入因素。首先，能源结构是影响电力行业碳排放的主要因素之一。能源结构是指电力行业采用的不同的能源类型，电力行业不同的能源类型都会产生不同的温室气体排放，例如，煤炭、天然气、核能等。其次，人口结构也是影响电力行业碳排放的重要因素。人口结构指电力行业的用电人口，随着人口数量不断增加，电力行业也需要增加负荷来满足用户需求，从而加剧了电力行业温室气体排放的问题。此外，技术效率也是影响电力行业碳排放的重要因素。技术效率指电力行业采用的不同的技术，无论是新型燃料来源的开发和利用，还是现有燃料来源的改进和升级，都有可能降低电力行业的能源利用效率，从而减少温室气体排放。最后，投入因素也是影响电力行业碳排放的重要因素。投入因素是指各行业对电力行业投入资源的多

① 中国电力企业联合会：《中国电力行业年度发展报告 2023》。

寡，电力行业的能源价格、经济状况和技术水平的变化都可能影响行业的投入资源，从而影响温室气体排放水平。

（三）中国电力行业碳排放未来走势和减排潜力

随着中国电力行业的发展和政府的引导，电力行业的碳排放未来有望趋势性减少。通过推动清洁能源发展、提高能源效率和推动技术创新，中国有望实现电力行业碳排放的减少和减排潜力的释放。中国政府致力于推动清洁能源发展，包括风能、太阳能、水电和核能等。随着清洁能源比重的增加，化石燃料（如煤炭）的使用将逐渐减少，从而减少电力行业的碳排放。此外，中国的经济增长和人口增加对电力需求的影响仍然巨大。电力行业需要满足不断增长的需求，因此在一段时间内可能仍会保持一定规模的碳排放。然而，随着清洁能源技术的成熟和运营成本的下降，碳排放将逐渐减少。中国“十四五”期间严控煤炭消费，“十五五”期间减少煤炭消费，在当前政策目标下，未来 10 年内，在可再生能源发展替代的基础上，每年电力行业二氧化碳排放总量将减少 9000 万吨。在“双碳”目标下，预计 2050 年中国非化石发电量占总发电量比重超过 90%，煤炭发电比重降至 5%以下。

（四）中国电力行业实现碳达峰碳中和的挑战和机遇

1. 中国电力行业实现碳达峰碳中和的挑战

（1）提升电力系统灵活性

光伏和风电将在 2050 年成为主要能源，占全社会发电量的 83%。光伏和风电都有连续性较差、存在地理限制、容易短期内过剩或短缺等特点，这将使电力系统的灵活性受到进一步威胁。

一是提升电网输配能力。在成本最优的情境下，2050 年总输电容量需从 2019 年的约 150GW 提升至约 600GW，而新增输电容量将主要应用于连接华北与华东、华南与华东的跨区域供电，以满足沿海地区的电力需求。这就需要中央政府制定政策，做好顶层规划，平衡多方利益，为跨省电网的大规模发展提供支持，加强跨省统筹合作；同时持续推动配电改革，加速增量配电网建设。国家发展改革委在《〈关于进一步完善落实增量配电业务改革政策的八条建议〉回函》中，进一步明确了增量配电网的行政地位，允许可再生能源、分布式电源以适当电压等级就近接入增量配电网，此举既可有效助力可再生能源的消纳，也解决了增量配电网"缺电"的实际困难，大大提振了相关开发者的信心。同时，业界也应积极应用智能电网技术，实现对电网运输实时数据的收集和管理，提升电网系统的能级。这不仅需要大力发展电网数字化技术，也需要加快推广电力行业的市场机制。

二是优化电力储能技术。能源储存技术已经广泛应用于电力行业价值链的各个环节。为应对系统灵活性挑战，到 2050 年，整体储能系统的累计装机量需要从 2019 年的约 32GW 提升至约 1400GW。其中，除抽水蓄能等传统储能方式外，电池技术的应用极为关键。考虑到各类储能技术的特点，锂电池储能因其运营成本低、所需空间小、循环周期长，成为短期内的应用首选。

三是以锂电池为代表的电池储能技术有三大痛点亟须解决。首先是成本，当前电化学储能成本较高，但麦肯锡预计，随着核心技术的发展，以锂电池为代表的电池储能技术成本可在 2030 年降至煤电发电的水平，到 2050 年甚至比后者更低；政府和业界应通力合作，进一步拓宽电池技术的研究，使其惠及电动车与可再生能源行业。其次是电池的安全性，政府与业界应高度重视电池设计、生产和使用等环节的安全问题，在电池技术的应用中尽可能减少因电池引发的安全事故。最后是电池的资源回收再利用，由于电池寿命通常为 5~8 年，回收是一个不可避免的话题，当下相关方仍在寻找两全之策，以期最大限度实现电池的回收再利用，同时尽可能降低其对环境造成的负担。各地政府应制定政策规范回收行业，同时提供补贴，支持可持续电池回收解决方案的推广。业界则应优化运营，推动电池回收规范的落地。

四是加强需求侧管理与响应。除提升供给侧的灵活性之外，需求侧的改革也是降低储能系统成本、提升电力系统稳定性的有效手段。当前的需求侧改善手段主要包括需求侧响应（部分用户自主进行负荷调节）及需求侧管理（覆盖大量用户的统一用电行为调整），两者均可降低社会高峰用电需求，这两类技术广泛应用于北美以及欧盟多数国家。在中国，以上海等区域为试点的小型需求侧响应项目尚处于测试阶段。基于海外发达国家应用需求侧响应技术的历史经验，需求侧响应通常可有效降低4%~6%的容量储备需求。

着眼未来，需求侧响应技术在中国的应用，可结合电动车、楼宇等创新型场景，实现远超历史数据的高峰用电需求削减。需求侧响应的推广需要政府、企业和其他利益相关方共同发力，着力解决以下五大问题：一是明确需求侧响应的战略地位，达成全社会对需求侧改革重要性的共识；二是推动电力市场化机制，由政府牵头加速电力现货市场的试点；三是加强需求响应基础设施的建设，发电和用电双方都需要本地化程度更高的电网体系，同时应用智能电网技术进行动态调控；四是加强对需求侧响应的补贴，在中短期，补贴仍然是需求侧响应的主要工具，各地政府需要制定清晰的规划，以最佳方式为企业提供相关激励；五是助推电力聚合行业的兴起，随着需求侧改革的深入，聚合行业将自然而然成为供电方和用电方之间的媒介，但这需要政府的引导和支持。

（2）加速淘汰煤电存在实际困难

若电力行业碳排放需在2050年“清零”，燃煤电厂将不可避免地退出历史舞台。截至2021年中期，中国燃煤发电装机容量达1100GW，超过50%需在2040年前逐步淘汰。[①] 虽然中央及各省份正陆续出台逐步淘汰燃煤电厂的政策，但落地过程中不仅面临着供电稳定性挑战，也一定程度影响了煤炭高度依赖区域的短期经济增长。麦肯锡将中国各省份按煤炭依赖程度和可再生能源的丰富程度进行了划分，对于不同类型的区域，应采取不同的煤电退出路径。

一是煤炭依赖度高，可再生资源丰富度低。这类区域的能源转型将面临严峻挑战，应考虑实施“软着陆”。为保障能源安全，可稳步退役不盈利的落后煤电产能，同步投资CCS技术及其基础设施建设，促进煤电清洁化，同时将本地可再生能源发电与能源输入相结合，优化能源结构。为保障经济发展不受影响，各地应着力提升当地的能源利用效率，由政府牵头协助退役

① 《“中国加速迈向碳中和”电力篇——电力行业碳减排路径》，https：//www. mckinsey. com. cn/中国加速迈向碳中和电力篇-电力行业碳减/。

煤电厂修整与再开发，推动相邻低碳产业的发展，并通过拨款和培训等赋能当地社区，做好职工的再就业工作。

二是煤炭依赖度高，可再生资源丰富度高。该类区域可再生资源丰富，但需大规模退役煤电厂，可谓机会与挑战并存，应加快转型。在能源安全方面，应为所有煤电装机容量制定退出计划，用可再生能源替代退役的煤电产能，并投资储能技术，以确保供电稳定性。

三是煤炭依赖度低，可再生资源丰富度高。该类区域自然禀赋高，应作电气化经济为“排头兵”引领中国可再生能源的发展。各地应积极制定政策，加快可再生能源建设，与政府和电网公司协作促进跨区域的电力运输。同时，在经济发展方面，应加快当地经济的电气化，让电气化经济成为能源密集型行业的工业基地，并提供新的就业机会吸引高质量人才。

四是煤炭依赖度低，可再生资源丰富度低。该类区域受电力系统转型影响更小，更应着眼未来，积极转向使用可再生能源电力，并因地制宜，制定符合当地经济发展规划的能源战略。

（3）可再生能源成本依然偏高

相较上述两类挑战，可再生能源在成本方面的挑战影响相对较小。得益于良好的本地供应链，国内集中式陆上风电及光伏已开始进行平价竞标上网，分布式及海上风电预计不久后也将进入零补贴时代。

沿着当前的技术发展轨迹，可再生能源发电成本将持续下降，到 2030 年，在全国范围内风电和光伏的成本将有望全面低于煤电。随着平价时代加速到来，大部分可再生能源项目的投资回报率逐年降低；同时，为了响应国家号召，大量其他行业的龙头企业也积极参与到可再生能源的投资、建设中来。这虽然大大激发了市场活力，但同时也加剧了可再生能源的行业竞争，进一步压缩了相关企业的利润空间。企业一方面可通过持续优化风、光电厂全生命周期（前期开发、建设、运维周期等）的运营表现来提高盈利能力，另一方面可通过市场手段来提高整体回报。

一是参与绿色电力证书交易。中国绿证体系始于 2017 年，数年下来，机制日益完善。随着可再生能源平价上网和“强制绿证”的推进，未来发电、电网、售电、用户等执行主体均有获取绿证的需求，将大幅拉升整体需求量；绿证价格和碳汇价格如形成联动，也有助于价格机制的进一步完善。对于可再生能源企业来讲，绿证或将成为增加项目收益的重要途径。

二是参与碳交易。当前，可再生能源企业可通过 CCER 的交易进入碳市场，重点排放单位可向可再生能源企业购买 CCER，用以抵扣不超过 5%的经核查碳排放量。虽然 CCER 备案工作从 2017 年开始已暂停，但长期来看，CCER（或形式类似的产品）与绿证的有机结合，势必成为补贴可再生能源发展的重要手段。

三是运用金融手段提升盈利能力。对于已有可再生能源资产的企业，可以预期收入为基础资产发行债券产品，快速回笼资金，加速新项目投资。由于过去已投运的电厂通常享受较高补贴的电价，利润空间通常较好，企业也可考虑收购已建成的可再生能源资产，以提高整体资产的盈利能力。

2. 中国电力行业实现碳达峰碳中和的机遇

第一，可再生电力能源市场预期。全球可再生绿色电力能源发电量每年递增，根据国际能源组织（IEA）统计数据，2020 年全球可再生能源新增发电产能比 2019 年增加 40%，全世界安装超过 198GW 的可再生能源发电机组，其中水力发电增加 43%，风力发电增加 8%，太阳能光伏增长保持稳定。虽然 2019 年和 2020 年因为新冠疫情造成供应链中断和工程延误，但是许多电力工程施工并没有停止。全世界包括中国市场的水力发电、风能和光伏项目都迅速地扩张。预计到 2025 年，可再生能源发电将占全球电力容量净增长的 95%。风力发电和太阳能光伏发电总装机容量有望在 2024 年超过煤炭发电。

中国、美国、印度和一些欧洲国家作为可再生能源新增电能的关键市场，所占市场比重将加大，中东和拉丁美洲占比也将持续增长。这些市场的快速发展，将有助于更快地实现全球去碳化目标的实现。可再生能源成本的降低和各国支持政策的出台，将大力推动可再生能源的强劲增长。在大多数国家，太阳能光伏发电和陆上风力发电是最便宜的新增电能来源。世界各国的可再生绿色能源电力市场将会有更多的政策支持，可再生绿色能源电力市场发展空间广阔。

第二，电力工程企业技术转型升级。在双碳政策的要求下，面对广阔的可再生绿色能源电力市场，传统电力工程企业要结合自身的业务专长，积极做好技术转型升级工作。新建煤炭火力发电将没有新的入场券，但是现有老旧和落后机组的维护、改造和升级将是新的业务形式，煤炭发电技术也要在“双碳”政策要求下逐步达峰，并且最终实现碳捕集中和达标。突破性低碳创新技术是电力行业真正实现大规模脱碳的最重要途径。

碳达峰碳中和必须依靠技术的创新，可再生绿色能源发电领域也将持续发展进步，未来智能化的新型电力系统将是市场主流。企业专长领域必将以科技、智能为战略导向，构建专业化人员梯队，培养新兴领域人才，为企业的转型升级奠定坚实保障才是企业生存发展的关键。“双碳”目标下的企业业务模式也将发生变化，在新型电力系统背景下，将开展调控保护能力升级建设和电能替代节能改造。数字化相关产业链，比如智慧配电网、数字化平台、虚拟电厂和能源互联网生态圈等体系建设也将是新兴业务领域。

第三，充分合理利用绿色金融资源。绿色发展离不开金融支持，金融机构的助力有利于加快绿色发展和“双碳”目标的实现。国际上已有部分国家制定了专门投资绿色产业的金融政策，例如，英国在 2009 年颁布了《贷款担保计划》，鼓励企业投资绿色产业，2012 年成立全球首家由国家设立的专为绿色低碳项目融资的银行——英国绿色资源投资银行；美国在州政府的层面上开展金融支持碳减排的探索，州政府通过财政贴息等方式为清洁能源项目提供贷款和融资；德国复兴信贷银行是德国影响力最大的政策性银行，是全球应对气候变化领域最大的融资者之一。中国金融机构也全力支持绿色减排产业发展，如国家开发银行开展绿色信贷，精准支持重点绿色领域，2021 年绿色信贷余额居国内银行首位，“十四五”期间将设立总规模为 5000 亿元等值人民币的能源领域碳达峰碳中和专项贷款，其中 2021 年发放 1000 亿元，主要用于支持重点流域干流水电、沿海核电、平价风电和光伏发电等清洁能源发展。

金融资源和资本市场助力绿色低碳行业，可以实现多方共赢，企业可以拓宽融资渠道，降低工程成本，金融机构和资本方在绿色低碳上的投资回报亦可期，电力工程企业在绿色低碳能源项目上的发展必将与绿色金融资源的助力同行。

第四，积极应对业务转型风险。碳达峰碳中和政策目标下，绿色低碳能源市场容量巨大，但是开发也面临诸多挑战，如资源和覆盖分布不平衡、低碳减排政策不明朗、新能源行业标准不统一等。所以企业要因地制宜，积极做好风险分析和管控，充分应对各环节可能出现的问题，比如开展深入的市场调研，整合多方优势资源，积极协同各相关部门形成行业标准，建立适应市场标准的规章制度，更重要的是储备和培养专业人才，增强企业的核心竞争力和持续发展力。

二　中国电力行业碳交易机制的特点和关键要素

（一）中国电力行业碳交易的特点

中国电力行业碳交易覆盖范围广，涵盖了发电行业的2000多家重点排放单位，占全国二氧化碳排放量的约40%。[①] 这意味着电力行业在全国碳市场中具有重要的影响力和示范作用，也面临着较大的减排压力和挑战。中国电力行业碳交易机制采用基准线法进行配额分配，即对单位产品的二氧化碳排放量进行限制。碳市场主管部门根据电厂的发电量及其对应的基准线为企业分配配额。机组燃料类型及发电技术不同，其对应的基准线也有差异。若企业获得配额高于其实际排放量，上述盈余的部分可以在碳市场中出售。因此，运用基准线进行配额分配的方法也可以推动现有火电企业提升生产效率。中国履约机制多样，除了正常的配额交易和清缴，还增加了灵活履约机制和个性化纾困机制，为配额缺口较大的企业提供了一定的缓冲和支持。灵活履约机制允许企业在不同履约周期之间进行配额的借用和存储，个性化纾

① 《全国碳市场第一个履约周期顺利收官，再启新征程》，《中国环境报》2022年1月24日。

困机制允许企业在符合一定条件的情况下申请减免或延期履约，这有助于降低企业的履约成本和风险，增加企业的参与积极性。法律制度体系完善，拥有行政法规、部门规章、标准规范以及注册登记机构和交易机构业务规则组成的全国碳市场法律制度体系和工作机制。这为碳市场的运行提供了坚实的法律保障和规范指导，也为碳市场的监督和管理提供了有效的手段和方法。

（二）中国电力行业碳交易的关键要素

1. 排放核算和报告

排放核算和报告，是碳交易的基础，要求重点排放单位按照统一的技术规范和监督管理要求，定期报送自身的碳排放数据，并接受核查和审核。这是保证碳市场的公平性和透明性的前提，也是评估碳市场的效果和影响的重要依据。

2. 配额总量设定

配额总量设定，是碳交易的核心，要求根据国家的碳减排目标和政策，结合电力行业的发展情况和碳排放特点，科学合理地确定每个履约周期的配额总量，并逐步实现从“事后分配”到“事中分配”或“事前分配”的转变。这是保证碳市场的有效性和稳定性的关键，也是实现碳达峰碳中和目标的重要保障。

3. 配额分配方法

配额分配方法，是碳交易的关键，要求根据不同的机组类型、燃料类型和发电技术，制定相应的基准线，按照单位产品的二氧化碳排放量进行配额分配，同时考虑到企业的经营困难和民生保障等因素，给予一定的激励和支持。这是保证碳市场的公平性和灵活性的重要手段，也是促进电力行业结构调整和技术创新的有效途径。

4. 配额交易和清缴

配额交易和清缴，是碳交易的目的，要求重点排放单位在每个履约周期结束前，根据自身的排放量和配额量，通过注册登记机构和交易机构，进行配额的买卖和清算，实行“排碳有成本，减碳有收益”的市场倒逼机制。

这是保证碳市场的活跃性和动态性的主要方式，也是激励电力行业降低碳排放的主要动力。

三　中国电力行业参与碳交易的影响与评价

（一）碳交易对中国电力行业碳排放、技术和成本的影响

长期来看，碳市场的存在促进新的节能减排技术的发展与落地，随着碳价的走高，更多的发电企业会选择先进的节能技术，以减排的方式冲抵高碳价带来的影响。企业可以使用碳配额进行抵押贷款，企业通过碳资产进行借贷，能够增加企业可以作为抵押品的资产，从而提高企业经营情况的稳健性。因碳市场受政策的影响较大，政府可以通过碳配额的发放影响火电行业整体经营情况；未来火电企业在考虑投资建厂时除了考虑效益外，也会考虑当地碳排放政策的宽松程度。顺应碳减排趋势，风电、光电、储能崛起，各省份、企业在新建装机时优先考虑风电、光电机组，并带动相关产业发展和上下游就业。

目前，碳交易机制下我国各种发电方式发展情况如下。

火电：技术成熟的火电仍是发电主力，但需要消耗不可再生的能源且污染环境，发展的动力略显不足，2020 年以来，每年的装机容量增长仅 3%~4%。

水电：水电较环保，但是受限于水资源丰富程度，且投资较大，2020 年以来，每年的装机容量增长 3%~5%。

核电：核电废弃放射性燃料处理较麻烦，2020 年以来，每年的装机容量增长在 6%左右。

风光电：风光电是可再生能源，且有国家大力扶持，2020 年以来，每年的装机容量增长 15%~30%。

短期来看，企业面临成本的上升，包含数据管理、人员培训、节能改造、购买配额等，需要企业额外付出金钱、时间等成本。2022 年以来，煤价的上涨和履约后的一些行政处罚让部分效益不好的企业和数据管理上出问

题的企业面临着经营上的困难和实质的惩罚，过于落后的机组很快会因为各种问题而被淘汰。

（二）中国电力行业碳交易与其他减排政策的协同效应

随着绿证新政的发布，以及重启的 CCER，中国绿色交易机制踏上了改革完善的新台阶。

绿证代表绿色电力的环境属性，CCER 机制将碳减排量变现，两者均为环境权益的交易标的，有共同的目标，但也存在冲突和重叠的部分。除了绿证和 CCER，绿色交易机制还包括绿电交易、碳市场，以及排污权交易等，其宗旨都是以市场化的方式促进低碳绿色转型。

对于用电侧即电力消费者，实现碳电联动的主要期望是：纳入碳市场管控的企业在核算其间接碳排放时，将购入的绿色电力从其电力消耗总量中扣除，以降低间接碳排放量。

当前，中国的电力市场改革正进入深水区，全国统一电力市场、现货市场的建设，有助于未来在发电侧实现更高效率的碳电联动，但这仍需要改革的稳步推进。同时，全国碳市场扩容之后，绿电抵消碳排放的政策有望从区域碳市场推广至全国碳市场。2023 年以来，北京、天津、上海三个区域碳市场陆续出台了绿电零碳排放政策。全国碳市场暂未实施，但全国碳市场扩容之后，该政策势在必行。

企业碳排放核算包括直接碳排放和间接碳排放两类，直接排放指使用煤炭、天然气、石油等化石能源产生的二氧化碳排放；间接排放指购入的电力和热力所产生的二氧化碳排放。中国的区域碳市场和全国碳市场都将直接碳排放和间接碳排放纳入了核算范围，这是碳电联动的基础。三个出台碳电联动政策的区域碳市场，在具体执行时有一定的差别，总的来说，都是在扣除绿电之后，再计算间接碳排放，同时都需要提供绿证等消费凭证。

当前，绿证和绿电交易并不活跃。购买绿电绿证的企业主要是出于自愿、满足供应链要求或者出口型企业，其约束来自自身的减排目标或者目标市场、客户的减排约束，不带有强制属性。根据中电联统计，2023 年 1～7

月，全国各电力交易中心累计完成市场交易电量31913.1亿千瓦时，其中绿电交易255.7亿千瓦时，占比为0.8%。绿证的交易远少于绿电交易量。

只有结合碳市场或配额制的强制要求属性，绿证绿电的需求才能大幅上升，才能进一步推动可再生能源的快速发展。2023年8月3日，三部门联合发布绿证新政时称，要研究推进绿证与全国碳交易机制、温室气体自愿减排交易机制的衔接协调，更好地发挥制度合力。

全国碳市场目前仅纳入了火电一个行业。相对于其直接碳排放，火电企业外购电力极少，是否扣除绿电对其碳排放核算影响不大。全国碳市场扩容之后，其他控排行业大多有较高的电力需求，碳电联动需求更加紧迫。

值得注意的是，对纳入碳市场的控排企业而言，采购绿电可以抵消部分间接碳排放，也需要支付相应的绿电溢价。因此，对于纳入碳市场覆盖范围的用能企业来说，当绿色交易机制成熟时，可以根据碳价和绿电溢价的具体价格高低，来选择不同的控排手段，如支付碳配额的碳价、采购CCER、采购绿电，或通过内部技术改造减碳。

从发电侧来看，碳电联动的另一种形态，是在成熟的电力市场和碳市场基础上，碳价传导成为化石能源的发电成本，从而影响其在电力市场中的报价，让有碳排放的电源品种承担更高的成本，推动发电侧转型。碳价直接影响电价的碳电联动，实则是提高了火电的发电成本，使其在电力市场中面临更高的成本压力，让边际成本和燃料成本更低的新能源能够优先发电。

从电力市场的发展阶段来看，实现发电侧的碳电联动还需要一段时间。国内电力交易仍以中长期电力交易为主，省间交易仍存在壁垒，跨省跨区的电力现货市场建设仍然道路漫长，电力交易的市场化之路还较长。在未来的绿色交易机制里，碳电联动还将扩展到碳能联动，将所有环境权益以市场化的方式配置，助力“双碳”目标的实施。

（三）中国电力行业碳交易的区域差异和公平问题

电力部门作为碳市场覆盖的最主要排放部门，其配额分配的重要性不言而喻。8 省市碳交易试点地区中，电力部门的配额分配实践，为已经启动的全国发电部门碳市场提供了不可多得的真实案例和经验教训。各试点地区电力行业配额管理总体情况如下。

1. 配额覆盖范围存在共性与差别

电力部门是温室气体排放大户，碳交易试点地区均将其作为重点排放部门，纳入碳交易政策管制，但各地区在界定电力部门覆盖范围方面，既有共性又存在差别。对于火力发电燃料种类，北京等 7 个试点地区覆盖了煤炭和天然气，深圳还将天然气细分为气态和液态天然气，而上海在煤炭和天然气之外增加了燃油，广东、湖北等增加了使用煤矸石、油页岩等燃料的资源综合利用发电机组；对于发电厂范围，所有试点均将常规上网电厂纳入管制，广东增加了钢铁行业自备电厂（2019 年开始），福建和重庆纳入了所有行业的自备电厂，北京、上海、重庆、福建和天津（2019 年开始）纳入了不属于发电部门的电网企业；对于排放边界，广东、湖北和天津将电厂发电产生的排放纳入管控，而北京、上海（2017 年开始）和福建则只纳入电厂供电产生的排放，重庆只覆盖了发电厂用电部分产生的排放。根据以上覆盖范围，初步估算 8 个试点地区共纳入电力行业企业约 202 家，占纳入碳交易企业总数 3087 家的 6%以上，其中，燃煤电厂约 85 家、热电联产约 52 家、燃气电厂约 41 家、燃油电厂 1 家、资源综合利用电厂约 10 家、自备电厂 7 家、电网企业 6 家。所有发电企业装机容量合计约 1.6 亿千瓦，总排放量近 6 亿吨二氧化碳，在试点地区排放总量中占比约 30%~40%。

2. 配额分配信息披露程度差异较大

碳交易政策相关的信息披露和公开是碳交易制度有效实施的前提，其中，配额分配方面及时准确的政策公开和信息披露尤为重要。各试点地区在配额分配方面的信息披露程度差异较大。在时效方面，北京、上海、广东、湖北和福建每年都会在相对固定的时间，在其门户网站公布配额分配方案和纳入企业名单等信息；重庆、深圳等地区在公开渠道发布个别年份的配额分配相关信息，天津公布大部分年度的配额分配方案和个别年度的企业名单。在内容方面，北京等6个地区从试点伊始就每年公开配额分配方案和企业名单，分配方案内容详尽，包括纳入行业、企业的范围，配额总量及构成，配额分配方法，配额发放方式，配额调整，基准线参数，控排系数，参数制定依据等信息；重庆2014年公布了配额管理细则，其配额管理细则一直保持不变，每年会发布只有一段文字的配额总量信息，但纳入企业名单未公布；深圳在公布的碳交易管理办法中，对配额分配进行了总体规定，但未公开2013～2015年具体配额分配方案和方法，直到2016年才公布了更新的配额分配方法和电力行业基准线，但始终都向外披露纳入企业名单。

3.配额分配方法多样化

电力部门配额分配内容复杂，同时试点地区在经济发展、电力行业水平、电源结构、电力生产与消费、燃料特征等方面差异较大，因此分配方法呈现多样化设计。多数地区采用基准线法。由于电力行业产品单一，相关数据基础较好，比较适合基准线法分配配额，因此上海、广东和福建从一开始就采用基准线法；湖北第一年采用半历史强度法、半基准线法，之后改为基准线法；北京从2017年开始采用基准线法。基准线法主要在燃煤和燃气发电领域应用，随着数据完善和政策演变，各试点将基准线的制定，逐步从简单的容量或技术分类，向复杂的分机组容量、技术类型和燃料类型的多种基准线推进。个别地区采用历史强度法。对于常规火力发电企业，北京在2013~2016年使用历史强度法，天津则自始至终都采用历史强度法；广东从2017年开始对非常规燃料发电机组、湖北对天然气及煤矸石发电一直采用历史强度法。重庆采用创新型方法。重庆配额分配采取了政府总量控制与企业竞争博弈相结合的新思路，即在保证重庆年度配额总量控制下降目标完成的情况下，以企业自主申报量为基础调整分配量的方法。热电联产和电网采用方法差异较大。在热电联产方面，广东等地区在早期分别采用了历史排放法和历史强度法，天津始终采用历史强度法。目前，北京、广东等5个地区均采用基准线法，但存在是否对供电和供热分别制定基准线的显著差别；对于电网公司的配额分配，上海采取基准线法，福建则采用了历史强度法，重庆为自主申报方式。①

4. 配额发放以免费为主并建立调整机制

除广东外，试点地区均对电力部门的配额采用免费发放方式。广东省在2013年试点开始时，就采取“免费分配97%、有偿分配3%”的方式分配初始配额，2014年将电力企业配额免费分配比重降低至95%。在配额发放周期方面，上海初期采取“一次发放三年配额”的做法，旨在为企业提供稳定预期，但从2016年开始改为年度发放。其他地区均采用年度发放的形式，并在每年相对固定的时间发放。对于新增产能以及企业关停并转等情况，各地区规定了分配方法和配额调整机制。由于采用基准线法需要进行配额预分配，试点地区普遍采取按上一年活动水平或履约量的50%～100%进行配额预分配的方式。

5. 允许利用项目减排量抵消履约配额

各地区均规定可以使用抵消机制，即利用CCER进行一定比例的配额履约。抵消机制对电力企业尤为重要，这是因为许多电力公司和集团下设的新能源板块也是大量自愿减排项目的业主，电力企业同时成为CCER的需求方和供给方，使其具有优化电力投资和减排交易策略的独特优势。据统计，从2015年CCER上线交易以来至2020年初，8个地区电力行业利用CCER履约累计达到约1151万吨，占CCER履约总量的58%左右，是利用CCER履约量最大的行业。利用抵消机制已经成为电力行业降低履约成本的重要方式。

四　中国电力行业碳交易未来展望

关于电力行业未来发展远景，中国将持续深化全国统一电力市场体系建

① 《碳交易试点地区电力部门配额分配比较研究及对全国的借鉴》，国家气候战略中心，2021年8月25日，https://mp.weixin.qq.com/s?__biz=MZIYNTE5MDU0NG==&mid=2247487805&idx=2&sn=d7a97ce3a628ec495e710537a6aa4832&chksm=e80226c0df75afd6f959cd03d8697b546c72c5f7005dcc621d0d2cfccfecb2a7d2785d90c869&scene=27。

设，提升电力系统稳定性和调节互济能力。同时，风光的大规模并网将导致消纳问题和系统裕度问题凸显，现货市场及辅助服务市场需持续完善以提高系统灵活性，容量市场亦有待加强以保障系统充裕度。随着越来越多的手段被应用在系统灵活性的调节过程中，电力系统的参与主体将更加丰富，中国应建立合理的市场机制推动多市场主体的协调互补、紧密衔接。此外，电力价格机制有待理顺，绿电、绿证等清洁能源市场化机制有待完善，以更好支撑电力行业绿色、低碳转型发展。

（一）深化建设全国统一电力市场体系

2021 年，中央全面深化改革委员会第二十二次会议审议通过了《关于加快建设全国统一电力市场体系的指导意见》。此后，国家能源局多次提及建设全国统一电力市场体系的目标。全国统一电力市场体系是指在时间和空间层面，建立全周期覆盖、多时序运营的跨省跨区、省（区、市）和区域紧密配合、有序衔接、规范运行、协调发展、高效运作的市场体系，实现统一市场框架、统一核心规则、统一运营平台、统一服务标准。

全国统一电力市场体系或需完善省/区域电力市场建设并加大跨省跨区电力市场建设。当前省/区域电力市场相关体系制度仍有完善空间，跨省跨区电力市场交易规模占比较小，相关市场壁垒一定程度阻碍新能源发电的消纳。在省/区域电力市场建设层面，一方面要充分发挥中长期“压舱石”作用，积极引导市场主体足额、高比例签订中长期合同，另一方面要扩大现货市场范围，将需求侧响应、虚拟电厂等纳入电力市场主体。同时要推动能量市场和辅助服务市场、容量市场等衔接，省/区域市场和跨省跨区市场衔接等。在跨省跨区电力市场建设层面，一方面需建立清洁能源跨省跨区优先消纳机制，扩大市场化交易规模，另一方面要完善跨省跨区电力市场相关机制，如开展中长期交易分时段电力曲线交易，缩短交易周期，增加交易频次，优化分配输电通道资源，建立跨省跨区辅助服务共享机制或交易机制等。

（二）进一步完善辅助服务及容量市场相关机制

风光的大规模装机带来的消纳问题要求电力系统具备更高的灵活性，辅助服务市场是提高系统灵活性的重要手段，容量市场是在风光不稳定性的背景下供电裕度的重要保障。辅助服务本质是为电力系统提供灵活性，当前发展方向是品种创新和费用分摊机制理顺。当前中国主要辅助服务品种包括调频和备用，调频指电力系统频率偏离目标频率时，并网主体通过调速系统、自动功率控制等方式调整有功出力减少频率偏差提供的服务；备用则是针对系统出力的波动性，利用备用的可控机组保障系统短期供电充裕性。随着新能源装机量的提升，系统转动惯量水平或有下降的趋势，中国可以探索转动惯量、灵活爬坡等新型辅助服务交易品种。此外，辅助服务费用分摊机制有待进一步完善，理想的机制或需引导辅助服务费用向用户侧疏导。当前部分地区辅助服务市场仍是发电侧的零和博弈，卖方通过竞价提供服务，部分机组得到补偿，部分机组分摊成本。辅助服务本质是调节负荷波动性对系统造成的干扰，理应向用户侧疏导。

容量市场的本质是保障电力系统的长期充裕性，有效的机制应满足传统机组对收益的合理预期。长期来看，新能源装机的大幅提升是对传统机组形成量及收益率的双重冲击。一方面，用电需求或被占比越来越高的新能源机组满足；另一方面，新能源发电的边际成本较低，能源市场价格呈下降趋势，传统机组边际成本相对较高，新能源大量装机可能导致传统机组收益率下滑。而诸如火电之类传统机组可控性较高，当前阶段对维持系统裕度必不可少，因此有效的容量补偿及容量市场机制是促进传统机组投资，维持系统裕度的有效手段。当前容量补偿机制尚未完全铺开，仅在山东、云南等少数省份运行，运行方式一般为自用户侧收取一定容量电费，按月综合考虑发电机组类型、投产年限、可用状态等因素，给予各类机组容量补偿。未来容量补偿机制或全面推开，以使传统机组在容量市场获得相应的公允收益，同时应以市场化机制评估负荷侧有效容量，调节容量价格，引导发电企业投资及运营。

（三）电力系统参与主体更加多元化

储能、虚拟电厂等灵活性资源或更多参与电力市场交易。风光装机的增长将导致系统波动性加大，电力系统对储能、虚拟电厂等灵活性资源的要求也将随之提升。同时，随着成本的不断下降和市场机制逐渐完善，灵活性资源亦逐渐具备参与电力系统的条件。以虚拟电厂为例，当前中国多地试点已实施虚拟电厂机制，建立报价与出清规则，虚拟电厂亦参与至日前、日内市场的交易中。

此外，需求侧响应资源参与电力市场规模有望进一步扩大。需求侧响应通过市场化手段引导用户避峰、错峰，是较为理想的负荷管理手段，中国需求侧响应的政策力度近年来也在不断扩大。2023 年 5 月，国家发展改革委印发关于向社会公开征求《电力需求侧管理办法（征求意见稿）》提出，到 2025 年各省份需求响应能力达到最大用电负荷的 3%~5%，其中年度最大用电峰谷差率超 40%的省份达到 5%及以上。

参考文献

成静：《专家：煤电低碳化改造是推动碳达峰碳中和关键举措》，《中国经济导报》2024 年 7 月 18 日，第 2 版。

胡勇、楚广义、郑勇：《中国碳交易市场制度困境与完善——从区域试点到全国市场的制度变迁》，《石家庄学院学报》2022 年第 4 期。

李晖、刘栋、姚丹阳：《面向碳达峰碳中和目标的我国电力系统发展研判》，《中国电机工程学报》2021 年第 18 期。

李军祥、刘艳丽、何建佳等：《考虑绿证和碳排放权交易的电力市场协同减碳效应与仿真》，《上海理工大学学报》2024 年第 6 期。

李乔楚、张鹏、陈军华：《集成清单算法和 STIRPAT 模型的能源系统碳排放影响因素研究——以四川省为例》，《油气与新能源》2024 年第 3 期。

李耀炜、李子慕、于锐等：《河北省火力发电企业减排潜力研究》，《合作经济与科技》2024 年第 12 期。

林水静：《我国更新电力二氧化碳排放因子》，《中国能源报》2024 年 4 月 22 日，第 10 版。

刘晓彤：《碳市场机制背景下电力市场耦合效应分析研究》，《中国管理信息化》2023 年第 17 期。

邱忠涛、金艳鸣、徐沈智：《全国碳市场扩容下电力平均排放因子选择对高耗能产业的影响分析》，《中国电力》2023 年第 12 期。

尚楠、陈政、卢治霖等：《电力市场、碳市场及绿证市场互动机理及协调机制》，《电网技术》2023 年第 1 期。

舒印彪、张丽英、张运洲等：《我国电力碳达峰、碳中和路径研究》，《中国工程科学》2021 年第 6 期。

宋鹏、陈光明、尹梦蕾等：《电力行业可再生能源补贴与全国碳市场协同减排效应》，《中国人口・资源与环境》2023 年第 7 期。

王育宝、樊鑫：《电力行业碳强度配额交易市场与可再生能源支持政策协同减碳机制研究》，《干旱区资源与环境》2024 年第 8 期。

赵琼：《电力低碳转型，市场化机制作用凸显》，《中国能源报》2024 年 6 月 10 日，第 9 版。

周天睿、康重庆、徐乾耀等：《电力系统碳排放流的计算方法初探》，《电力系统自动化》2012 年第 11 期。

Shanshan Zhu, Junping Ji, Qisheng Huang, Shangyu Li, Jifan Ren, Daojing He, Yang Yang, "Optimal Scheduling and Trading in Joint Electricity and Carbon Markets," *Energy Strategy Reviews*, 54 (2024): 101426.

Wang Jiexin, Wang Song, "The Effect of Electricity Market Reform on Energy Efficiency in China," *Energy Policy*, 181 (2023): 113722.

Xinyue Zhang, Xiaopeng Guo, Xingping Zhang, "Mutual Conversion Mechanisms for Environmental Interest Products to Jointly Enhance Synergistic Effect Between Power, CET and TGC Markets in China," *Energy Economics*, 131 (2024): 107311.

Yingying Xu, Shan Zhao, Boxiao Chu, Yinglun Zhu, "Emission Reduction Effects of China's National Carbon Market: Evidence Based on the Power Sector," *Energies*, 17 (2024): 2859-2859.

Yu Yang, Wang Jianxiao, Chen Qixin, Urpelainen Johannes, Ding Qingguo, Liu Shuo, Zhang Bing. "Decarbonization Efforts Hindered by China's Slow Progress on Electricity Market Reforms," *Nature Sustainability*, 6 (2023): 1006-1015.

Yuyan Yang, Xiao Xu, Li Pan, Junyong Liu, Jichun Liu, Weihao Hu, "Distributed Prosumer Trading in the Electricity and Carbon Markets Considering User Utility," *Renewable Energy*, 228 (2024): 120669.

中国水泥行业碳排放权交易机制研究与实践

张航宇　刘林坤*

摘　要：　本报告系统总结了中国水泥行业碳排放特征、规模、影响因素、未来走势、减排潜力以及实现碳达峰碳中和的挑战和机遇，比较了试点碳市场水泥行业碳交易机制差异，分析了水泥行业实施碳交易的现状及其对行业减排的影响，探讨该行业碳交易机制与其他减排政策的协同效应，对其参与全国碳市场的前景进行了讨论。报告认为水泥行业或将成为建材行业中纳入全国碳市场的首个子行业，这将给水泥行业减污降碳协同增效带来新的机遇。

关键词：　水泥行业　碳排放　碳核算　碳交易

一　中国水泥行业碳排放现状与趋势

（一）中国水泥行业碳核算方法学发展

2011 年，中国发布了《省级温室气体清单编制指南（试行）》（以下简称《省级清单》），对水泥行业的核算参数选择、活动水平数据统计机制、生产过程排放等方面提出了较为全面的要求。随后，又发布了《中国

---

* 张航宇，中国质量认证中心有限公司武汉分公司工程师，主要研究方向为绿色供应链；刘林坤，中国质量认证中心有限公司武汉分公司工程师，主要研究方向为能源管理。

水泥生产企业温室气体排放核算方法与报告指南（试行）》（以下简称《行业指南》）和《温室气体排放核算与报告要求 第 8 部分：水泥生产企业》（以下简称《行业标准》）。中国水泥行业已初步建立温室气体监测、报告和核查体系，但还存在完善空间，如掺配水泥生产工艺可产生 5%～20%减排额度，水泥生产中实施碳捕获与封存可减排 65%～70%，而《行业指南》中缺少排放量抵消机制的规定及科学减排目标设定的策略。

2023 年，生态环境部发布了《关于做好 2023—2025 年部分重点行业企业温室气体排放报告与核查工作的通知》，其中附件 2 为《企业温室气体排放核算与报告填报说明-水泥熟料生产》，本次填报说明对 2011 年发布的《中国水泥生产企业温室气体排放核算方法与报告指南（试行）》进行了更新。本次更新重新定义了水泥企业的熟料生产边界，其中包括：原料预处理系统、煤粉制备系统、生料制备系统、熟料烧成系统以及辅助生产系统中所涉及的化石燃料燃烧排放和外购电力产生的间接排放。同时更加细化了燃料燃烧、熟料产量和碳酸盐含量等排放过程中的检测标准及检测频次的要求。

下面针对各个方法学的特点展开分析。

1. IPCC 法

《IPCC 国家温室气体清单指南》（以下简称《IPCC 指南》）是当前适用范围最广、应用最普遍的温室气体排放核算方法，是各国制定国家温室气体清单的技术规范。根据《IPCC 指南》建议，水泥行业需核算二氧化碳、甲烷和二氧化氮排放。核算方法以通过活动数据和相应的排放因子计算排放量为主。

2. GHG Protocol

温室气体核算体系（Greenhouse Gas Protocol，简称 GHG Protocol）广泛应用于欧美各国，水泥行业需核算二氧化碳、甲烷、二氧化氮和 HFCs 排放，并提供了股权比例法和控制权法指导企业设定组织边界。在运营边界设定时引出了“范围”的概念，范围一为直接排放，包括生产过程中所有燃烧排放源产生的排放；范围二和范围三分别为企业外购电力、热力及企业价值链产生的排放。GHG Protocol 提供了计算工具辅助表，帮助制定温室气体减排目标。

3. ISO 14064

ISO 14064 排放源核算范围与 GHG Protocol 一致，但名称类别不同，在边界范围、温室气体减排量、目标设定机制等方面与 GHG Protocol 类似，但在企业报告时，对目标所涵盖的期间、参考年、完成年、目标的类型（强度或绝对值）、目标所包括的排放类别等做了更详细的规定。

4. 中国水泥行业企业温室气体排放核算方法学

《省级清单》由国家发展改革委发布，对包括水泥行业在内的 12 种工业生产过程的温室气体排放情景进行了规定。此外，水泥生产企业主要参考《行业指南》和《行业标准》。根据两者要求，目前化石燃料燃烧过程仅需核算二氧化碳排放，其核算范围包括燃料燃烧、工业生产过程、外购电力和热力等环节的排放，未包括范围三。目前利用水泥窑协同处置各类废弃物的燃烧也包括生物质碳，但《行业指南》仅考虑非生物质碳燃烧产生情形，此外，《行业指南》中缺乏对目标绩效指标制定的指导。

（二）中国水泥行业碳排放特征、规模和影响因素

中国二氧化碳排放总量稳居世界第一，“3060”目标实现面临巨大挑战和发展机遇，必须聚焦重点控排行业，科学精准降碳。水泥行业是重要的工业二氧化碳排放源，据统计，2020 年中国二氧化碳排放总量中水泥行业占约 15%，占重点工业控排行业二氧化碳排放总量的 22%，仅次于电力行业（32%），高于钢铁行业（21%）。从全球范围来看，2020 年全球水泥产量总计达 4.2Gt，其中，中国占比高达 53.84%，远超排名第二的印度（7.83%），而且，预计到 2050 年，全球水泥总产量还会增加 12%~23%。

近年来，国内学者针对水泥工业二氧化碳排放特征及减排技术开展了一系列研究。在碳核查方面，赵建安等基于全国 20 个主要水泥生产省份的二氧化碳排放系数抽样调查基础数据，分析和比较了省份间直接二氧化碳排放

系数及间接二氧化碳排放系数的空间差异，并研究得到分布规律和引起各种差异的主要影响因素；沈镭等基于大量的现场调研及数据采集，发现国内水泥行业二氧化碳排放因子与国际上普遍采用的估算值基本一致；曹植等通过自下而上的方法，研究分析并预测了中国水泥生产二氧化碳排放强度演变趋势，预计到2050年，中国水泥行业的二氧化碳排放强度在基准、经济效率和技术情景模式上将分别达到491kgCO_2/t、431kgCO_2/t 和 342kgCO_2/t。在碳减排方面，石建屏等基于影响水泥行业二氧化碳排放的主要因素研究分析，提出了主要减排对策，并预测了节能降耗、资源循环利用和提高经济效益等措施的减排量；顾阿伦等基于大量的工程实例分析，定量计算了水泥行业节能减排技术的减排潜力和成本，并给出了相应的政策建议；朱淑瑛等计算得到我国水泥行业17项减排技术的2020年平均二氧化碳减排成本为124元/tCO_2；何峰等研究发现能效提升与节能措施是二氧化碳减排成本较低的技术措施，但减排潜力有限。

水泥依据用途性能可分为三大类：通用水泥，包括硅酸盐水泥、普通硅酸盐水泥、粉煤灰硅酸盐水泥、矿渣硅酸盐水泥、火山灰硅酸盐水泥、复合硅酸盐水泥六种常见的硅酸盐水泥；特种水泥，目前使用较为广泛的包括快硬硅酸盐和中热硅酸盐水泥、快硬硫铝酸盐水泥、自应力水泥、膨胀铁铝酸盐水泥等；专用水泥，主要用于特殊工程。通用水泥在基础建筑工程中最为常用，熟料主要成分为硅酸钙。

依据水泥生产过程中碳排放的产生方式，可将其分为直接排放和间接排放两部分。直接排放主要是指生料分解的工艺碳排放和燃料燃烧碳排放。间接排放是指辅助工艺消耗电能产生的电力碳排放。有关统计表明，中国水泥生产的新型干法窑工艺排放因子区间多处在500~520kg/t熟料。对于不同品种的水泥，燃料燃烧与电力碳排放所占水泥生产过程碳排放总量的比重波动不大，燃料燃烧的碳排放量约占30%，电力碳排放量约占10%。碳酸盐分解过程是水泥生产过程中的最主要碳排放源，也是不同水泥碳排放量差异的最主要影响因素。如低热硅酸盐水泥（P·LH42.5）生产过程中碳酸盐分解的碳排放量为479kg/t，而高强快凝快硬高贝利特硫铝酸盐水泥（BS-

HFR42.5）碳酸盐分解的碳排放量为173kg/t，差异巨大，对水泥碳排放总量影响显著。[①]

水泥生产中电力二氧化碳排放主要取决于用电量及用电种类（煤电、水电、光伏、风电等）。在工艺类型确定的情况下，工艺二氧化碳排放主要取决于物料中碳酸盐的含量，一般生料中由石灰石测得氧化钙含量越大，其熟料工艺二氧化碳排放因子就越高。燃料二氧化碳排放一般取决于其发热量和利用率。

（三）中国水泥行业碳排放未来走势和减排潜力

水泥工业的间接排放主要源于二氧化碳火力燃煤发电，这也是二氧化碳的主要排放源，其碳排放因子采用生态环境部发布的《关于做好2023—2025年部分重点行业企业温室气体排放报告与核查工作的通知》中2022年度全国电网平均碳排放因子0.5703t CO_2/MW·h。

从碳排放量上看，自2020年我国水泥行业二氧化碳排放量达到12.3亿吨的峰值后，2021年、2022年连续两年下降，累计下降幅度13.9%，预计2023年仍将继续下降。目前，国内已有生产企业实现水泥熟料单位产品能耗降至50kgce/t以下，水泥粉磨综合能耗可降至20kWH/t。截至2023年上半年，水泥熟料单位产品综合能耗比2020年下降3%，达到或优于能效标杆值的水泥熟料产能占比达到13%，比2020年提升超过10个百分点。[②]

政策层面，2022年11月17日，《水泥行业碳减排技术指南》和《平板玻璃行业碳减排技术指南》印发，提出到2025年，水泥行业能效标杆水平以上的熟料产能占比达到30%，能效基准水平以下熟料产能基本清零，行业节能降碳效果显著，绿色低碳发展能力大幅增强。2023年11月15日，生态环境部审议并原则通过《关于推进实施水泥行业超低排放的意见》，推动现有水泥企业超低排放改造，到2025年底前，重点区域取得明显进展，

① 刘含笑、吴黎明、胡运进等：《水泥行业CO2排放特征及治理技术研究》，《水泥》2023年第2期，第10~15页。

② 《我国水泥行业已实现碳达峰》，《工人日报》2023年12月18日。

50%左右的水泥熟料产能完成改造；到 2028 年底前，重点区域水泥熟料生产企业基本完成改造，全国力争 80%左右。

2023 年 8 月 22 日，自然资源保护协会与中国建材机械工业协会等部门发布《混凝土减碳报告》，在材料高效利用方面强调应注重四项技术，分别是优化混凝土配合比、延长混凝土使用寿命、提高混凝土制品二氧化碳固碳能力和扩大低碳水泥应用。报告提出了不同时期减碳技术发展优先级及碳减排潜力：到 2030 年，材料高效利用将以优化混凝土配合比及延长混凝土使用寿命为主，两者当年将实现碳减排共计约 1.73 亿吨，占混凝土行业预期碳排放总量的 24%。2060 年，上述四项技术碳减排共计约 2.27 亿吨，占当年混凝土行业预期碳排放总量的 48%。

（四）中国水泥行业实现碳达峰碳中和的挑战和机遇

1. 中国水泥行业实现碳达峰碳中和的挑战

2020 年，中国水泥产量 23.8 亿吨，占全球水泥产量的 50%以上，连续多年水泥及熟料产品的产销量位居世界首位。中国水泥行业是二氧化碳排放重点行业，占全国二氧化碳排放的 10%以上。在碳达峰碳中和背景下，水泥行业面临着严峻的挑战，同时水泥行业较早就开展了原燃料替代、节能降碳和行业自律等碳减排工作，对持续改善环境质量做了较多努力，这对行业高质量可持续发展也是机遇。

实现碳达峰碳中和是一场广泛而深刻的经济社会系统性变革。水泥行业是周期性较强的产业，作为国民经济发展的风向标，水泥消费量、产量与国民经济和社会发展密切相关，主要与基础设施建设、重大工程、固定资产投资房地产、城市农村市场需求等密切相关。水泥保质期较短，基本上水泥终端供应商依据市场需求即产即销。水泥的市场需求是客观存在的，经济形势好、市场需求旺盛时水泥消费量就多。在基础设施建设基本完成和重大工程相继落地后，国民经济和社会发展到一个较为成熟的阶段时，水泥市场需求量自然会进入平台期，相应的水泥产量也会进入平台期。行业判断 2030 年前水泥行业能够实现碳达峰，不仅与习近平总书记明确提出力争 2030 年前实现碳达峰、2060 年前实现碳中和目标相吻合，也与水泥行业产业结构调整步伐、市场需求逐渐进入平台期、节约能源技术的发展约束等客观条件相呼应。

水泥是“短腿重载”产品，无法依靠国外大量进口通用水泥，因此水泥行业碳减排重点在于国内。水泥的中间产品是熟料，保质期在 3~4 个月，资源依赖属性很强，水泥碳排放主要来源于熟料生产。每生产 1 吨熟料排放约 0.85~0.90 吨二氧化碳。水泥熟料生产的主要原料有钙质原料，如石灰石；硅质原料，如砂岩；以及少量的铝铁质原料。熟料生产过程中二氧化碳排放 50%~65%来源于不可再生资源石灰石分解，35%左右来源于燃煤。① 目前乃至今后很长一段时期内难有较为经济可行，能够大范围、大比例替代石灰石原料的材料，因此水泥行业源头碳减排的重点是节约燃煤以及提高替代原燃料和废弃物的比例。煤炭是水泥熟料生产过程中的提供能源的燃料，其燃烧后的灰分也是原料，水泥行业一直在努力通过科技创新节约替代一部分原燃料煤炭。

与其他制造业一样，水泥行业的科技创新是一个科学性、规律性、积累性的发展过程，虽然过去二十年来水泥行业基本完成了技术上的结构调整，通过科技创新在节能降耗方面实现了较大突破，但是目前行业面临碳减排压力依然较大。今后科技创新、能源结构优化、产品结构调整、原燃料替代等将给水泥行业供应链产业链带来较大影响。对于一些碳排放基数大、技术工艺落后、不具备规模优势、长途运输的水泥企业，其成本势必增加。随着水泥行业上游产业链结构调整，水泥行业的采购成本也会随之变化，企业还需要加大在节能减排技术装备方面的投资，以达到相关排放标准，高碳项目要获得更高的环境效益和经济效益才能持续。

2. 中国水泥行业实现碳达峰碳中和的机遇

随着全国性碳市场的建立，行业碳减排优势将凸显，带来不同行业的碳

① 《水泥行业是碳排放“老大难”，试试这个设备给减碳做“加法”》，https://www.zhcement.com/article/2017.html。

减排博弈。目前北京市、天津市、上海市、重庆市、湖北省、广东省及深圳市已经开展了碳交易试点。这些试点地区的水泥企业较早参与碳交易，开展碳排放配额、交易以及结算等工作。一些大企业集团将碳达峰碳中和战略提上日程提前布局，为参与全国碳市场做准备，探索碳资产碳金融管理模式、建立和优化管理制度、加强人才队伍建设等。有的企业积极盘活富余碳排放配额，实现碳资产增值；有的企业对碳资产进行统一管理，对配额不足的熟料生产基地，优先考虑内部调配。

水泥行业在碳中和上做了一些积极探索工作。海螺集团建成了世界首条水泥窑烟气二氧化碳捕集纯化环保示范项目，将水泥厂中的烟气二氧化碳转化为二氧化碳产品，可用于工业、食品、医药等领域。台泥集团探索应用了碳捕捉和生物固碳法。这都为水泥行业在终端排放上探索碳中和提供了重要经验。但终端碳中和成本较高，如果从源头减排，效率更高，成本相对较低。因此水泥行业在探索末端碳排放治理的同时，更应关注源头治理。

当前，单位国内生产总值能源消耗和二氧化碳排放分别降低 13.5%、18%已写入“十四五”时期经济社会发展主要目标之中。国务院、相关部门出台了一系列绿色低碳、应对气候变化和碳交易等相关政策文件。《国务院关于加快建立健全绿色低碳循环发展经济体系的指导意见》（国发〔2021〕4号）、生态环境部《关于统筹和加强应对气候变化与生态环境保护相关工作的指导意见》（环综合〔2021〕4号）、《碳排放权交易管理办法（试行）》（生态环境部令第19号）、生态环境部办公厅《关于加强企业温室气体排放报告管理相关工作的通知》（环办气候〔2021〕9号）等实施，不仅是对碳达峰碳中和工作的整体推进，也将给水泥行业带来较为积极的影响。

二　中国试点碳市场水泥行业碳交易机制差异

地方碳市场是推动实现中国碳达峰碳中和的重要政策工具，可有效推动能源结构调整、节能和提高能效、生态保护补偿等。通过市场机制可支持地方和企业在推动减排的同时妥善处理发展与减排的关系。以下整理了北京市、广东省、湖北省、重庆市、天津市、福建省中水泥行业配额分配方案。

（一）北京市：基准线法分配

北京市目前有2家水泥企业，这2家水泥企业需在严格控制碳排放总量前提下，按照北京市碳交易试点相关规定履行年度控制二氧化碳排放责任，参与北京市试点地区碳交易相关工作。

北京市采用逐年免费分配配额的机制，对于水泥行业，将根据其履约年度经核查确认的实际生产量或服务量等生产经营数据，按照“多退少补”原则，予以调整配额。同时北京市预留不超过年度配额总量5%用于定期拍卖和临时拍卖。

（二）广东省：基准线法分配为主

广东省水泥企业配额分配按照生产工序分为四个部分：熟料生产、水泥粉磨、矿山开采和其他粉磨（除水泥外的其他粉磨产品，例如微粉等）。配额为本企业各生产工序配额之和。熟料生产、水泥粉磨采用基准线法分配，其他粉磨采用历史强度法，矿山开采采用历史排放法分配。

（三）湖北省：标杆法分配

湖北省试点地区配额实行免费分配。2021年度，湖北省共有339家企业纳入碳排放配额管理范围，其中有45家水泥企业。2021年度，水泥企业采用标杆法计算配额，计算方法为：企业实际应发配额=2021年实际产量×行业标杆值×市场调节因子。

其中，2021年度标杆值采用湖北2020年位于第50%位水泥企业的单位熟料碳排放量。水泥企业配额分配的核算边界从原燃材料进入生产区均化开始，包括水泥原燃料及生料制备、熟料烧成、熟料到熟料库，不包括厂区辅助生产系统及附属生产系统。控排系数由 2020 年度的 0.9828 调整为 2021 年度的 0.9578。

2022 年度的预分配配额方案为 2021 年度实际履约量的 70%，之后在完成 2022 年度碳排放数据核查后，按照企业实际生产情况对配额进行最终核定，核定的最终配额量与预分配的配额量不一致的，以最终核定的配额量为准，通过注册登记系统实行多退少补。

（四）重庆市：实行总量控制

重庆市配额分配实行总量控制。以配额管理单位既有产能 2008～2012 年最高年度排放量之和作为基准配额总量，2015 年前，按逐年下降 4.13%确定年度配额总量控制上限，2015 年后根据国家下达本市的碳排放下降目标确定。重庆市 2021 年度共有 33 家水泥企业参与试点地区碳交易。

（五）天津市：历史强度法分配

2021 年，天津市根据单位生产总值二氧化碳排放下降目标要求和经济增长预期，确定 2021 年度碳排放配额总量为 0.75 亿吨，其中政府预留配额比例为 6%。2021 年度天津市碳交易试点纳入企业共 145 家，其中包含 2 家水泥企业。2021 年度天津市建材企业采用历史强度法分配配额：企业配额＝2022 年产品产量×2021 年单位产品碳排放量×控排系数。

（六）福建省：基准线法分配

2021 年度，共有 33 家水泥企业参与了福建省碳交易。福建省水泥行业采用基准线法分配配额，覆盖范围包括熟料生产工段和水泥粉磨工段所产生的二氧化碳排放，重点排放单位配额＝熟料产量×熟料生产工段二氧化碳排放基准+水泥产量×粉磨工段二氧化碳排放基准。

三　中国水泥行业碳交易机制的影响与评价

（一）碳交易机制对中国水泥行业碳排放、技术和成本的影响

水泥行业纳入碳交易机制以降低能耗为导向，倒逼行业减排以技改提效为主要手段。近年来中国水泥能耗政策持续收紧，标准认定方面，2021 年，新版《水泥单位产品能源消耗限额》发布，各级标准在 2012 年版本的基础上进一步上调，其中熟料单位产品综合能耗基准值、准入值和标杆值分别由 120/115/110kgce/t 提升至 117/107/100kgce/t。总量控制方面，多部门发文要求提升行业高能效产能比例，如《高耗能行业重点领域节能降碳改造升级实施指南（2022 年版）》要求“到 2025 年，水泥行业能效标杆水平以上的熟料产能比例达到 30%，能效基准水平以下熟料产能基本清零”；2023 年 6 月《关于推进实施水泥行业超低排放的意见》要求“2025 年底前，50% 左右的水泥熟料产能完成超低排放改造”。预计短期内技改提效仍为行业最主要的减排措施。

中国水泥行业能效已在国际前列，预计进一步提效空间有限。中国水泥熟料单位产品综合能耗在 90～136kgce/t，与欧美 126～130kgce/t 的水平持平甚至更优。根据《2022 水泥行业绿色发展水平评估报告》，中国 2021 年行业平均能耗约为 116kgce/t，如果所有熟料生产线达到中国限额规定的标杆能耗值（100kgce/t），则理论上短期仅依靠能效提升的极限减排量约 13.8%，进一步提效空间有限。

中国水泥燃料替代率偏低，或存在较大提升空间。燃料替代能够减少水泥碳排放总量中占比 35% 的能源活动排放量。从当前在研或采用的技术来看，替代燃料主要包括固体废物、生物质燃料，以及其他新型燃料等；其中固体废物燃料是目前成本较低、相对主流的燃料替代方案。目前国际主要水泥大集团都实现了以固体废物燃料为主的较高燃料替代率，欧盟地区水泥的燃料替代率平均已接近 40%；而现阶段中国替代燃料普遍为粗加工，呈现

高水分、低热值、成分不稳定的特点，无法实现规模化、大掺量、高值化利用，全行业燃料平均替代率不足2%，存在较大提升空间。[①]

现有减碳技术中，仅有低碳水泥技术能减少碳酸盐分解的过程排放。目前低碳水泥技术主要包含三种技术路径：降低熟料系数，即降低熟料在水泥产品中的使用比例，如利用矿渣和粉煤灰等混合材料进行超细粉磨进而降低熟料用量；原料替代，即使用主要成分包含非碳酸盐钙、镁的工业废渣替代传统石灰石原料，降低过程排放；新品种低碳水泥，即生产不基于硅酸钙的新型熟料体系。目前降低熟料系数为低碳水泥技术中主流的减碳方案。其他技术路径中，原料替代方案主要受限于电石渣等富钙固废资源地域资源分布不均；新品种低碳水泥技术的应用需综合考虑经济性、水泥性能及产能情况，应用潜力尚有不确定性，因而尚未大规模普及。与海外企业相比，中国水泥行业熟料系数历史上看一直偏低，近年来随着大标号水泥的推广及中小水泥厂粉磨站的出清，整体呈上升趋势；但根据华新水泥《低碳发展白皮书》测算，目前降低熟料系数仍具有较大的减碳潜力。

（二）中国水泥行业碳交易机制与其他减排政策的协同效应

当前，水泥行业即将纳入全国碳市场，并降低碳排放强度控制达峰峰值，这给水泥行业减污降碳协同增效带来了新的机遇。

国家层面，顶层设计目标明确。国家发展改革委等部门发布《关于严格能效约束推动重点领域节能降碳的若干意见》，工信部等部门发布《工业能效提升计划》等，都将能效作为推进减污降碳协同增效的重要抓手。碳达峰碳中和“1+N”政策体系明确提出实施能效提升、严格落实产能置换、推进超低排放改造、加快原燃料替代等指导意见，为推进水泥行业减污降碳协同增效提供了良好的政策环境。

地方层面，山东、河南、河北、宁夏等10余个省（自治区）已出台地

① 华创证券：《水泥行业研究报告：若纳入全国碳市场将对水泥行业影响几何》，https：//baijiahao. baidu. com/s？ id = 1785582554464451310&wfr = spider&for = pc。

方性的水泥工业大气污染物排放标准或水泥行业超低排放实施方案，对污染物排放标准的规定均严于国家标准，助力水泥行业进入超低排放时代。

行业层面，国家再次修订了水泥行业能耗限额标准，新修订的《水泥单位产品能源消耗限额》（GB16780—2021）标准已经正式发布。与修订前的标准相比，能耗标准限额值指标要求提升了5%~10%，将进一步促进水泥行业结构调整，为水泥行业碳排放强度的降低创造条件。2021年工信部修订发布了《水泥玻璃行业产能置换实施办法》，将产能置换比例进一步提高，此举将进一步出清落后低效产能，推动行业能效水平提升。此外，水泥企业的信息化、数字化、智能化改造，也将为行业低碳转型赋能。

但与此同时，水泥行业减污降碳工作中面临的巨大挑战，也不容忽视。从排放总量来看，水泥行业仍是大气污染物和二氧化碳等温室气体排放的重点行业之一。2020年，全国水泥行业的氮氧化物排放量、二氧化硫排放量、颗粒物排放量在全国总排放量中占比约为9.8%、6.0%和5.0%；二氧化碳排放量占全国碳排放总量约13%。全国水泥行业60%以上的二氧化碳排放来自工艺过程，随着熟料产量的增加，二氧化碳排放量也持续增加，水泥行业碳减排将进入平台期。①

四　中国水泥行业参与全国碳市场的展望

水泥行业或将成为建材行业中纳入全国碳市场的首个子行业。建材行业作为碳排放强度较高的行业，纳入碳市场有较高的优先级，而水泥行业是建材行业碳排放强度最高的子行业之一。据统计，中国水泥的碳排放量占总排放的13%。② 北京理工大学发布的《中国碳市场回顾与最优行业纳入顺序展望（2023）》分析指出，由于排放量大，减排边际成本较低，水泥行业是

① 范永斌：《水泥行业如何实现减污降碳协同增效?》，《中国环境报》2022年8月22日。

② 华创证券：《水泥行业研究报告：若纳入全国碳市场将对水泥行业影响几何》，https://baijiahao.baidu.com/s?id=1785582554464451310&wfr=spider&for=pc。

八大高碳排行业中除电力行业外下一个纳入碳市场的最优选择。2023 年 6 月 27 日，由中国建材联合会牵头举办的建材行业纳入全国碳市场专项研究第一次工作会议召开，该会议的开展或预示着水泥或将是建材行业纳入全国碳市场的首个行业。由中国建筑材料联合会主持修订的《碳排放核算与报告要求第 8 部分：水泥生产企业》已进入修订批准阶段，水泥行业纳入全国碳市场有望取得进展。

预计最初阶段水泥行业碳配额将采取基准线法分配，配额以免费发放为主。参考现行的各地试点情况，北京市和广东省碳排放配额实行以免费发放为主、有偿为辅的方式发放，其余试点采用免费分配方式；从配额分配方法来看，对于熟料生产工段，北京、广东和福建均采用基准线法核定。考虑到水泥行业工艺已相对成熟，其历史排放强度信息易于收集且排放强度难以发生重大变化，水泥行业纳入全国碳市场或将采取基准线法；参考试点情况及全国碳市场电力行业分配方法，配额或以免费发放为主。但从试点情况来看，各地尽管配额分配方法差异不大，但基准值的设定差别较大，如 2022 年广东 4000t/d 以上普通熟料生产线基准值为 0. 884tCO_2/t 熟料，而 2021 年湖北选用了 40%分位企业的排放强度 0. 7784tCO_2/t 作为标杆。[①] 因此，预计全国市场如何参考试点情况设立统一的基准值仍存在一定的不确定性。[②]

参考文献

曹植、沈镭、刘立涛等：《基于自下而上方法的中国水泥生产碳排放强度演变趋势分析》，《资源科学》2017 年第 12 期。

江姗姗、谢泽琼、俞波：《广东省水泥行业二氧化碳排放量预测和减碳路径研究》，《水泥》2023 年第 12 期。

马娇媚、徐磊、隋明洁：《水泥生产过程碳排放影响因素分析》，《水泥技术》2021

① 2022 年湖北选用 50%分位企业，排放强度未披露。

② 华创证券：《水泥行业研究报告：若纳入全国碳市场将对水泥行业影响几何》，https://baijiahao.baidu.com/s?id=1785582554464451310&wfr=spider&for=pc。

年第 5 期。

史家乐、李静、海燕：《水泥行业碳源分析及碳排放核算研究》，《水泥》2023 年第 11 期。

孙挺：《水泥行业碳排放核算及低碳发展路径研究》，《中国水泥》2022 年第 3 期。

夏磊、杨帆、刘婧祎等：《地方碳市场水泥行业配额分配比较及对全国碳市场的借鉴》，《环境生态学》2023 年第 9 期。

晏恒、席细平、范敏等：《基于碳排放权交易的水泥企业碳排放案例对标分析》，《江西科学》2019 年第 1 期。

杨宏兵、叶萌、韩前卫：《欧盟碳交易对我国水泥行业的启示》，《水泥》2024 年第 1 期。

詹家干、邵臻：《基于数据驱动的水泥企业碳排放预测模型研究》，《武汉理工大学学报》2024 年第 3 期。

张舒涵、陈晖、王彬等：《基于水泥企业电-碳关系的碳排放监测》，《中国环境科学》2023 年第 7 期。

赵金兰、张翼、孟翠玲等：《碳交易市场下水泥企业温室气体排放核算研究》，《水泥》2017 年第 11 期。

赵旭东、范永斌、夏凌风：《水泥行业纳入全国碳市场背景下企业的应对措施》，《中国水泥》2024 年第 6 期。

顾阿伦、史宵鸣、汪澜等：《中国水泥行业节能减排的潜力与成本分析》，《中国人口·资源与环境》2012 年第 8 期，第 16~21 页。

何峰、刘峥延、邢有凯等：《中国水泥行业节能减排措施的协同控制效应评估研究》，《气候变化研究进展》2021 年第 4 期，第 400~409 页。

沈镭、赵建安、王礼茂等：《中国水泥生产过程碳排放因子测算与评估》，《科学通报》2016 年第 26 期，第 2926~2938 页。

石建屏、王忠祥、霍冀川：《中国水泥工业节能减排效果分析及对策研究》，《环境科学与管理》2014 年第 8 期，第 9~11 页。

赵建安、郑宗强、曹植等：《中国水泥生产碳排放系数省区空间差异性及成因分析》，《资源科学》2016 年第 9 期，第 1791~1800 页。

朱淑瑛、刘惠、董金池等：《中国水泥行业二氧化碳减排技术及成本研究》，《环境工程》2021 年第 10 期，第 5~22 页。

中国钢铁行业碳排放权交易机制研究与实践

李 晔　沈三燕*

摘　要： 本报告系统总结了中国钢铁行业碳排放特征、规模、影响因素、未来走势、减排潜力以及实现碳达峰碳中和的挑战和机遇。发现钢铁行业碳排放基数巨大，碳减排压力严峻，企业参与碳市场基础支撑不足、应对措施不足。本报告比较了试点碳市场钢铁行业碳交易机制差异，分析了钢铁行业实施碳交易的现状及其对行业减排的影响，探讨了该行业碳交易机制与其他减排政策的协同效应，对其参与全国碳市场的前景进行了讨论。认为钢铁企业应及早开展能效提升和碳资产评估管理工作，以缓解碳市场带来的成本压力，并为进入碳市场做准备。

关键词： 钢铁行业　碳排放　碳核算　碳交易

一　中国钢铁行业碳排放现状与趋势

（一）中国钢铁行业碳核算方法学发展

钢铁行业是中国国民经济的重要组成部分，也是二氧化碳排放的主要来源之一。截至 2020 年，中国钢铁行业碳排放量占全国碳排放总量的 15%左右，它是中国碳排放量最高的制造业。钢铁生产工艺主要分为高炉-转炉长流程和电炉短流程，中国钢铁生产流程以长流程为主，长流程粗钢产量约占

* 李晔，中国质量认证中心有限公司武汉分公司高级工程师，主要研究方向为碳核算；沈三燕，中国质量认证中心有限公司武汉分公司工程师，主要研究方向为温室气体排放。

总产量的 90%，能源结构以煤炭等化石燃料为主，化石燃料的使用也是二氧化碳排放的主要来源。①

过去数年间，碳排放核算标准在国际社会上得到较快发展，逐渐形成了 GHG Protocol、ISO 14064 系列和 PAS 2050 等多个标准。根据应用主体的不同，现有碳排放核算标准可分为企业或组织、项目、产品和服务、整个企业价值链 4 大类或层次。钢铁行业的碳排放核算标准主要集中于企业或组织及产品和服务碳排放的评价。为进一步指导工业开展碳排放核算工作，ISO/TC 146 于 2014 年新提出 ISO 19694 系列标准，包括 1 项通则标准（ISO/FDIS 19694—1）和 5 项分别针对钢铁、铁合金等行业标准（ISO/DIS 19694—2—6），这一系列标准主要用于测量、监测与量化行业排放源的温室气体排放，为报告与核查提供可操作、准确、高质量的信息。钢铁行业作为高碳排放行业之一，不同国家钢铁行业研究制定并发布的碳排放核算标准见表 1。

表 1　国际钢铁行业碳排放相关标准汇总

序号	标准编号	标准名称	发布单位
1	DIN EN 19694—6—2016	《固定源排放　能源密集型行业温室气体（GHG）排放量的测定　第 6 部分：铁合金工业》	德国标准化学会
2	DIN EN 19694—2—2016	《固定源排放　能源密集型行业温室气体（GHG）排放量　第 2 部分：钢铁工业》	德国标准化学会
3	BS EN 19694—6—2016	《固定源排放　高耗能行业温室气体（GHG）排放的测定　铁合金工业》	英国标准学会
4	BS EN 19694—2—2016	《固定源排放　高耗能行业温室气体（GHG）排放　钢铁工业》	英国标准学会
5	EN 19694—2—2016	《固定源排放　能源密集工业中的温室气体排放　第 2 部分：钢铁工业》	欧洲标准化委员会

资料来源：作者整理。

① 《钢铁行业是落实碳减排目标的重要责任主体》，《中国经济导报》2020 年 10 月 14 日。

中国碳排放标准包括：行业企业温室气体核算与报告标准、项目碳排放核算系列标准、低碳产品系列标准、技术标准、核查标准等。这些标准是中国与国际接轨的有益探索，为碳排放总量控制及碳市场的平稳运行提供技术保障。在国家层面，2013 年 10 月，国家发展改革委办公厅发布了《国家发展改革委办公厅关于印发首批 10 个行业企业温室气体排放核算方法与报告指南（试行）的通知》，其中包括《中国钢铁生产企业温室气体排放核算方法与报告指南（试行）》。在地方层面，截至 2013 年底，7 个碳交易试点省市均已基本完成 MRV 体系建设，分别制定了企业二氧化碳核算和报告指南，其中天津市和上海市编制了钢铁行业碳排放核算指南。2015 年，国家质量监督检验检疫总局、国家标准化管理委员会发布了《温室气体排放核算与报告要求　第 5 部分：钢铁生产企业》（GB/T 32151. 2—2015）。两个文件明确了钢铁行业碳排放量为企业边界内化石燃料燃烧、工业生产过程、净购入使用的电力和热力产生的碳排放量之和，同时应扣除固碳产品隐含的排放量，未对企业内部各工序的碳排放量提出核算要求。2016 年，国家发展和改革委员会办公厅发布《关于切实做好全国碳排放权交易市场启动重点工作的通知》，首次要求企业报送温室气体排放报告时同步提交碳排放补充数据。钢铁企业补充数据表格式经多次修订，现行的补充数据表要求企业按化石燃料消耗、电力和热力消耗、副产外销三部分，分别核算全厂及各工序的碳排放量。

目前，部分省份已发布了碳排放环境影响评价编制指南，浙江省、江苏省、吉林省、山西省、重庆市制定了包含钢铁行业的重点行业建设项目碳排放环评指南，河北省、山东省制定了钢铁行业碳排放环评指南。江苏省、山西省、河北省、山东省的指南中，碳排放量核算公式为化石燃料燃烧、工业生产过程、净购入使用的电力和热力产生的碳排放量之和，同时扣除固碳产品隐含的排放量；浙江省、吉林省、重庆市的指南中，核算公式为化石燃料燃烧、工业生产过程、净购入使用的电力和热力产生的碳排放量之和，未扣除固碳产品隐含的排放量。山东省、河北省的钢铁行业碳排放环评指南提出分工序核算碳排放量，并给出各工序的核算边界，其他省份的指南属于多行业的综合性指南，因此未对钢铁行业碳排放核算边界和核算方法进行细化。

（二）中国钢铁行业碳排放特征、规模和影响因素

钢铁是世界使用量最大、应用范围最广的金属资源，其生产流程具有碳排放量高、碳减排难度大、碳锁定效应明显等特征，中国粗钢生产以长流程为主，根据世界钢协发布的产量数据，2021 年中国粗钢产量中长流程工艺占比达 89.3%。长流程钢铁企业的工艺流程长且复杂，每个企业的工艺工序、技术装备、产品结构等方面差异也较大，本节将借鉴《中国钢铁生产企业温室气体排放核算方法与报告指南（试行）》（以下简称《指南》）和《温室气体排放核算与报告要求　第 5 部分：钢铁生产企业》（GB/T 32151.5—2015）提出的碳排放核算方法，分析总结钢铁行业的碳排放特征、规模以及影响因素。

钢铁生产过程是铁-煤的化工过程，碳素的输入端（二氧化碳的排放源）主要来源于煤等化石燃料燃烧、石灰石等含碳溶剂的分解以及废钢等原料的消耗。长流程钢铁企业的温室气体排放主体包括焦化、烧结、球团、高炉、炼钢、轧钢、焙烧、富余煤气发电等工序，具有工序类型全、能源转换与计算过程复杂的特点。借鉴《指南》的核算思路，钢铁生产企业碳排放源主要包括化石燃料燃烧排放、工业生产过程排放、固碳产品隐含的排放、净购入使用的电力和热力生产排放（间接排放）。各生产工序的二氧化碳排放源清单详见表 2。

表 2　长流程钢铁企业各生产工序的二氧化碳排放源清单

生产工序	排放源	排放形式
焦化工序 （捣固焦炉）	洗精煤、焦炉煤气 焦炭、焦粉、焦油、粗苯、焦炉煤气 净输入电力	化石燃料燃烧排放 固碳产品隐含的排放 间接排放
烧结工序	无烟煤、焦粉、高炉煤气 石灰石、白云石 净输入电力	化石燃料燃烧排放 工业生产过程排放 间接排放
球团工序	高炉煤气、焦炉煤气、净输入电力	化石燃料燃烧排放 间接排放

续表

生产工序	排放源	排放形式
炼铁工序 （高炉）	无烟煤、烟煤、焦炭、高炉煤气 废钢 铁水 净输入电力及热力	化石燃料燃烧排放 工业生产过程排放 固碳产品隐含的排放 间接排放
炼钢工序 （转炉）	高炉煤气、转炉煤气 铁水、废钢、电极、石灰石、白云石、铁合金、增碳剂 钢坯、转炉煤气 净输入电力及热力	化石燃料燃烧排放 工业生产过程排放 固碳产品隐含的排放 间接排放
轧钢工序	高炉煤气 净输入电力及热力	化石燃料燃烧排放 间接排放
石灰石/白云石 焙烧工序	高炉煤气、焦炉煤气 石灰石、白云石 净输入电力	化石燃料燃烧排放 工业生产过程排放 间接排放
富余煤气发电工序	高炉煤气、焦炉煤气 自发电、蒸汽	化石燃料燃烧排放 固碳产品隐含的排放

资料来源：作者整理。

根据全球能源互联网发展合作组织2021年发布的《中国2030年前碳达峰研究报告》，2019年，中国能源活动碳排放约98亿吨，钢铁行业占全社会能源相关碳排放比重高达17%，占工业领域能源相关碳排放的47%。从排放源看，化石燃料燃烧是企业碳排放主要源头，占比多在80%以上，主要是焦炉、烧结、高炉等铁前工序炉窑燃烧化石燃料（如烟煤、无烟煤和洗精煤）所产生的二氧化碳排放。其次为工业生产过程排放，占比约在10%以上，主要是烧结、炼钢、炼铁工序中需要消耗白云石、石灰石、废铁、废钢及增碳剂等含碳原料，以及生产溶剂过程在石灰窑中白云石、石灰石分解和氧化产生的碳排放。净购入使用电力和热力引起的间接排放量约占5%。由此可以清楚看出，中国钢铁工业的能源消费结构具有极大的节能潜力，其优化的核心是减少煤炭类能源的消耗。

中国钢铁行业的二氧化碳排放量约占全国的15%，仅次于电力和水泥行业，在所有的工业行业中位居第三。当前阶段，中国吨钢二氧化碳排放量高于其他主要产钢国家，主要原因有：电炉钢相较世界平均水平低，客观上造成中国钢铁行业能耗高、温室气体排放量大的特点，因为生产 1 吨钢材，短流程的二氧化碳排放量是长流程的 30%左右甚至更低；中国钢铁工业一次能源中煤炭占能源总量的 80%以上，煤炭比例远高于其他主要产钢国，天然气和燃料油的比重则明显低于发达国家；客观上煤炭利用过程中能源效率较低、污染排放严重、产品能源成本高。①

（三）中国钢铁行业碳排放未来走势和减排潜力

当前，无论长流程还是短流程的冶炼技术的发展，主流研究方向都是提高冶炼过程的能源效率与减少污染物的排放。而驱动这一研究的动力则是早在中国提出“3060”的“双碳”目标之前，钢铁行业就已经实行的一系列环保与经济政策。国家新发布的《关于推进实施钢铁行业超低排放的意见》提出，到 2020 年底前，重点区域钢铁企业力争 60%左右产能完成超低排放改造；到 2025 年底前，重点区域钢铁企业超低排放改造基本完成，全国力争 80%以上产能完成改造。未来随着中国钢铁企业的转型升级，节能力度不断加强，淘汰落后产能的标准不断提高，产品结构进一步优化，各类先进节能低碳技术进一步得到推广应用，从而可带动钢铁行业能耗和排放强度进一步下降。

2021 年 11 月，世界钢铁协会发布了《2021 年可持续发展指标报告》，报告统计了 2007~2020 年，国际钢铁协会会员企业吨钢二氧化碳排放量及能源消耗量。结果显示，国际钢铁协会会员企业的吨钢碳排放量多在 1.75~1.85t 波动；吨钢能耗多维持在 20GJ 水平上下。安赛乐米塔尔（ArcelorMittal）作为全球粗钢产量最大的钢铁企业之一，其年均粗钢产量高达 9000 万吨；其中，高炉-转炉长流程（BF-BOF）、直接还原-电炉流程（DRI-EAF）及全废钢电炉短流程（Scrap-EAF）的产量占比分别为 83%、7%、10%。安赛乐米塔尔年度气候报告中的统计数据显示，BF-BOF 流程吨钢碳排放量约为 Scrap-EAF 流程的 4 倍之

① 《“双碳”目标下，我国钢铁工业发展现状与展望》，《中国能源》2023 年第 Z1 期。

多。这一数据也客观反映出了全废钢电炉短流程巨大的降碳潜力。对中国钢铁行业未来的发展具有一定的借鉴意义。根据自然资源保护协会 2023 年 6 月发布的《面向碳中和的氢冶金发展战略研究》，中国 BF-BOF 的吨钢碳排放量为 1.8~2.5t，Scrap-EAF 的吨钢碳排放量为 0.4~0.6t，气基竖炉 DRI-EAF（非绿氢）的吨钢碳排放量约 0.96t。而且随着绿氢技术进一步发展，DRI 的碳排放有望降到极低，甚至实现零碳排，赋予短流程炼钢极高的减排潜力。

除此之外，长流程钢铁联合企业在自身工序流程上的减碳方向及对策建议如下。

第一，能源结构优化。鉴于钢铁企业 80%以上的碳排放量来自化石燃料燃烧，优化能源结构是长流程钢铁企业需要努力的减碳方向。钢铁企业应积极采用太阳能、风能、氢能和生物质能等清洁能源，协作研发应用非化石能源替代技术，促进能源结构清洁低碳化，以及进一步提高能效水平。

第二，提高球团比，降低铁钢比。长流程钢铁企业的碳排放主要集中在铁前工序，同时球团工序相比烧结工序的碳排放量要小很多，因此提高废钢使用量、减少炼钢铁水消耗、提高炼铁工序的球团比例是长流程钢铁企业最现实可行的减碳措施。

第三，提高煤气利用效率。目前，钢铁联合企业的自产焦炉煤气、高炉煤气和转炉煤气均作为燃料回用于厂内生产，富余煤气用于发电自用。提高煤气利用效率甚至优化煤气利用方式，是长流程钢铁企业的减碳路径之一，如焦炉煤气用于生产化工产品、焦炉煤气制氢用于高炉喷吹、高炉炉顶煤气脱除二氧化碳后循环利用。

第四，炼铁工艺革新。作为碳排放量占比最大的工序，亟须寻求低碳炼铁工艺的技术革新。如目前正在研发应用的高炉炉顶煤气的循环利用、高炉富氢喷吹、氧化高炉等技术。钢铁企业应积极参与研发应用。

（四）中国钢铁行业实现碳达峰碳中和的挑战和机遇

1. 中国钢铁行业实现碳达峰碳中和的挑战

第一，基数大，碳减排形势严峻。在当前的“双碳”目标大背景下，政策对于钢铁、石化、建材等高碳排放产业做出明确发展制约，导致还在使用粗放式生产模式的钢铁行业，面临解决产品能耗难、碳排放量处于高位等局面。若紧逼行业从生产制作到后期加工全过程实行战略转型，则转型过程中存在突破性技术研发、变革工艺流程中节能减排潜力等挑战。同时，在战略转型中，钢铁企业将面临碳排放计量统计体系的考验，与以往的财务会计体系不同，碳会计体系要以会计的方法找到适合企业自身节能减排的最优路径，以实现企业低碳可持续发展的经济管理目标。

中国钢铁行业虽然在近三十年内的节能减排工作上取得了显著成果，但由于粗钢产量的基数巨大，钢铁行业依旧面临着严峻的碳减排压力。为积极响应国家碳减排号召，国内各大钢铁企业陆续发布了碳达峰碳中和的目标规划（见表 3）。

表 3　国内部分钢铁企业碳达峰碳中和行动规划

企业	相关规划
中国宝武钢铁集团有限公司	2023 年实现碳达峰 到 2025 年，拥有减少 30%碳排放的技术能力 到 2035 年实现碳排放相比峰值减少 30% 2050 年实现碳中和
河钢集团有限公司	2022 年实现碳达峰 到 2025 年，实现碳排放相比峰值减少 10%以上 到 2030 年，实现碳排放相比峰值减少 30%以上 2050 年实现碳中和
包头钢铁集团有限公司	2023 年实现碳达峰 到 2030 年，拥有减少 30%碳排放的技术能力 到 2042 年，实现碳排放相比峰值减少 50% 2050 年实现碳中和
鞍山钢铁集团有限公司	2025 年实现碳达峰 到 2030 年，低碳冶金前沿技术产业化取得突破 到 2035 年实现碳排放相比峰值减少 30%

资料来源：作者整理。

第二，企业基础支撑不足。钢铁企业碳交易能力建设工作尚未全面启动，有关碳资产和碳交易的管理制度不足，碳资产统计、优化工具及价格预测模型不足，具备金融、技术、项目管理、碳交易各方面知识的复合型人才不足。虽然生态环境部自2013年起就系统收集企业的碳排放数据，但是由于钢铁企业核算方法相对复杂，企业不具备自己编制核查报告的能力，通常是委托第三方机构完成，而第三方核查机构方法学和核查尺度不一致，造成不同机构、不同方法核查的钢铁企业排放总量差距较大，不能科学客观反映企业真实排放水平。

第三，应对措施不足。钢铁企业碳管理水平参差不齐，大部分钢铁企业对碳市场和碳交易机制的认知尚不足。部分纳入碳交易试点的钢铁企业虽然建立了较为完整的碳管理体系，但全国碳市场的规模更大、机遇更多，企业碳管理机制仍需完善。

第四，可能造成企业经营成本增加。全国碳市场开启后，企业每年需向国家完成碳指标履约。一方面，国家发放给企业的免费配额比例将逐年下调；另一方面，钢铁企业实际生产规模将根据市场需求调整，有阶段性增产、产业链延伸的可能，多余配额盈余空间将进一步压缩，甚至出现缺口。碳配额指标不足则需从二级市场购买，预期碳价不会持续在低位徘徊，企业履约压力将越来越大。

2. 中国钢铁行业实现碳达峰碳中和的机遇

碳交易机制的逐渐完善和碳市场的建立，都无疑会对钢铁行业和企业产生诸多挑战，同时也会带来新的机遇。

碳市场建立的初衷之一是用金融工具倒逼企业减碳，在碳市场中，合理分配碳配额有利于促进企业减排达成共识，《碳排放权交易管理办法（试行）》提出以免费分配为主，同时提出“可以根据国家有关要求适时引入有偿分配”，况且免费配额比例往往不足以覆盖企业的实际碳排放量。碳市场的履约压力将促进企业持续通过节能降耗、低碳新工艺、装备升级等方式进行降碳，增强企业竞争力。钢铁企业可将碳市场履约压力转化为技术进步的动力，对现有流程节能降碳潜力进行系统评估，积极应用先进成熟技术，并研发示范前沿低碳技术，有助于推动全行业的技术更新、工艺变革和低碳转型。

未来阶段免费配额的逐步减少，将让配额成为稀缺资源，促进碳指标价值回归。综合考虑未来绿氢成本的降低，结合碳价长期上涨的大趋势，未来电炉和氢冶金工艺可弥补与传统长流程冶炼的成本差距，从经济利益出发，企业将主动寻求向低碳工艺路线转型，自有矿比例高的企业可以选择氢基竖炉路线，实施以氢代碳冶炼。

二　中国试点碳市场钢铁行业碳交易机制差异

2011 年 10 月，国家发展改革委办公厅下发《国家发展改革委办公厅关于开展碳排放权交易试点工作的通知》，北京、天津、上海、重庆、湖北、广东和深圳 7 家地方试点碳市场于 2013 年陆续启动。2016 年，福建和四川也启动了本省的碳市场建设。

钢铁行业是纳入全国碳市场首批 8 个重点排放行业之一，上海、广东、天津、湖北及重庆等 5 个地方碳市场已覆盖钢铁行业，已参与碳交易试点的钢铁企业覆盖全国约 1/7 的粗钢产量，均已顺利完成履约。钢铁企业通过地方碳交易试点实践，在推动碳减排方面发挥了积极作用，同时也积累了一定经验。通过开展 MRV（碳排放的量化与数据质量保证的过程）、碳核查培训等基础能力建设，钢铁企业总体低碳发展水平获得提升；通过提高能效推动低碳发展的工作，取得了不同程度的节能降碳效果；处于碳交易试点地区的钢铁企业经过几年的履约，在碳资产管理、碳交易策略等方面拥有了更好的经验，部分优秀企业已经成立了专业化碳资产公司，组建了专门的碳排放管理机构。

钢铁行业的碳配额分配有两种主要方法，即历史强度法和基准线法。历史强度法按照企业的历史碳排放强度或碳排放总量核定碳配额，可以理解为企业与自己的过去作比较；基准线法按照行业基准碳排放强度核定碳配额，相当于企业之间横向比较。基准线为采用不同前百分比下的企业碳强度均值，例如欧盟碳市场选取生产效率最高的前 10% 企业指定基准线。在其他国家和地区的碳市场中，钢铁行业碳配额分配方法主要是基准线法，例如欧盟碳市场中，通过基准线法给六种主要钢铁工序和产品设定免费配额碳强度基准线。不过，基准线对数据的要求更高，因而在中国的试点碳市场中，历史强度法更为主流。在国内的 8 个地方试点碳市场中，有 6 个（天津、湖北、上海、福建、重庆、广东）已覆盖钢铁行业，其中有 5 个地方试点采取了历史强度法，仅广东采用了分工序基准线法和历史强度法相结合的方法。在全国碳市场中针对钢铁行业采取基准线法的基础正在逐渐巩固。一方面，中国地方试点碳市场覆盖了宝钢、武钢、首钢等大型企业，在过去几年的运作中积累了经验；另一方面，全国温室气体年排放量达 2.6 万吨二氧化碳当量及以上的钢铁企业已开始将其碳排放等相关数据报送至生态环境部，数据基础日趋完善。此外，欧盟 CBAM 覆盖的钢铁产品基准线是基于欧盟碳市场中设定的免费配额碳强度基准线，考虑到应对欧盟 CBAM 的需求，钢铁行业纳入全国碳市场后采用基准线法进行碳配额分配的可能性较大。

三　中国钢铁行业碳交易机制的影响与评价

（一）碳交易机制对中国钢铁行业碳排放、技术和成本的影响

碳交易政策的基本原理是，政府根据国家的碳减排目标和行业的碳排放水平，确定钢铁行业的碳排放总量，并将其分配给各个钢铁企业，形成碳排放权。碳排放权可以在市场上进行买卖，形成碳价格。碳价格反映了碳排放的社会成本，也是碳交易政策的核心变量。碳价格的作用是，一方面，它给钢铁企业提供了减排的激励，因为减排可以节省碳排放权的购买成本或者获得碳排放权的出售收益；另一方面，它给钢铁企业提供了创新的动力，因为创新可以降低碳排放强度，提高碳排放效率，从而降低碳交易成本。通过碳交易机制，钢铁行业的碳排放总量可以得到有效控制，同时，钢铁企业可以根据自身的碳排放状况和碳市场的供求情况，选择最适合自己的减排方式和节约成本的方法，实现碳减排的经济效率最大化。

碳交易政策对钢铁行业的影响主要体现在碳排放、技术和成本三个

层面。

1. 碳排放层面

碳交易政策的直接目的是控制和降低钢铁行业的碳排放量，因此，碳交易政策对钢铁行业的碳排放有明显的减少效果。根据国家发展和改革委员会的研究，碳交易政策对钢铁行业碳减排具有显著且持续的促进作用。但这种作用具有地区异质性，东西部地区较为显著，中部地区则不明显。碳交易政策可以通过促进技术创新、降低能源强度、调整能源结构来提高钢铁行业碳排放效率。

2. 技术层面

碳交易政策的间接目的是促进钢铁行业的技术进步和转型升级，因此，碳交易政策对钢铁行业的技术有明显的创新效果。碳交易政策实行后短期内也许会对钢铁企业产生一定的不利影响，但长期来看，则可以形成淘汰落后产能的有利机制，推动中国钢铁行业转型升级。该机制带来的影响主要表现在两方面：一方面推动企业改善生产技术，推进低碳能源的使用；另一方面促进企业自主创新，摒弃高碳排放产品和业务。钢铁行业的技术创新主要包括电炉炼钢和氢能炼钢两种方式。电炉炼钢是以废钢为主要原料、电力为主要能源的炼钢方式，能耗低、排放量低，节能减排优势明显。氢能炼钢是利用氢气替代一氧化碳做还原剂炼钢，还原过程中没有二氧化碳的排放，可实现钢铁生产完全脱碳，是未来发展方向。

3. 成本层面

碳交易政策的实施会给钢铁企业带来一定的成本压力，因此，碳交易政策对钢铁行业的成本有明显的增加效果。根据碳市场的数据，碳交易价格呈上升趋势，不达标企业的碳交易成本将逐步增加。此外，钢铁企业为了应对碳交易政策，还需要增加碳排放核算制度建设、技术改造、能源调整等方面的投入，这些都会增加钢铁企业的运营成本。因此，钢铁企业需要通过提高产品附加值、优化产品结构、提高市场竞争力等方式，来弥补碳交易政策带来的成本增加。

（二）中国钢铁行业碳交易与其他减排政策的协同效应

发展碳市场具有两方面的重要意义。一方面是经济利益，碳市场对碳排放权及衍生品进行价格发现，使其成为极具投资价值的碳资产，从而推动低碳经济转型和产业结构升级；同时，通过市场自发调控，将减排额度在不同企业之间优化配置，从而降低全社会减排的成本。另一方面是环境效益，气候因素影响碳资产价格，可以通过碳市场将气候风险和减排责任分摊到掌握碳资产的各个实体，支持绿色低碳可持续发展。进入 2023 年后，国内外碳市场频发重要信息，6 月 16 日和 17 日，国内钢铁行业和石化行业纳入全国碳市场专项研究会议相继召开，全国碳市场扩容计划启动；7 月，生态环境部联合市场监督管理总局编制形成了《温室气体自愿减排交易管理办法（试行）》（征求意见稿）。

随着钢铁行业纳入全国碳市场，钢铁企业可通过出售富余配额、CCER 与碳配额置换等方式在碳市场中实现额外收益，比如将节能技改、产量控制、结构调整等产生的富余碳配额，在市场上进行合理出售，直接获得收益。

碳配额属于企业资产，随着全国碳市场开启，资产规模将更加庞大。碳质押贷款等金融方式可为企业提供新的融资渠道，企业在获得碳配额后，可通过碳配额抵押的形式，以约定价格将配额抵押给第三方机构，获得融资。由第三方机构进行配额融资与交易，获取收益，约定期限到期时，以约定价格与利息进行回购，完成履约。如中国宝武集团旗下的中南钢铁，为实现碳资产效益的最大化，利用预发配额进行回购融资，用于开展公司节能减排项目，实现碳减排及碳金融的结合与创新。因此，钢铁企业可利用市场准许的金融手段，发掘企业碳资产的金融属性和价值，拓宽企业融资渠道。企业利用闲置碳资产抵押或增信模式降低融资成本，同时开展多种以低碳为核心的绿色金融咨询服务、金融方案设计，包括碳债券、碳质押、碳借贷、碳托管、碳期货等。

2023 年 5 月，欧盟正式发布碳边境调节机制（CBAM）法案，宣布 10

月 1 日起正式实施。CBAM 作为一种促进区域贸易公平、倒逼不同国家开展低碳工作的政策工具，被认为是实现全球减排和推动低碳经济发展的重要手段（见表 4）。但相关学者也认为 CBAM 法案的实施将会抑制中国高碳行业的出口贸易，增加高碳产品出口的成本，削弱中国市场份额，形成新的贸易壁垒。CBAM 法案的实施将影响中国钢铁行业和下游产业链的国际竞争力，同时也将推进中国碳市场建设进程，提高中国钢铁企业对组织碳/产品碳核算与管理和低碳认证的需求。

表 4　CBAM 最终法案

项目	最终法案
提出时间	2022 年 12 月
覆盖行业	水泥、电力、化肥、钢铁等
排放范围	直接排放（在特定情况下，也覆盖间接排放）
实施时间	开始申报：2023 年 10 月 1 日 过渡期：2 年零 3 个月 开始征税：2026 年 1 月 1 日

资料来源：作者整理。

四　中国钢铁行业参与全国碳市场的展望

2023 年 10 月 18 日，生态环境部发布《关于做好 2023—2025 年部分重点行业企业温室气体排放报告与核查工作的通知》（环办气候函〔2023〕332 号）（以下简称《通知》）。本次《通知》的发布，预示着水泥、电解铝和钢铁行业有望尽快纳入全国碳市场。展望全国碳市场未来，鉴于钢铁行业特点和此次更新的技术文件，预计全国碳市场不晚于 2025 年将纳入新的重点行业。在全国碳市场纳入水泥、电解铝和钢铁行业后，将形成一个包含近 4000 家重点排放单位，覆盖超过 70 亿~80 亿吨碳排放的大型碳市场。全国碳市场扩容后，交易主体将进一步丰富，交易活跃度有望提升。同时也将带来新的业务机会，例如，碳金融产品的开发和利用将迎来发展机遇，企业碳资产管理面临市场需求，自愿减排市场有望得到扩充，并带动相关产业链发展。

全国碳市场配额总量的增加，有利于碳金融产品的开发和应用，一方面由于配额供给总量的增加，可用于碳金融产品开发的碳资产数量充足；另一方面交易主体的增加可以有效缓解配额交易的流动性不足的问题，进而充分发现碳价，有助于为碳金融产品价值正确评估奠定基础。此外，对于新纳入全国碳市场企业，由于缺少碳资产管理和交易实践经验，可能无法有效且有序推进相关工作，最终面临无法按时完成履约工作或者付出较高履约成本等潜在风险。在这种情况下，碳资产管理与交易业务将迎来发展机遇。相关机构可通过碳资产管理服务，帮助相关重点排放单位降低履约成本，或通过配额交易获取额外收益，进而积极参与到全国碳市场业务中，从中获益。与此同时，钢铁企业应高度重视，充分抓住碳市场机遇，主动作为，将碳市场相关工作纳入企业发展规划，并重点做好能效提升和碳资产评估管理工作。

第一，开展能效提升。能效提升是“十四五”时期钢铁行业绿色低碳发展的重要工作基础。一方面，按照国家有关政策要求，到 2025 年所有钢铁企业必须有序有效限期分批实施改造升级和淘汰，提升能效水平至少达到国家基准水平以上，全国至少 30% 以上要达到国家标杆水平以上，做好能效评估和提升是必然要求。另一方面，钢铁行业被纳入全国碳市场大概率会采用行业基准线法核定配额，企业能效越高，单位产品碳排放强度越低，配额盈余越多；反之，能效偏低的企业获得的配额不足，需购买配额进行履约，将增加企业履约成本。

第二，开展碳资产评估管理。企业应从战略层面开展碳资产管理工作，有序开展碳资产评估、管理与运营，做到“四个全面”（全面摸清碳资产底数、全面评估碳资产现状、全面挖掘碳资产潜力、全面跟踪碳市场运行走势）、“四个提前”（提前平衡碳配额、提前储备碳财富、提前布局碳金融、提前规划碳资产），持续调优碳资产结构，最终实现碳资产的保值、增值，让“碳”从压力转变为活力。同时，持续开展碳市场能力建设，培养碳资产管理相关人才，熟悉碳市场政策、交易规则；做好碳排放数据的监测、报告与核查管理，并结合企业特点逐步建立碳资产管理体系。

参考文献

陈远翔、刘奕伶、李润、瞿广飞：《全国碳市场扩围下的电解铝行业低碳发展路径研究——以云南省为例》，《有色金属（冶炼部分）》2024 年第 8 期。

樊三彩：《逯世泽：钢铁行业纳入全国碳市场必要且紧迫》，《中国冶金报》2024 年 4 月 3 日，第 1 版。

韩晶：《钢铁行业碳排放量实测核算法与在线监测法差异对比分析》，《中国高新科技》2023 年第 19 期。

侯玉梅、梁聪智、田歆等：《我国钢铁行业碳足迹及相关减排对策研究》，《生态经济》2012 年第 12 期。

李新创、李冰、霍咚梅等：《推进中国钢铁行业低碳发展的碳排放标准思考》，《中国冶金》2021 年第 6 期。

林文斌、顾阿伦、刘滨等：《碳市场、行业竞争力与碳泄漏：以钢铁行业为例》，《气候变化研究进展》2019 年第 4 期。

刘宏强、付建勋、刘思雨等：《钢铁生产过程二氧化碳排放计算方法与实践》，《钢铁》2016 年第 4 期。

曲余玲、景馨、邢娜等：《全国碳市场对钢铁行业的影响及对策分析》，《冶金经济与管理》2022 年第 2 期。

上官方钦、刘正东、殷瑞钰：《钢铁行业“碳达峰”“碳中和”实施路径研究》，《中国冶金》2021 年第 9 期。

谭琦璐、刘兰婷、朱松丽：《全国碳交易下中国钢铁行业的基准线法研究》，《气候变化研究进展》2021 年第 5 期。

王喜平、王素静：《碳交易政策对我国钢铁行业碳排放效率的影响》，《科技管理研究》2022 年第 1 期。

张临峰：《钢铁企业应对碳交易市场的建议》，《中国钢铁业》2018 年第 9 期。

张琦、沈佳林、许立松：《中国钢铁工业碳达峰及低碳转型路径》，《钢铁》2021 年第 10 期。

周雨瑶、谢伟峰：《碳金融市场研究及钢铁企业发展建议》，《冶金财会》2021 年第 3 期。

中国电解铝行业碳排放权交易机制研究与实践

龚其兵　吴中波*

摘　要：　本报告系统总结了中国电解铝行业碳排放特征、规模、影响因素、未来走势、减排潜力以及实现碳达峰碳中和的挑战和机遇，比较了试点碳市场电解铝行业碳交易机制差异，发现日益体现配额分配方法多样化、交易活跃度提升、政策引导与市场机制相结合、减排技术创新与引进、信息披露与透明度增强、基准线法不断发展等趋势。之后分析了电解铝行业实施碳交易的现状及其对行业减排的影响，探讨该行业碳交易机制与其他减排政策的协同效应，认为电解铝行业应为积极参与全国碳市场做好准备，加强碳排放权配额分配的科学性、碳排放数据的可靠性、报告和核查的合规性，并促进低碳技术和清洁能源的开发和应用。

关键词：　电解铝行业　碳排放　碳核算　碳交易

一　中国电解铝行业碳排放现状与趋势

（一）中国电解铝行业碳核算方法学发展

电解铝生产是一种高能耗、高排放的工业过程，其温室气体排放主要包

* 龚其兵，中国质量认证中心有限公司武汉分公司工程师，主要研究方向为碳足迹；吴中波，中国质量认证中心有限公司武汉分公司部长，工程师，主要研究方向为碳核算。

括二氧化碳和全氟化碳两种。二氧化碳排放主要来源于燃料燃烧和炭阳极消耗，全氟化碳排放主要来源于阳极效应。为了指导和规范中国电解铝行业的碳排放核算和报告，工信部、科技部和自然资源部联合发布了《中国电解铝生产企业温室气体排放核算方法与报告指南（试行）》（以下简称《指南》）。该《指南》根据《温室气体排放核算方法与报告指南（试行）》的总则，结合电解铝行业的特点，制定了电解铝生产企业温室气体排放核算的范围、方法、参数和报告要求。《指南》主要包括核算边界、核算方法和核算参数等内容。

1. 核算边界

《指南》详细规定了电解铝生产企业温室气体核算应以企业为边界，主要核算并报告企业内部一系列与电解铝生产相关的活动产生的排放，但不仅限于电解铝生产过程，这体现在若企业还生产其他产品，且产生温室气体排放，应一并核算和报告。报告主体应以企业法人或视同法人的独立核算单位为边界，核算和报告其生产系统产生的温室气体排放。生产系统包括直接生产系统、辅助生产系统，以及直接为生产服务的附属生产系统，但企业厂界内生活能耗导致的排放原则上不在核算范围内。因而企业活动水平数据收集过程中需要把生活能耗扣除。核算边界应对地理边界进行界定，比如在某省某市某路某号的某铝业有限公司的厂区范围，并通过附边界平面图明确，如果厂区内有对外出租的厂房或部分，需标注说明。在温室气体核算边界内，需要对本企业电解铝生产的相关工艺流程说明，比如本企业核算边界包括原料准备、电解、铸造、废气废水处理等。

2. 核算方法

《指南》主要涵盖了排放因子法、质量平衡法、化学平衡法、燃料碳含量法等，以及各个工序的核算公式。

排放因子法是一种通用的核算方法，适用于各种温室气体排放源。该方法根据各种活动水平（如燃料消耗量、原铝产量等）和相应的排放因子（如燃料的二氧化碳排放系数、吨铝的全氟化碳排放系数等）计算温室气体排放量。排放因子法的优点是简单易行，不需要复杂的数据和设备，只需要有可靠的活动水平和排放因子数据。排放因子法的缺点是精度较低，不能反映具体的生产过程和条件，可能存在较大的不确定性。排放因子法的数据来源可以是国家或行业的统一标准，也可以是企业自行测量或估算的。

质量平衡法是一种针对炭阳极消耗产生的二氧化碳排放的核算方法。该方法根据炭阳极的质量平衡关系，计算炭阳极消耗所产生的二氧化碳排放量。质量平衡法的优点是精度较高，能够反映实际的炭阳极消耗情况，不受燃料类型和燃烧效率的影响。质量平衡法的缺点是需要有准确的炭阳极进出库和消耗的数据，以及炭阳极的碳含量和氧化率的数据。质量平衡法的数据来源可以是企业的生产记录和化验结果，也可以是行业的平均水平或经验值。

化学平衡法是一种针对阳极效应产生的全氟化碳排放的核算方法。该方法根据电解铝生产过程中的化学反应方程式，计算阳极效应所产生的全氟化碳排放量。化学平衡法的优点是理论上准确，能够反映电解槽的工作状态和参数，不受外部因素的干扰。化学平衡法的缺点是需要有复杂的数据和设备，如电解槽的电流、电压、温度、氟化物浓度等，以及全氟化碳的分子式和分子量等。化学平衡法的数据来源可以是企业的在线监测系统和实验室分析结果，也可以是行业的典型值或推荐值。

燃料碳含量法是一种针对燃料燃烧产生的二氧化碳排放的核算方法。该方法根据燃料的碳含量和氧化率，计算燃料燃烧所产生的二氧化碳排放量。燃料碳含量法的优点是适用于各种类型的燃料，能够反映燃料的实际碳含量，不受排放因子的局限。燃料碳含量法的缺点是需要有燃料的碳含量和氧化率的数据，以及燃料的净热值和消耗量的数据。燃料碳含量法的数据来源可以是企业的采购记录和化验结果，也可以是国家或行业的标准值或平均值。

3. 核算参数

《指南》主要涵盖了排放因子、碳含量、氧化率、转化率、损耗率等，以及各个工序的参数取值。

排放因子。表征每单位活动水平的温室气体排放量的系数，例如每太焦的燃料消耗所对应的二氧化碳排放量、每吨原铝产量所对应的全氟化碳排放量、净购入的每千瓦时电量所对应的二氧化碳排放量等。排放因子的确定可以根据国家或行业的统一标准，也可以根据企业自行测量或估算的数据。排放因子的选择应考虑其适用性、可靠性和精确性。

碳含量。指燃料中的碳含量，即每单位质量或体积的燃料中所含的碳的质量。碳含量的确定可以根据燃料的化验结果，也可以根据国家或行业的标准值或平均值。碳含量的选择应考虑其代表性、稳定性和一致性。

氧化率。指燃料中的碳在燃烧过程中被氧化的百分比。氧化率的确定可以根据燃烧设备的类型、工况和效率，也可以根据国家或行业的推荐值或经验值。氧化率的选择应考虑其可测性、可控性和可比性。

转化率。指工业生产过程中原材料或中间产品发生物理或化学变化的比例。转化率的确定可以根据生产过程的反应方程式、物料平衡或能量平衡，也可以根据企业的在线监测系统或实验室分析结果。转化率的选择应考虑其可计算性、可验证性和可追溯性。

损耗率。指工业生产过程中原材料或中间产品在运输、储存、加工或使用过程中的损耗或泄漏的比例。损耗率的确定可以根据企业的生产记录或统计数据，也可以根据行业的平均水平或经验值。损耗率的选择应考虑其可观察性、可管理性和可优化性。

（二）中国电解铝行业碳排放特征、规模和影响因素

铝生命周期中碳排放集中于电解环节。铝生命周期包含铝土矿开采、氧化铝冶炼、电解制铝、铝加工、铝回收与处理及再熔铸。单吨电解铝生产分别消耗氧化铝约 1.95 吨、冰晶石约 5 千克、氟化铝约 27 千克、阳极炭块约 0.5 吨，电能消耗约 13500kwh。

电解铝生产的电力环节中分为火电生产与水电生产，使用水电生产 1 吨电解铝所排放的二氧化碳量几乎为零，而使用火电生产 1 吨电解铝所排放的二氧化碳量比水电生产铝多排放约 10.4 吨。[①] 因此，火电生产是电解铝碳

① 《“双碳”战略背景及相关政策 电解铝行业碳排放现状、减碳节能方向》，上海有色网，2022 年 7 月 20 日。

排放高的主因，碳中和承诺下，火电“弱化”或成趋势。与欧美电解铝企业相比，中国电解铝行业在电解环节上的排碳量较高，主要原因是国内原铝电力能源严重依赖火电。据统计，2020 年底，中国电解铝运行产能消耗的自备电占比 65.2%，网电占比 34.8%。其中，自备电全部为火电，网电按照各区域电网的发电结构进行划分。经测算，在电解铝的能源结构中，火电占比 88.1%，非化石能源占比 11.9%。考虑到当前中国已实现全球电解铝环节单吨最低耗电量、电力排碳外其他环节相对优势，到 2025 年中国实现铝产业碳达峰之前，单吨铝碳排放下降是必然选择，而进一步降低电耗、提高再生能源比例及废铝回收利用占比等成为必经之路。①

美国铝业（ALCOA）2020 年全年原铝产量 226 万吨，在加拿大、挪威、美国均有冶炼厂分布。近几年来，其吨铝二氧化碳排放量维持在 7 吨以下，远远低于世界平均水平。主要原因是美铝冶炼厂使用水电等清洁能源，清洁能源在美铝整个能源结构中占比达到 73%。海德鲁（Hydro）2020 年全年原铝产量 209 万吨，提出在 2020 年实现铝生命周期的碳中和，2019 年碳排放量降至每吨铝 3 吨。清洁能源占比已达 70%以上，开发低能耗电解槽技术，开发低碳足迹的铝合金产品，增加对于废铝的再回收利用以减少冶炼时的碳排放。2019 年，海德鲁自己研发的“气候模型”就已经在铝生命周期中实现碳中和的目标，累计净回收二氧化碳 21.9 万吨。

电解铝行业碳排放量较大，是碳达峰碳中和的关键行业之一。2020 年，全球电解铝二氧化碳排放量约为 7.38 亿吨，占全球碳排放量 2.3%。据中国有色金属工业协会统计，2020 年我国有色金属工业碳排放量约为 6.6 亿吨，占全国总排放量的 4.7%；其中电解铝行业碳排放量约 4.2 亿吨，占有色金属行业总排放量的 64%。电解铝行业是节能减排和供给侧改革的重点领域，政策高压下，未来电解铝行业将加速绿色转型。②

① 杜心、谢文俊、王世兴：《我国铝行业碳达峰碳中和路径研究》，《有色冶金节能》2021 年第 4 期，第 1~4 页。

② 《“双碳”战略背景及相关政策　电解铝行业碳排放现状、减碳节能方向》，上海有色网，2022 年 7 月 20 日。

目前，原铝生产最典型的生产工艺仍为冰晶石-氧化铝融盐电解法（霍尔-埃鲁特熔盐电解法）。经过 100 多年的持续工艺优化，氧化铝、电解铝生产工艺指标潜力挖掘已接近极限，在没有发生颠覆性生产工艺改变的条件下，铝冶炼各项指标下降空间有限。

关键降碳技术仍存在瓶颈。铝冶炼生产中，低温余热回收、无废冶金、惰性阳极、高效超低能耗铝电解、二氧化碳捕集利用等零碳、负碳核心技术的储备不足。

再生铝占比较低。测算表明，再生铝二氧化碳排放量仅为原铝二氧化碳排放量的 4%左右。2020 年，全球铝产量为 9910 万吨，其中再生铝产量 3380 万吨，占全球铝产量的 34.1%。同年，中国铝产量为 4448 万吨，其中再生铝产量 740 万吨，占国内铝产量的 16.6%。中国再生铝产量与国际平均水平存在较大差距。①

（三）中国电解铝行业碳排放未来走势和减排潜力

电解铝行业是中国有色金属工业中碳排放最高的行业之一，也是实现碳达峰碳中和目标的重点领域。根据统计，2020 年中国电解铝行业的碳排放量约为 4.2 亿吨，占全国总排放量的 4.7%，其中电力排放占比最高，达到 64.8%。因此，改变能源结构，提高清洁能源的使用比例，是降低电解铝碳排放的关键措施。

未来，随着中国能源转型的推进，电解铝行业的能源结构将会发生一定的调整。一方面，自备火电厂的优势将会削弱，受到碳排放费用和政策监管的影响，自备火电厂的成本将会上升，而水电等清洁能源的成本将会下降，两者的成本差距将缩小。另一方面，清洁能源的供应将会增加，尤其是云南等地区的水电资源将会得到充分开发利用，为电解铝行业提供低碳电力。预计到 2025 年，我国电解铝行业的清洁能源占比将会提高到 24%左右，而火电占比将会降低到 76%左右。

---

① 《我国铝行业碳排放特点你了解吗?》，https：//baijiahao. baidu. com/s? id = 1716571155292982447&wfr = spider&for = pc。

除了改变能源结构，电解铝行业还可以通过其他方式实现减排节能。例如，控制电解铝的总产量，提高再生铝的产量和利用率，再生铝的碳排放强度仅为电解铝的2.1%；开发利用铝电解惰性阳极技术，替代炭阳极，减少阳极气体的排放；创新电解铝工艺技术，降低电解槽的电耗，提高电解效率；开发新型稳流保温电解槽节能技术，减少热能损失；优化辅助车间流程，降低动力电耗；提高生产管理技术水平，提升能源利用率；逐步淘汰落后产能，技术升级，向拥有清洁能源的国家转移产能；开展植树造林、矿山和荒地复垦植树，增加碳汇等。

综上所述，中国电解铝行业的碳排放未来走势将呈现下降趋势，减排潜力较大。根据兴业证券的测算，如果按照中国的碳中和承诺，到2030年，电解铝行业的碳排放量将降低到2.8亿吨，碳排放强度将降低到7.3吨/吨，到2060年，电解铝行业的碳排放量将降低到0.6亿吨，碳排放强度将降低到1.5吨/吨。这将对电解铝行业的发展和竞争格局产生重要影响，也将为全球气候变化的应对和绿色发展的推进作出贡献。①

（四）中国电解铝行业实现碳达峰碳中和的挑战和机遇

中国电解铝行业是高能耗高排放的行业，也是实现碳达峰碳中和目标的重点领域。根据国家发展改革委、国资委的要求，新建、扩建电解铝等高耗能高排放项目需要严格落实产能等量或减量置换，出台煤电、石化、煤化工等产能控制政策。为了达到铝行业2030年碳达峰，国家需要巩固化解电解铝过剩产能成果，严格执行产能置换，严控新增产能。这对电解铝行业的发展和竞争格局将产生重要影响，同时也带来了一些挑战和机遇。

1. 中国电解铝行业实现碳达峰碳中和的挑战

（1）能源结构调整的难度和成本

目前，中国电解铝行业的能源结构以火电为主，减少火电的使用，增加

① 兴业证券：《电解铝行业专题报告：碳中和对电解铝行业影响有多大》，未来智库，2021年2月13日。

清洁能源的供给，是电解铝行业减排的重要途径。然而，这也面临着清洁能源的供应不足、成本较高、稳定性不强、输送难度大等问题，需要大量的投资和技术支持，以及政策引导和市场激励。

（2）技术创新和突破的需求和压力

要实现碳达峰碳中和，需要加大对低碳或零碳技术的研发和推广，这些技术目前仍存在瓶颈和不确定性，需要加强科技创新和合作，提高技术成熟度和经济性，降低技术风险和应用门槛。

（3）产业转型和升级的任务和挑战

要实现碳达峰碳中和，需要优化铝产业结构，提高再生铝的产量和利用率；选择沿海和水电丰富的绿色能源地区进行铝产业布局，推动产业集聚发展，打造铝集群化产业基地，降低物流运输和金属重熔过程中的碳排放；开发低碳足迹的铝合金产品，满足汽车、航空、建筑等领域的绿色需求。这些转型和升级需要电解铝行业与上下游产业链进行深度融合和协同创新，提高产业链的协同效率和附加值，增强产业的竞争力和抗风险能力。

2. 中国电解铝行业实现碳达峰碳中和的机遇

（1）政策支持和市场激励

为了推动碳达峰碳中和的实现，国家将出台一系列的政策措施，包括制定碳排放总量和强度控制目标，建立碳市场，实施碳税和碳补贴，加大对清洁能源和低碳技术的投入和支持，完善碳信息披露和碳审计制度，推动碳金融和碳资产的发展等。这些政策将为电解铝行业提供有力的指引和保障，也将激发市场的活力和创新，促进电解铝行业的绿色转型和升级，提高行业的核心竞争力和社会责任感。

（2）清洁能源和低碳技术的发展和应用前景

随着我国能源转型的推进，电解铝行业的能源结构将会发生一定的调整。风电、光伏电、核电等新能源的技术进步和规模扩张，也将为电解铝行业提供更多的清洁能源选择和保障。在低碳技术方面，国内外已有一些创新和突破，如美铝、力拓加铝、苹果公司、加拿大魁北克政府正在合作开发“ELYSIS”工艺技术，采用惰性阳极以替代炭阳极，并以氧气形式排放阳极气体；沈阳铝镁设计研究院有限公司开发了SAMI低碳节能技术，实现了电解铝工艺的全流程节能降耗。这些技术的推广和应用，将为电解铝行业的碳减排提供有效的途径和手段。

（3）绿色需求和绿色价值的增长和提升机会

随着全球气候变化的应对和绿色发展的推进，铝作为一种轻质、高强、可回收的金属材料，将在汽车、航空、建筑等领域有更多的需求和应用。例如，汽车轻量化是降低汽车能耗和排放的重要手段，铝合金的使用可以有效减轻汽车的重量，提高汽车的动力性能和安全性能，降低汽车的油耗和碳排放。根据预测，到2030年，中国汽车用铝的需求将达到1000万吨，占全球汽车用铝的40%。[①] 此外，铝在航空、建筑、包装等领域也有广泛应用，如铝合金飞机、铝合金建筑、铝箔包装等。这些领域的绿色需求将为电解铝行业提供巨大的市场空间和增长动力，也将促进电解铝行业提高产品的绿色价值和品牌形象，增强产品的市场竞争力和社会认可度。

二　中国试点碳市场电解铝行业碳交易机制差异

自2011年以来，我国碳市场建设取得了显著进展，特别是北京、天津、上海、重庆、广东、湖北、深圳7省市率先启动了碳交易地方试点工作。目前全国各地方碳交易试点中电解铝行业的交易呈现出以下几个特点。

（一）配额分配方法多样化

目前常用的企业配额分配方法主要有历史强度法和基准线法。历史强度法主要根据企业过去一段时间内的碳排放量来分配配额，而基准线法则是基于行业内企业的平均排放水平或最佳可行技术来确定配额。在试点地区，这两种方法均有应用，但基准线法逐渐成为主流。这是因为基准线法能够更有效地引导行业减排，激励企业研发和引进节能减排技术。

① 《2030年电动汽车铝需求量或达1000万吨/年》，《铸造工程》2019年第3期，第30页。

（二）交易活跃度逐渐提升

随着碳市场的逐步成熟，电解铝行业的交易活跃度也在不断提升。越来越多的企业开始参与到碳交易中，通过买卖配额来实现碳排放的成本控制。这种市场机制的引入，使企业在追求经济效益的同时，也更加注重环境效益的实现。

（三）政策引导与市场机制相结合

在全国碳市场的建设中，政府政策的引导和市场机制的作用相辅相成。政府通过制定相关政策和规则，引导企业减少碳排放，同时也为碳市场的发展提供了必要的支持和保障。市场机制则通过价格信号和供求关系，推动企业主动减排，提高资源利用效率。

（四）减排技术创新与引进

碳市场的建立为电解铝行业减排技术创新和引进提供了动力。在基准线法的推动下，企业为了获得更多的配额，会积极研发和引进先进的节能减排技术，降低生产过程中的碳排放。这不仅有助于提升企业的竞争力，也有助于整个行业的可持续发展。

（五）信息披露与透明度增强

随着碳市场的不断完善，企业对碳排放数据的监测、报告和核查工作也越来越重视。这不仅增强了市场的透明度，也有助于企业及时发现和解决排放问题。同时，这也为投资者提供了更加准确的信息，促进了市场的健康发展。

（六）基准线法得到不断发展

电解铝行业碳交易试点基准线法的发展规律和特点主要表现为配额分配方法逐渐转向基准线法、基准线数值的确定方式多样化、温室气体核算口径存在差异、考虑行业特点和发展阶段以及与电力行业明确分开等方面。这些规律和特点反映了各国家和地区在推进碳交易体系建设过程中的不同做法和经验教训，也为全球范围内推动电解铝行业低碳转型和可持续发展提供了有益的参考和借鉴。

从国内外多个碳交易试点的实践来看，电解铝行业的配额分配方法逐渐从历史强度法转向基准线法。这是因为基准线法能够更有效地引导行业减排，避免“鞭打快牛”的问题，并鼓励企业对节能减排技术的研发和引进。在确定基准线数值时，不同国家和地区采用了不同的方法。例如，欧盟采用产品碳强度最低的前 10% 企业的碳强度均值作为基准线数值；美国则采用单位产品碳排放量的前 90% 企业加权平均值作为推荐基准值。这些方法的选择取决于各国家和地区的具体情况和政策目标。在电解铝行业的温室气体核算方面，不同国家和地区的核算口径存在差异。例如，欧盟和美国加州的核算仅覆盖电解铝生产过程中的直接温室气体排放，而中国福建省的核算则仅覆盖电解工序交流电耗引致的间接二氧化碳排放。这些差异主要与各国家和地区的碳交易体系建设和政策目标有关。在确定基准线数值时，需要考虑电解铝行业的特点和发展阶段。例如，在中国福建省的碳交易试点中，由于工业过程减排难度较大，而用电过程的能效提升潜力较大，因此在初期仅考虑电解工序电耗所对应的间接二氧化碳排放量。这种做法有助于加快碳交易的落实，并随着行业的发展和技术的进步逐步调整和完善。在欧盟和美国加州的碳交易体系中，电解铝行业与电力行业明确分开，避免了配额重复计算的问题。这种做法有助于确保碳市场的公平性和有效性，并促进两个行业各自的发展和减排目标实现。

三　电解铝行业碳交易机制的影响与评价

（一）碳交易对中国电解铝行业碳排放、技术和成本的影响

碳交易机制是一种通过市场手段来实现碳减排目标的政策工具，它通过对碳排放进行定量控制和价格信号的传递，激励企业采取节能减排的措施，

降低碳排放的社会成本。电解铝行业的碳交易将对行业的碳排放、技术和成本产生重要影响，具体如下。

1. 对碳排放的影响。

碳交易机制将给电解铝行业带来碳排放的约束和激励，促进行业的碳排放强度和总量的下降。一方面，碳交易机制将通过配额分配和交易价格的制定，为电解铝行业设定一个碳排放的上限，超过该上限的企业将需要购买碳排放权或者缴纳罚款，这将增加企业的碳排放成本，从而促使企业控制或减少碳排放。另一方面，碳交易机制将通过碳排放权的交易和收益，为电解铝行业提供一个碳排放的激励，低于上限的企业将可以出售多余的碳排放权或者获得补贴，这将降低企业的碳排放成本，从而激励企业节能或增加碳汇。综合来看，碳交易机制将有利于电解铝行业实现碳达峰碳中和的目标。

2. 对技术的影响

碳交易机制将给电解铝行业带来技术创新和转型的需求和压力，促进行业的技术进步和效率提升。一方面，碳交易机制将通过碳排放成本的增加，增强电解铝行业对低碳或零碳技术的需求。另一方面，碳交易机制将通过提供碳排放收益，增加电解铝行业对低碳或零碳技术的压力，如水电、风电、光伏电、核电等清洁能源的替代，以及再生铝的生产和利用等。这些技术目前已有一定的发展和应用，需要加大投入和推广，提高清洁能源的供应和利用率，降低清洁能源的成本和稳定性问题。综合来看，碳交易机制将有利于电解铝行业的技术创新和转型，提高行业的节能减排和竞争力水平。

3. 对成本的影响

碳交易机制将给电解铝行业带来成本变化和结构调整，促进行业的成本优化和效益提升。一方面，碳交易机制将通过碳排放成本的增加，增加电解铝行业的生产成本，尤其是对于使用火电的企业，其碳排放成本将占到生产成本的10%以上，这将影响企业的盈利能力和市场竞争力。另一方面，碳交易机制将通过提供碳排放收益，降低电解铝行业的生产成本，尤其是对于使用清洁能源的企业，其碳排放收益将占到生产成本的5%以上，这将提高企业的盈利能力和市场竞争力。综合来看，碳交易机制将导致电解铝行业的成本分化和结构调整，促进行业向清洁能源和低碳技术的转移和集中，提高行业的成本效益和市场优势。

（二）中国电解铝行业碳交易机制与其他减排政策的协同效应

电解铝行业是中国能源消耗和碳排放的重点部门，也是实现碳达峰碳中和目标的重点领域。因此，也将受到其他减排政策的影响和支持。具体来看，有以下几个方面。

1. 与阶梯电价政策的协同效应

阶梯电价政策是中国电解铝行业的一项重要的节能减排政策，它通过对不同能耗水平的电解铝企业实施不同的电价，形成能耗差异化的经济激励，促进行业降低电耗和碳排放。2021 年 8 月，国家发展改革委发布了《关于完善电解铝行业阶梯电价政策的通知》，进一步完善了阶梯电价政策，建立了分档标准分步调降机制和加价标准累进调增机制，有效强化了电价信号的引导作用，给了行业一个清晰的预期，有利于促进行业持续加大技改投入，不断提升能源利用效率、减少碳排放。阶梯电价政策与碳交易机制的相互作用和协同效应主要体现在以下几个方面。一是阶梯电价政策可以为碳交易机制提供一个基础的价格信号，为碳排放权的定价提供一个参考，避免碳排放权价格过低或过高，影响碳市场的有效运行。二是阶梯电价政策可以为碳交易机制提供一个有效的配额分配方式，即基准线法，根据行业的能耗水平和碳排放水平，确定一个合理的碳排放基准线，超过基准线的企业需要购买碳排放权，低于基准线的企业可以出售碳排放权，这样既可以保证碳排放总量的控制，又可以激励企业降低碳排放强度。三是阶梯电价政策可以为碳交易机制提供一个有效的监测、报告和核查体系，即根据行业的能耗数据和碳排放因子，计算企业的碳排放量，进行定期的报告和核查，保证碳排放数据的真实性和准确性，为碳市场的交易和监管提供可靠的信息支持。

2. 与清洁能源政策的协同效应

清洁能源政策是中国电解铝行业的另一项重要的节能减排政策，它通过对清洁能源的开发、利用、消纳、补贴等方面提供支持和鼓励，促进行业改变能源结构，提高水电、风电、光伏电、核电等清洁能源的使用比例，降低碳排放强度。中国已经出台了一系列的清洁能源政策，如《可再生能源法》《能源法（草案）》《新能源汽车产业发展规划（2021—2035年）》等，为清洁能源的发展和应用提供了法律和规划的保障。清洁能源政策与碳交易机制的相互作用和协同效应主要体现在以下几个方面。一是清洁能源政策可以为碳交易机制提供一个有效的减排手段，即通过使用清洁能源替代火电，可以显著降低电解铝行业的电力排放，从而减少碳排放权的需求和成本，提高碳市场的减排效率。二是清洁能源政策可以为碳交易机制提供一个有效的激励机制，即通过碳排放权的交易和收益，增加清洁能源的投资和回报，促进清洁能源的技术进步和规模扩张，提高清洁能源的供应和利用率，降低清洁能源的成本和稳定性问题。三是清洁能源政策可以为碳交易机制提供一个有效的协调机制，即通过碳市场的价格信号和配额调节，平衡清洁能源的供需关系，解决清洁能源的消纳和弃风弃光等问题，提高清洁能源的利用效率和系统安全性。

3. 与其他减排政策的协同效应

除了阶梯电价政策和清洁能源政策外，还有一些与碳交易机制相关的减排政策，如《“十四五”原材料工业发展规划》《关于加快推进钢铁、煤炭等重点行业化解过剩产能的意见》《关于完善电解铝行业阶梯电价政策的通知》等，这些政策都从不同的角度和层面，对电解铝行业的产能、技术、成本等方面提出了要求和指导，与碳交易机制形成了相互作用和协同效应。具体来看，有以下几个方面。一是其他减排政策可以为碳交易机制提供一个有效的减排目标，即根据国家和行业的碳达峰碳中和承诺，确定电解铝行业的碳排放总量和强度的控制目标，为碳交易机制的配额分配和交易价格的制定提供一个依据和参考。二是其他减排政策可以为碳交易机制提供一个有效的减排措施，即通过对电解铝行业的产能、技术、成本等方面的规范和优化，促进行业的节能减排和绿色转型，为碳交易机制的减排效果和市场运行提供保障和支持。三是其他减排政策可以与碳交易机制形成有效的协同机制，即通过对电解铝行业的监测、报告、核查、奖惩等方面的协调和配合，保证碳交易机制的公平、透明、有效，为碳交易机制的交易和监管提供平台和服务。

四　中国电解铝行业参与全国碳市场的展望

中国电解铝行业参与全国碳交易机制的展望是充满挑战和机遇的，需要电解铝行业与政府、社会、科技、市场等多方面进行协调和合作，共同推动电解铝行业的绿色转型和升级。电解铝行业参与全国碳交易机制的展望主要取决于以下几个方面。

（一）碳排放权的配额分配和交易价格

碳排放权的配额分配和交易价格是碳市场的核心要素，直接影响企业的碳排放成本和收益，进而影响企业的节能减排行为和技术创新动力。目前，中国电解铝行业的碳排放权配额分配方案尚未公布，但根据相关研究，电解铝行业宜选取 8. 12～8. 15tCO_2/t 铝作为基准线取值，不需设置区域差异调整系数，即根据行业的能耗水平和碳排放水平，确定一个合理的碳排放基准线。碳排放权的交易价格则取决于市场的供求关系，目前全国碳市场的交易价格在 40～50 元/tCO_2，预计随着市场的扩容和完善，价格将逐步上升，给电解铝行业带来更大的碳排放成本压力，也给低碳技术和清洁能源带来更大的投资回报。①

（二）碳排放数据的监测、报告和核查

碳排放数据的监测、报告和核查是碳市场的基础和保障，直接影响碳市场的公平、透明和有效，进而影响企业的信任度和参与度。目前，中国电解铝行业的碳排放数据主要由中国有色金属工业协会组织企业进行直报，但由

① 惠婧璇、朱松丽：《全国碳排放权交易市场下电解铝行业基准线法研究》，《气候变化研究进展》2022 年第 3 期，第 366～372 页。

于缺乏统一的核算方法和标准，以及缺乏第三方的核查机制，导致数据的真实性和准确性存在一定的问题。因此，为了保证电解铝行业顺利参与全国碳市场，还需尽快确定行业的碳排放核算方法和标准，建立完善的监测、报告和核查体系，提高数据的质量和可信度。

（三）低碳技术和清洁能源的开发和应用

低碳技术和清洁能源的开发和应用是电解铝行业实现碳达峰碳中和的关键和核心，直接影响行业的碳排放水平和竞争力，进而影响行业的发展前景和市场地位。目前，中国电解铝行业已经实现了全球电解铝环节单吨最低耗电量，但仍存在较大的碳排放空间，主要集中在电力排放和阳极排放两个方面。因此，电解铝行业的低碳技术和清洁能源的开发和应用主要有以下几个方向。一是改变能源结构，提高水电、风电、光伏电、核电等清洁能源的替代比例，降低电力排放的碳排放强度。二是开发利用铝电解惰性阳极技术，替代炭阳极，减少阳极排放的碳排放量。三是创新电解铝工艺技术，如低温余热回收、无废冶金、高效超低能耗铝电解等，降低电解铝的电耗和碳排放。四是提高再生铝的产量和利用率，利用废铝回收再生，减少原铝的冶炼，降低碳排放。

参考文献

陈喜平、李旺兴、邱仕麟：《电解铝行业二氧化碳排放研究》，《轻金属》2012 年第 7 期。

陈晓红、赵贺春、高诚：《工业生产碳排放计量模型的构建研究——基于电解铝生产的碳排放数据》，《中国人口 · 资源与环境》2013 年第 S2 期。

杜心：《关于电解铝行业碳配额初始分配有关问题的思考》，《有色冶金节能》2016 年第 4 期。

惠婧璇、朱松丽：《全国碳排放权交易市场下电解铝行业基准线法研究》，《气候变化研究进展》2022 年第 3 期。

黎水宝、冀会向、程志、李岩、柳杨、云福：《电解铝碳交易方法学解析与实践》，《有色金属（冶炼部分）》2014 年第 5 期。

李德尚玉、雷椰：《“十四五”期间应将氧化铝、水泥、钢铁纳入碳市场》，《21 世纪经济报道》2024 年 4 月 11 日，第 6 版。

佟庆、姜冬梅、魏欣旸：《全国碳市场电解铝企业温室气体核算方法与案例解析》，《生态经济》2019 年第 3 期。

王旋、许立松：《电解铝行业碳排放现状和趋势分析》，《有色冶金节能》2022 年第 4 期。

徐俊霞：《电解铝节能降碳新路径的探索》，《世界有色金属》2023 年第 8 期。

杨慧彬、王跃全：《加强电解铝企业碳排放管理助力“双碳”目标实现》，《中国环境监察》2023 年第 7 期。

张海龙：《电解铝工业减污降碳及超低排放技术》，《世界有色金属》2022 年第 11 期。

中国航空行业碳排放权交易机制研究与实践

赵光洁　龚其兵*

摘　要： 本报告系统总结了中国航空行业碳排放特征、规模、影响因素、未来走势、减排潜力以及实现碳达峰碳中和的挑战和机遇，比较了试点碳市场航空行业碳交易机制差异，分析了航空行业实施碳交易的现状及其对行业减排的影响，探讨该行业碳交易机制与其他减排政策的协同效应。认为要加快航空碳排放核算方法学的转型和升级，以适应新的发展形势和要求。航空行业在实施碳减排方面面临政策支持不够、技术创新不足、市场竞争激烈的压力，碳市场将影响航空行业的碳排放、技术和成本，行业应从碳配额、数据监测、交易平台发展、公平性保障四个方面实施措施，参与全国碳交易机制，实现行业减排和竞争力提升。

关键词： 航空行业　碳排放　碳核算　碳交易

一　中国航空行业碳排放现状与趋势

（一）中国航空行业碳核算方法学发展

中国航空行业碳核算方法学是指根据国际和国内的标准和规范，对航空行业的温室气体排放进行测量、报告和核查的科学方法。碳核算方法学的发展旨在提高航空行业的碳管理水平，促进航空行业的绿色低碳转型，为应对

* 赵光洁，中国质量认证中心有限公司武汉分公司部长，高级工程师，主要研究方向为碳管理；龚其兵，中国质量认证中心有限公司武汉分公司工程师，主要研究方向为碳足迹。

气候变化和实现碳达峰碳中和目标做出贡献。

中国航空行业碳核算方法学的发展经历了以下几个阶段。

1. 第一阶段（2005~2010年）：探索与尝试

在这一阶段，中国航空行业开始关注碳排放问题，参与国际民航组织（ICAO）的相关工作，开展航空碳排放的初步研究，建立航空碳排放的初步核算方法和数据系统，参与国家碳交易试点的筹备工作。

2. 第二阶段（2011~2015年）：建立与完善

在这一阶段，制定了《民用航空飞行活动二氧化碳排放监测、报告和核查管理暂行办法》，建立了航空碳排放的监测、报告和核查（MRV）体系，参与了国际航空碳抵消和减排机制（CORSIA）的谈判和设计，加强了航空碳排放的数据收集和分析，推动了航空碳排放的减排行动和技术创新。

3. 第三阶段（2016~2020年）：实施与提升

在这一阶段，中国航空行业按照国际和国内的要求，全面实施了航空碳排放的 MRV 体系，向 ICAO 提交了《中国民航绿色发展国家行动计划》，履行了 CORSIA 的相关义务，开展了可持续航空燃料（SAF）的试验和推广，加强了航空碳排放的管理和监督，提升了航空碳排放的核算质量和透明度。

4. 第四阶段（2021年以来）：转型与升级

在这一阶段，中国航空行业面临着新冠疫情的影响和碳达峰碳中和的挑战，需要加快航空碳排放核算方法学的转型和升级，以适应新的发展形势和要求。

其中，《温室气体排放核算与报告要求　第 6 部分：民用航空企业》是中国航空行业碳排放核算方法学的重要组成部分，是在国际和国内的相关标准和规范的基础上，针对中国民用航空企业的特点和需求，制定的行业专用标准，该标准的发展过程如下。

2012 年，国家发展和改革委员会启动了《温室气体排放核算与报告要求》系列标准的编制工作，其中包括《温室气体排放核算与报告要求　第 6 部分：民用航空企业》。

2013 年，国家发展和改革委员会组织了全国碳排放管理标准化技术委员会（TC548），负责《温室气体排放核算与报告要求》系列标准的制定和修订。

2014 年，TC548 成立了《温室气体排放核算与报告要求　第 6 部分：民用航空企业》标准工作组，由中国标准化研究院、北京中创碳投科技有限公司、中国东方航空股份有限公司、中国民航大学等单位参与起草。

2015 年，经过多轮征求意见、审查和修改，该标准于 2015 年 11 月 19 日正式发布，于 2016 年 6 月 1 日开始实施。

2016 年，该标准被列入《国家标准计划》，并被推荐为 ICAO 的参考标准。

2017 年，该标准被纳入《国家碳排放权交易管理办法（试行）》的附录，作为航空行业参与碳交易的依据。

2018 年，该标准被纳入《国家碳排放权交易市场建设方案（航空行业）》的附录，作为航空行业参与碳交易的核心标准。

2019 年，该标准被纳入《国家碳排放权交易市场建设方案（航空行业）》的修订版，并与 CORSIA 的要求进行了对接和协调。

2020 年，该标准被纳入《国家碳排放权交易市场建设方案（航空行业）》的再次修订版，并与国家碳达峰碳中和目标进行了对接和协调。

2021 年，该标准被纳入《国家碳排放权交易市场建设方案（航空行业）》的最新修订版，并与国家碳市场的总体方案进行了对接和协调。

（二）中国航空行业的碳排放特征、规模和影响因素

1. 碳排放总量持续增长，碳排放强度逐年下降

中国航空行业的碳排放主要来源于航空器运行时的燃油消耗，其占整个民航业碳排放的 96%以上，其中航油燃料产生的二氧化碳排放量占到航空公司二氧化碳排放量的 99%以上。中国航空行业的碳排放总量持续增长，从 2004 年的 2.48×10^7 吨增至 2019 年的 11.60×10^7 吨，年均排放量为 6.09×10^7 吨，增长率波动下降，由 30.4%降至 6.38%，年均增长率为 12.10%。中国航空行业的碳排放强度逐年下降，从 2004 年的 0.107kg/（t＊km）降

至2019年的0.089kg/（t*km），但仍高于国际平均水平，表明中国航空行业的能源利用效率有待提高。

2.碳排放绩效存在差异性和收敛性

中国航空行业的碳排放绩效呈现出不同类型航空公司间的差异性和收敛性，碳排放绩效较低的航空公司存在“追赶效应”，表明中国航空行业的碳减排水平有所提升，但仍有较大的改进空间。航空行业的碳排放规模和影响因素主要取决于以下几个方面。

第一，运输周转量。运输周转量是指航空运输的运量与运距的乘积，反映了航空运输的规模和水平。运输周转量的增长是拉动中国航空行业碳排放的主要驱动因素，对大多数航空公司来说都是碳排放量增加的最主要贡献者。随着中国经济社会的发展和人民生活水平的提高，航空运输的需求将持续增长，预计到2030年，中国航空燃料消费总量将达到6050万吨，到2050年，这一数字预计达到1.325亿吨，这将给中国航空行业的碳达峰碳中和带来巨大的压力。

第二，运输强度。运输强度是指航空运输的运量与起降次数的比值，反映了航空运输的效率和密度。运输强度的提高可以降低中国航空行业的碳排放，因为它意味着每次起降可以运输更多的旅客或货物，从而减少了单位运量的碳排放量。运输强度的提高主要依赖于航空公司的运力配置、航线分布、飞机利用率等因素。通过优化航班安排、提高航班满载率、增加宽体机的使用比例等措施，可以提高运输强度，从而降低碳排放。

第三，能源强度。能源强度是指航空运输的燃油消耗量与运输周转量的比值，反映了航空运输的能源消耗水平和效率。能源强度的降低是降低中国航空行业碳排放的关键因素，因为它意味着每单位运输周转量所需的燃油消耗量减少，从而降低了单位运输周转量的碳排放量。能源强度的降低主要依赖于飞机和发动机的技术革新、基础设施和运行的优化、可持续航空燃料的开发和推广等因素。通过更新换代机队、改造飞机和发动机、提高空中和地面的协同管理、使用低碳替代燃料等措施，可以降低能源强度，从而降低碳排放。

第四，排放系数。排放系数是指航空燃料燃烧时产生的二氧化碳排放量与燃油消耗量的比值，反映了航空燃料的碳排放潜力。排放系数的降低可以降低中国航空行业的碳排放，因为它意味着每单位燃油消耗量产生的二氧化碳排放量减少，从而降低了单位燃油消耗量的碳排放量。排放系数的降低主要依赖于可持续航空燃料的开发和推广，因为可持续航空燃料是一种可直接使用的液体燃料替代品，与传统航空燃料相比，其最高可减少85%的碳排放量，具体取决于原料选择和生产工艺。通过加快可持续航空燃料的产业化进程、建立稳定的供应链、制定优惠的政策和标准等措施，可以降低排放系数，从而降低碳排放。

（三）中国航空行业的碳排放未来趋势和减排潜力

1. 中国航空行业的碳排放未来趋势

根据国际航空运输协会（IATA）的数据，2019年，中国航空行业的二氧化碳排放量约为1.5亿吨，占全球航空业排放量的13%，仅次于美国，位居第二。2020年，受新冠疫情的影响，中国航空行业的二氧化碳排放量下降了约30%，但仍高于其他国家和地区。预计到2030年，中国航空行业的二氧化碳排放量将恢复到2019年的水平，并继续增长，到2050年，将达到3.5亿吨左右，占全球航空业排放量的22%。

航空行业积极响应国家的碳达峰碳中和目标，制定了一系列的行动计划和措施。2020年9月，中国民用航空局发布了《中国民航碳达峰行动计划（2020—2025年）》，提出了到2025年，实现航空业二氧化碳排放强度较2015年下降18%的目标，并制定了八大行动措施，包括优化航空运输结构、提高航空运输效率、推广使用可持续航空燃料、加强航空碳排放监测和管理、参与国际航空碳市场机制、加强航空碳达峰科技创新、加强航空碳达峰宣传和培训、加强航空碳达峰国际合作等。此外，中国民用航空局还制定了《中国民航碳中和行动计划（2020—2060年）》，提出了到2060年，实现航空业二氧化碳排放较2015年下降80%的目标，并制定了六大行动措施，包括加快航空运输结构调整、加快航空运输效率提升、加快可持续航空燃料推广应用、加快航空碳排放监测和管理、加快航空碳中和科技创新、加快航空碳中和国际合作等。

2. 中国航空行业的碳减排潜力

第一，优化航空运输结构，提高航空运输的效率和利用率，降低航空运输的碳排放强度。具体措施包括：发展国内航空运输，减少国际航空运输的比重，因为国际航空运输的碳排放量一般高于国内航空运输；发展货运航空运输，减少客运航空运输的比重，因为货运航空运输的碳排放强度一般低于客运航空运输；优化航线网络和航班密度，避免重复和低效的航线和航班，提高航空运输的市场占有率和运营效率；促进航空公司和航空联盟的合作和竞争，提高航空运输的服务质量和客户满意度，降低航空运输的运营成本和碳排放成本。

第二，提高航空运输效率，减少航空运输的能源消耗和碳排放，提升航空运输的绿色竞争力。具体措施包括：更新换代飞机，使用更先进、更节能、更环保的飞机，提高飞机的燃油效率和载荷系数，延长飞机的使用寿命；优化飞行航路和航班计划，使用更精确、更灵活、更安全的飞行导航和控制系统，减少飞行距离和时间，降低飞行阻力和燃油消耗；提高空中交通管理和机场运行效率，使用更智能、更协同、更可靠的空中交通管理和机场运行系统，减少飞机的等待和滞留，降低飞机的排放和噪声。

第三，推广使用 SAF，显著降低航空行业的碳排放，实现航空行业的碳中和。具体措施包括：加强 SAF 的技术研发和创新，提高 SAF 的质量和性能，降低 SAF 的生产成本和碳排放；加大 SAF 的供应和推广，建立 SAF 的生产和分配网络，提高 SAF 的市场份额和使用比例；加强 SAF 的认证和监管，制定 SAF 的标准和规范，确保 SAF 的安全和可靠。

第四，参与国际航空碳市场机制，实现航空行业的碳中和增长，履行航空行业的国际责任。具体措施包括：积极参与 CORSIA 计划，按照 ICAO 的要求，监测、报告和核查航空行业的碳排放，购买和使用碳补偿来抵消航空行业的碳排放；积极参与国内碳市场，按照国家的要求，参与国内碳交易和配额管理，降低航空行业的碳排放成本和风险；积极参与国际碳市场合作，与其他国家和地区建立碳市场的互联和互认，提高航空行业碳市场的透明度和效率。

（四）中国航空行业实现碳达峰碳中和的挑战和机遇

为应对气候变化，中国提出了2030年前碳达峰、2060年前碳中和的宏伟目标，这对航空业提出了更高的要求、制定了更紧的时间表。航空业如何实现绿色低碳转型，既满足运输需求，又保障环境质量，是一个亟待解决的问题。航空行业实现碳达峰碳中和面临挑战和机遇。

1. 当前政策支持还不够，“双碳”战略为其提供了绿色转型支持

航空业的绿色转型需要政府的引导和鼓励，制定相关的法律法规、标准规范、财税优惠、补贴奖励等政策措施，激发航空企业的积极性和主动性。然而，目前中国航空业的绿色发展政策还不够完善和具体，缺乏针对性和可操作性，难以形成有效的约束和激励机制。中国提出“双碳”目标，为航空业的绿色转型提供了强大的政治保障和战略引领。同时，制定了《民航绿色发展专项规划》，明确了航空业的绿色发展目标、任务和措施，为航空业的绿色转型提供了具体的指导和依据。此外，中国还积极参与CORSIA，展示了中国在全球航空减排方面的责任和担当，为航空业的绿色转型提供了国际合作的平台和机会。

2. 当前技术创新不足，长期技术进步仍是驱动航空业绿色转型的关键

航空业的碳排放主要来源于航空器的燃油消耗，因此提高航空器的燃油效率和使用SAF是降低碳排放的关键途径。然而，目前中国在航空器设计、制造、维修等方面仍存在技术差距，难以与国际先进水平同步。尤其是在SAF的研发、生产、应用等方面，中国还处于起步阶段，缺乏成熟的技术路线和商业模式，无法形成规模化的供给和需求。随着科技的不断发展和创新，航空业的绿色转型有了更多的技术支撑和选择。例如，新一代的航空器和发动机，可以显著提高航空器的燃油效率和性能，降低碳排放和噪声污染。SAF的研发和应用，可以有效替代传统的化石燃料，减少碳足迹和环境影响。数字化、智能化、网络化等技术的应用，可以优化航空运行的管理和

控制，提高航空运输的安全性和效率。

3. 市场竞争激烈，“双碳”战略提供了需求拉动

航空业是一个高投入、高风险、低利润的行业，受到多种因素的影响，如油价波动、汇率变化、安全事件等。在市场竞争日益激烈的背景下，航空企业面临着巨大的经营压力，难以在短期内承担绿色转型的成本和风险，更倾向于追求经济效益而非环境效益。但是随着人们对生态环境和气候变化的关注和认识的提高，绿色出行的需求和意识也在不断增强。越来越多的消费者和投资者，开始关注航空企业的社会责任和环境影响，对航空企业的绿色转型提出了更高的期待和要求。这为航空企业提供了一个重要的市场机遇，通过实施绿色转型，可以提升航空企业的品牌形象和市场竞争力，增加消费者和投资者的信任和支持，从而实现可持续发展。

二　试点碳市场中航空行业碳交易机制差异

中国试点碳市场中航空行业碳交易机制的区域差异主要体现在以下几个方面。

（一）试点范围

目前，中国有 7 个省市开展了试点碳市场，分别是北京、天津、上海、重庆、广东、湖北和深圳。其中，北京、上海和广东的试点领域涉及航空行业，其他试点地区的航空企业暂时不需要参与碳交易。

（二）配额分配

不同的试点地区采用了不同的方法来分配航空行业的碳排放配额。北京试点采用了基于历史排放量的“大锅饭”分配方式，即按照 2012 年的排放量平均分配。上海试点采用了基于基准线的“绩效”分配方式，即按照每公里乘客或货物的排放量与基准线的差值来分配。广东试点采用了基于竞价的“拍卖”分配方式，即通过市场化的方式来确定配额的价格和数量。

（三）交易价格

由于不同试点地区的供需状况和市场规模不同，航空行业的碳交易价格也存在较大的差异。根据2019年的数据，北京试点的航空行业碳交易价格为35.5元/吨，上海试点的为28.6元/吨，广东试点的为15.5元/吨。[①] 这反映了北京试点的航空行业碳排放配额相对紧张，上海试点的相对平衡，广东试点的相对宽松。

（四）监测报告

不同的试点地区对航空行业的碳排放监测报告的要求也不尽相同。北京试点要求航空企业每年提交两份报告，一份为年度碳排放核算报告，一份为年度碳排放核查报告。上海试点要求航空企业每年提交一份报告，即年度碳排放核算报告。广东试点要求航空企业每年提交三份报告，一份为年度碳排放核算报告，一份为年度碳排放核查报告，一份为年度碳排放验证报告。

三　航空行业碳交易机制的影响与评价

（一）碳交易机制对中国航空行业碳排放、技术和成本的影响

1. 对碳排放的影响

碳交易机制将加强中国航空行业的碳减排约束，要求航空公司实现碳中和或碳减排的目标。这将促进航空公司提高运营效率，通过优化航线结构、更新换代飞机、使用可持续航空燃料等措施，降低碳排放强度和总量。同时，碳交易机制也将为航空公司提供碳资产管理和碳金融服务的机会，增加碳收入和碳利润。

---

① 资料来源：根据北京、上海、广东试点碳市场碳价格计算。

2. 对技术的影响

碳交易机制将刺激中国航空行业加快技术创新和转型，推动航空节能减排技术的研发和应用，包括飞机设计、发动机性能、航空燃料、飞行管理等方面。碳交易机制也将促进中国航空行业与其他行业的技术合作和交流，借鉴国内外的先进经验和案例，提升中国航空行业的技术水平和竞争力。

3. 对成本的影响

碳交易机制将增加中国航空行业的运营成本，包括碳排放权的购买成本，碳排放数据的监测、报告和核查的成本，碳排放管理和咨询的成本等。这些成本将可能转嫁到航空公司的票价、货运费、租赁费等，影响航空市场的需求和价格。碳交易机制也将给航空公司带来节能减排的成本节约和碳资产的增值，提高航空公司的经济效益和社会效益。

（二）中国航空行业碳交易机制与其他减排政策的协同效应

从碳排放、技术和成本三个层面对中国航空行业碳交易机制与其他减排政策的相互作用和协同效应进行分析。

1. 碳排放层面

（1）碳交易机制与节能减排政策的相互作用

碳交易机制通过为碳排放设定总量控制和价格信号，改变了航空企业的边际成本和边际收益，从而激励航空企业采取节能减排措施，降低碳排放强度和总量。节能减排政策通过为航空企业设定节能减排目标和标准，使航空企业面临节能减排的约束和要求，从而规范航空企业的节能减排行为，提高节能减排效率和质量。两者相辅相成，共同推动航空行业实现碳达峰碳中和的目标。例如，根据《民航绿色发展专项规划》，到 2025 年，中国航空行业的碳排放强度要比 2015 年下降 18%，到 2035 年要比 2015 年下降 38%。这些目标可以通过碳交易机制和节能减排政策的相互作用来实现。

（2）碳交易机制与可持续航空燃料政策的相互作用

碳交易机制可以为 SAF 的发展提供市场需求和价格激励，促进航空企业使用 SAF 替代传统航空燃料，降低碳排放强度和总量。可持续航空燃料政策可以为碳交易机制提供技术支持和供给保障，通过为 SAF 的生产和使用提供政策倾斜和支持，降低 SAF 的成本和门槛，增加 SAF 的供给和竞争力。两者相互促进，共同推动航空行业实现深度脱碳和绿色转型。例如，根据《中国的可持续航空燃料——航空业碳中和之路》报告，到 2030 年，中国航空行业的 SAF 使用量要达到 100 万吨，到 2050 年要达到 5000 万吨。这些目标可以通过碳交易机制和可持续航空燃料政策的相互作用来实现。

（3）碳交易机制与国际航空减排机制的相互作用

碳交易机制可以为国际航空减排机制提供国内基础和对接平台，通过与 ICAO 的 CORSIA 等机制互联互通，实现国际航空碳排放的监测、报告、核查和抵消，满足国际航空减排的义务和承诺。国际航空减排机制可以为碳交易机制提供国际参照和协调机制，通过与其他国家和地区的碳交易机制进行对比和协商，实现碳交易的规则和标准的统一和兼容，提高碳交易的公平性和有效性。两者相互支持，共同推动航空行业实现国际合作和竞争。例如，根据《碳抵消与减排计划》，从 2021 年开始，中国航空企业要对其国际航线的碳排放进行监测、报告和核查。根据 ICAO 的计划，从 2027 年开始，政府将要求所有航空公司使用 SAF，以大幅减少碳排放。因此从 2027 年开始，中国航空企业将面临使用 SAF 的要求，以减少国际航线的碳排放增量，并通过国际合作和政策支持来实现这一目标。

2. 技术层面

（1）碳交易机制与节能减排政策的相互作用

碳交易机制可以刺激我国航空行业加快技术创新和转型，推动航空节能减排技术的研发和应用，包括飞机设计、发动机性能、航空燃料、飞行管理等方面。节能减排政策可以为碳交易机制提供技术指导和监督，通过为航空节能减排技术设定技术路线和评价体系，引导航空企业选择和采用合适的技术方案，保证航空节能减排技术的质量和效果。两者相互促进，共同提升中国航空行业的技术水平和竞争力。例如，根据《民航绿色发展专项规划》，到 2035 年，中国航空行业要实现飞机设计的绿色化、发动机性能的优化、航空燃料的清洁化、飞行管理的智能化等技术目标。这些目标可以通过碳交易机制和节能减排政策的相互作用来实现。

（2）碳交易机制与可持续航空燃料政策的相互作用

碳交易机制可以为 SAF 的发展提供技术需求和创新动力，促进航空企业参与 SAF 的研发和推广，提高 SAF 的技术水平和市场占有率。可持续航空燃料政策可以为碳交易机制提供技术平台和示范效应，通过为 SAF 的研发和推广提供技术支持和示范项目，提高 SAF 的技术成熟度和市场认可度。两者相互促进，共同推动航空行业实现技术创新和绿色转型。例如，根据《中国的可持续航空燃料——航空业碳中和之路》报告，到 2030 年，中国航空行业要实现 SAF 的多元化、规模化、商业化和国际化等技术目标。这些目标可以通过碳交易机制和可持续航空燃料政策的相互作用来实现。

（3）碳交易机制与国际航空减排机制的相互作用

碳交易机制可以为国际航空减排机制提供技术基础和对接条件，通过与 ICAO 的《航空活动碳排放监测、报告和核查指南》（《MRV 指南》）等机制进行互联互通，实现国际航空碳排放的监测、报告、核查和抵消，满足国际航空减排的义务和承诺。

3. 成本层面

（1）碳交易机制与节能减排政策的相互作用

碳交易机制可以为航空企业提供节能减排的经济激励和成本补偿，通过为碳排放权的买卖提供市场价格和交易平台，使航空企业可以通过出售多余的碳排放权或购买更便宜的碳排放权来降低节能减排的成本负担，提高节能减排的经济效益。节能减排政策可以为碳交易机制提供成本控制和效率提升，通过为航空企业提供节能减排的技术指导和政策支持，使航空企业可以通过采用更先进的节能减排技术或参与更有效的节能减排项目来降低碳交易的成本支出，提高碳交易的效率和收益。两者相互促进，共同降低航空行业的节能减排成本和碳交易成本。例如，根据《民航绿色发展专项规划》，到 2035 年，中国航空行业的节能减排投资要达到 1000 亿元，节能减排收益要达到 2000 亿元。这些目标可以通过碳交易机制和节能减排政策的相互作用来实现。

（2）碳交易机制与可持续航空燃料政策的相互作用

碳交易机制可以为 SAF 的发展提供成本优势和市场竞争力，通过为碳排放权的买卖提供市场价格和交易平台，使航空企业可以通过使用 SAF 来减少碳排放权的需求和支出，或通过出售多余的碳排放权来增加 SAF 的收入和回报，从而缩小 SAF 与传统航空燃料的成本差距，提高 SAF 的市场吸引力。可持续航空燃料政策可以为碳交易机制提供成本补贴和市场保障，通过为 SAF 的生产和使用提供政策倾斜和支持，使航空企业可以通过享受 SAF 的税收优惠或补贴来降低 SAF 的成本负担，或通过参与 SAF 的强制混合或配额制度来保证 SAF 的市场需求和销售，从而增加 SAF 的成本效益和市场份额。两者相互促进，共同降低航空行业的 SAF 成本和碳交易成本。例如，根据《中国的可持续航空燃料——航空业碳中和之路》报告，到 2030 年，中国航空行业的 SAF 成本要降低到传统航空燃料的 1.5 倍以下，到 2050 年要降低到传统航空燃料的 1.2 倍以下。这些目标可以通过碳交易机制和可持续航空燃料政策的相互作用来实现。

（3）碳交易机制与国际航空减排机制的相互作用

碳交易机制可以为国际航空减排机制提供成本节约和收益增加，通过与 ICAO 的 CORSIA 等机制进行互联互通，使航空企业可以通过在不同的碳市场之间进行碳排放权的买卖，寻找最低成本的碳排放权或最高收益的碳排放权，从而降低国际航空碳排放的抵消成本或增加国际航空碳排放的抵消收益，提高国际航空碳排放的抵消效率和收益。国际航空减排机制可以为碳交易机制提供稳定的成本并扩展市场，通过与其他国家和地区的碳交易机制进行对比和协商，使航空企业可以通过参与更大的碳市场，享受更多的碳排放权的供给和需求，从而稳定碳交易价格或扩大碳交易的市场规模，提高碳交易的稳定性和扩张性。两者相互支持，共同降低航空行业的国际航空碳排放抵消成本和碳交易成本。例如，根据《碳抵消与减排计划》，到 2035 年，中国航空企业预计需要购买约 1.2 亿吨的碳排放权或碳抵消额，以抵消其国际航线的碳排放增量。这些需求可以通过碳交易机制和国际航空减排机制的相互作用来降低成本和增加收益。

四 中国航空行业参与全国碳市场的展望

中国航空行业参与全国碳市场的主要方式是通过碳排放权的买卖来实现碳排放的控制和抵消。航空行业的碳排放权分配采用基准线法，即根据航空公司的运营机型、飞行里程、载客率等因素，确定每个航空公司的碳排放基准和免费配额。超过免费配额的碳排放，需要通过购买碳排放权来抵消；低于免费配额的碳排放，可以通过出售碳排放权来获得收益。碳排放权的价格由市场供求决定，预计会随着碳市场的成熟和碳减排目标的提高而逐渐上升。

本报告基于北京、上海和广东碳市场试点纳入航空行业的经验，从碳配额分析、数据、交易平台发展、监测、公平性等角度分析中国航空行业参与全国碳交易机制的展望。

（一）碳配额分析

航空业的碳排放量占全国总排放量的比重较低，但是随着航空运输的快速发展，其碳排放压力也在不断增加。因此，航空业的碳配额分配应该考虑其发展需求和减排潜力，同时也要避免过度分配或过度收缩，保持碳市场的稳定性和有效性。航空业的碳配额分配可以参考欧盟排放交易体系（EU ETS）的经验，采用基准线法，根据航空公司的运营效率、航线结构、飞机类型等因素确定其碳排放基准，然后根据碳市场的减排目标和折减因子确定其碳配额总量。

（二）数据监测

航空业碳排放数据的准确性和可靠性是碳市场交易的基础，也是评估碳市场效果的重要依据。因此，航空业应该建立和完善碳排放数据的 MRV 体系，按照统一的标准和方法收集、汇总、核实并公布其碳排放数据，确保数据的真实性、完整性和一致性。航空业碳排放数据的MRV体系可以借鉴ICAO的《MRV指南》，并结合国内的实际情况进行适当调整和完善。

（三）交易平台发展

航空业的碳市场交易应该利用现有的全国碳市场交易平台，避免建立独立的航空碳市场，以实现碳市场的统一和规范。航空业的碳市场交易可以参考国内外碳市场交易的规则和经验，制定适合航空业特点的交易规则和机制，包括交易主体的资格认定、交易方式的选择、交易价格的形成、交易信息的披露等。航空业的碳市场交易应该注重与国际碳市场的互联互通，尤其是与欧盟碳市场的对接，以实现碳市场的开放和竞争。

（四）公平性保障

航空业的碳市场交易应该兼顾公平性和效率性，既要促进航空业的低碳转型，又要保护航空业的发展权益。因此，航空业的碳市场交易应该考虑航空业的发展阶段、区域差异、结构调整等因素，给予航空业一定的政策倾斜和支持，包括适当的免费配额、补贴、优惠税收等。航空业的碳市场交易应该遵循“共同但有区别的责任”和“能力原则”的原则，反对任何形式的碳关税和碳泄漏措施，维护航空业的公平竞争和国际合作。

中国航空行业参与全国碳市场主要影响航空公司的经营成本和收入。但碳交易也会给航空公司带来一定的收入，尤其是对于碳排放较低的航空公司，可以通过出售多余的碳排放权获得额外的收益。碳交易对航空公司的净收益的影响，取决于碳排放权的价格、航空公司的碳排放水平和碳减排能力等因素。碳交易可以为航空行业提供碳减排的经济激励和市场信号，刺激航空公司加快技术创新和结构优化，提高航空运输的能源效率和环境友好性。碳交易也可以为航空行业提供碳减排的国际合作和竞争平台，增强航空公司的国际竞争力和社会责任感。碳交易可以为航空行业带来更多的绿色发展机遇和潜力，实现航空运输与生态环境的和谐共生。

参考文献

巴云雨、陈俣秀：《基于公平原则的航空公司碳排放配额分配研究》，《科技和产业》2024 年第 9 期。

高志宏：《“双碳”目标下航空碳排放国际规则的中国因应》，《政法论丛》2023 年第 4 期。

高志宏：《国际航空碳排放体系构建的中国应对》，《中国政法大学学报》2022 年第 2 期。

高志宏：《欧盟航空碳排放交易指令的法理评析与中国应对研究》，《南京航空航天大学学报》（社会科学版）2022 年第 2 期。

李玲玲、郭晓阳、韩瑞玲、李宗哲：《基于双碳目标的中国航空碳排放峰值预测分析》，《河北地质大学学报》2023 年第 5 期。

李玲玲、韩瑞玲、张晓燕：《中国航空碳排放及其效率时空演化特征分析》，《生态学报》2022 年第 10 期。

罗凤娥、杨思瀚、甘琦、舒傲霜、张鑫：《多情景下中型航空公司碳排放预测研究》，《环境保护科学》2024 年第 1 期。

罗润三：《减排市场机制下我国航空货运碳减排影响机理分析》，《滨州学院学报》2021 年第 2 期。

孟小桦：《基于气候变化国际法视角论欧盟航空碳排放交易机制的非正当性及应对之策》，《西南林业大学学报》（社会科学）2022 年第 2 期。

田翠香、徐畅：《碳交易机制下企业履约成本及其影响因素分析——基于航空服务企业的案例》，《财会月刊》2020 年第 3 期。

田利军：《国际航空碳抵消与减排机制对碳排放的影响研究：来自中国 MRV 阶段的证据》，《南华大学学报》（社会科学版）2023 年第 1 期。

王翔宇、刘英杰：《航空碳排放计算方法》，《航空动力》2023 年第 2 期。

徐鑫、尤倩、张峥、张苾药、伯鑫、王昭桐：《碳达峰情景下中国民用航空机场大气污染物及碳排放清单研究》，《环境科学学报》2024 年第 7 期。

杨扬、郭挂梅：《基于超效率 SBM 模型的航空企业碳排放效率研究》，《环境工程技术学报》2023 年第 5 期。

张丽英、巩文昊：《欧盟航空碳排放交易体系：发展逻辑、适用困境与中国因应》，《国际经济法学刊》2024 年第 1 期。

赵梓含、杨省贵、谭颖：《民航业碳排放预测》，《河北环境工程学院学报》2024 年第 2 期。

区域篇：区域碳市场建设与绿色低碳发展

北京市碳市场建设与绿色低碳发展

唐人虎　杨玲燕　林立身*

摘　要：　本报告首先梳理了北京市碳市场体系与基础能力建设情况，发现已经形成了以碳排放配额、CCER为基础，绿色出行减排量等多种产品共存的市场格局，产品日益丰富，绿色金融市场体系日益完善。其次全面总结了北京市推进绿色低碳发展的举措和取得的成就，北京市在组织领导和顶层设计，推动区域、城市、农村、园区、社区、生态涵养区协同发展，提升能源利用效率、推动能源绿色低碳转型，促进产业绿色低碳转型，培养绿色生活社会共识，以及控制温室气体排放等方面协同推进了区域的绿色低碳发展，且取得了显著的成效。最后从能源、城乡、交通、产业、生态和温室气体等六方面提出未来的发展路径。

* 唐人虎，北京中创碳投科技有限公司董事长，高级工程师，主要研究方向为碳核算；杨玲燕，北京中创碳投科技有限公司政府事业部副总经理，工程师，主要研究方向为低碳经济；林立身，北京中创碳投科技有限公司碳排放交易首席分析师，工程师，主要研究方向为碳金融。

关键词： 碳市场　绿色低碳转型　城市副中心　北京市

一　北京市碳市场体系与基础能力建设

（一）北京市碳市场体系与基础能力建设

作为全国首批开展的7个试点碳市场之一，北京试点碳市场自2013年开市以来已平稳运行10余年，覆盖近1300家单位，碳排放总量占全市一半以上，形成了政策制度完善、参与主体多元、交易活跃度高、碳价激励约束作用显著的碳交易体系。截至2024年上半年，累计成交超过1亿吨，成交额超过41亿元，成交量、成交额都居于国内试点碳市场前列，纳入管理单位的碳排放管理水平和碳排放下降率明显优于全市平均水平。[①] 形成了以碳排放配额、CCER为基础，绿色出行减排量等多种产品共存的市场格局，包括回购融资、置换等在内的多种交易结构也日趋成熟，市场主体日益多元化。碳交易机制的运行，有力促进了北京市碳排放总量和强度的下降。北京市积极参与全国碳交易体系建设，承建全国温室气体自愿减排交易机构，在生态环境部指导下，组织完成CCER系统开发建设，以及交易规则的制定。

（二）产品日益丰富

1. 绿电碳排放量核算新规推动电-碳市场联动

在地方层面，电-碳市场协同开展了一些探索性工作，北京、上海、天津、湖北等已出台政策，规定了绿电在碳交易企业外购电间接排放中扣除或抵消一定比例碳排放量的相关要求。不同的是，天津绿电和绿证都在抵扣范围内，北京仅允许绿电抵扣，上海的抵扣范围为省间绿电交易。

2023年4月21日，北京市生态环境局发布《关于做好2023年本市碳

① 《碳市场运行10年 覆盖1300家单位 碳排放总量占全市一半以上 全国低碳城市试点评估北京第一》，《北京日报》2023年11月28日。

排放单位管理和碳排放权交易试点工作的通知》，统筹安排了2023年北京市碳排放单位管理和碳交易的相关工作。其中“重点碳排放单位通过市场化手段购买使用的绿电碳排放量核算为零”的规定，对于企业外购电力所产生的间接排放核定具有重要影响，可能显著降低用电大户的碳排放量核算结果，并进一步增强绿电交易审核和认证的重要性。该措施进一步促进了绿电市场与碳市场的联动，为两者建立起协同机制提供了新方向。

2. 氢能领域碳减排项目将作为碳排放抵消产品

北京发布了全国首个面向车用氢能领域的碳减排方法学，鼓励交通领域降碳减污。基于此方法学，由大兴区相关企业牵头，借助京津冀智慧氢能大数据平台，实时监控氢燃料电池汽车运行情况、核算减碳成效，预计每年碳减排量达2.4万吨，这也将成为全国第一个具备落地资格的氢能领域碳减排项目，经审定签发的减排量可作为碳排放抵消产品，参与北京碳市场交易，产生的收益返还车辆所属企业，形成良性循环。

3. 依托碳市场打通碳普惠和碳交易

北京市依托碳市场，创新性打通了碳普惠和碳交易。碳普惠平台收集的公众低碳出行碳减排量，经审定后，可在北京试点碳市场交易，用于重点碳排放单位配额清缴抵消或主动履行减碳社会责任。截至2023年9月，共签发低碳出行碳减排量12.7万吨，大部分已出售至重点碳排放单位用于碳排放履约，所得资金通过碳普惠平台回馈参与低碳出行的公众，形成可持续的良性循环。①

（三）绿色金融市场体系日益完善

2023年2月，“北京城市副中心建设国家绿色发展示范区——打造国家级绿色交易所”正式启动，以“双碳”目标引领经济发展向绿色低碳转型，加快建设绿色金融和可持续金融中心。绿色交易所作为专业化市场平台，通

① 《碳市场运行10年 覆盖1300家单位 碳排放总量占全市一半以上 全国低碳城市试点评估北京第一》，《北京日报》2023年11月28日。

过将碳排放外部性内部化，排碳部门需要承担起碳排放造成的社会负面成本，推动企业提升生产工艺和技术，提升生产效率，减少碳排放。绿色交易所有助于促进碳交易、排污权交易等，探索用市场机制推进节能减排的创新途径；绿色交易所也将促进绿色金融产品创新发展，并推动绿色技术进步，有效降低绿色能源等成本，让企业绿色生产工艺有利润，居民绿色消费物美价廉，促进绿色经济良性循环。同时，碳价信号越显著，对低碳技术创新的诱导作用就越强，越能激发企业开发和使用低碳技术的意愿，进而更好推动碳达峰碳中和。将绿色交易所升级为面向全球的国家级绿色交易所将吸引更多国际投资者进入中国碳市场投资，积极促进绿色金融领域的国际合作。

绿色交易所启动后，通州区政府与国家发展和改革委员会价格成本调查中心签约，通州区运河商务区管委会与北京绿色交易所、北京 ESG 研究院签约，北京绿色交易所分别与通州区生态环境局等国家首批气候投融资试点代表地区政府主管部门、中国工商银行股份有限公司等部分金融机构、中国金融电子化集团有限公司等部分行业机构签约。中国人民银行北京市分行充分发挥“碳减排支持工具”“京绿融”“京绿通”等结构性货币政策工具引导撬动作用，使更多信贷资源向绿色领域聚集。截至 2024 年第一季度末，北京市绿色信贷余额达 2.05 万亿元，同比增长 24%，其中绿色建筑贷款余额超 2850 亿元，同比增长 36%。[①] 2024 年 1~5 月，人民银行北京市分行累计发放“京绿通”“京绿融”货币政策工具超 38.5 亿元。[②]

二　北京市推进绿色低碳发展的举措和创新实践

（一）加强组织领导和顶层设计

1. 加强组织领导，强化实施保障

2021 年，按照国家统筹部署，北京市按国家有关规定开展碳达峰评估，

① 《加大信贷支持力度　绿色金融“贷动”建筑业绿色发展》，《北京日报》2024 年 7 月 2 日。

② 《首都金融有新招：加大支持力度“贷”动绿色建筑发展》，《新京报》2024 年 7 月 12 日。

并研究制订本市碳中和行动纲要。2022 年，北京市成立了碳达峰碳中和工作领导小组，市委副书记、市长任市碳达峰碳中和工作领导小组组长，负责统筹协调“双碳”领域各项工作，研究部署本市重点工作任务。在市碳达峰碳中和工作领导小组全体会议上，提出要进一步健全完善制度机制和政策体系，持续推进工业绿色低碳转型，推动建筑领域绿色低碳智能发展，结合交通综合治理大力发展绿色智慧交通，加快构建清洁低碳、安全高效的能源体系；坚持节约优先，深入开展节能宣传，党政机关要发挥示范作用，积极发动群众参与，推动全社会形成节能环保、绿色低碳的良好氛围；要充分发挥北京科技创新优势，推出更多科技创新成果，为国家实现“双碳”目标提供科技支撑、作出北京贡献。

2. 搭建政策体系框架，设定主要目标

2022 年，北京市人民政府根据国家有关碳达峰碳中和工作的总体部署和有关要求，印发《北京市碳达峰实施方案》，积极推动全市在已有良好基础上，有序做好碳达峰碳中和相关工作，加快推进经济社会发展全面绿色转型，努力在全国碳达峰碳中和行动中发挥示范引领作用。此文件也是“1+N”政策体系搭建中最重要的“1”；N 包括了多项各个领域的碳达峰具体方案和保障性政策措施。

《北京市碳达峰实施方案》聚焦“十四五”和“十五五”两个经济社会全面绿色转型的关键期，提出了提高非化石能源消费比重、提升能源利用效率、降低二氧化碳排放水平等主要目标。其中，“十四五”期间，提出单位地区生产总值能耗和二氧化碳排放持续保持省级地区最优水平，安全韧性低碳的能源体系建设取得阶段性进展，绿色低碳技术研发和推广应用取得明显进展，具有首都特点的绿色低碳循环发展的经济体系基本形成，碳达峰碳中和的政策体系和工作机制进一步完善。到 2025 年，可再生能源消费比重达到 14.4%以上，单位地区生产总值能耗比 2020 年下降 14%，单位地区生产总值二氧化碳排放下降确保完成国家下达目标。“十五五”期间，提出单位地区生产总值能耗和二氧化碳排放持续下降，部分重点行业能源利用效率达到国际先进水平，具有国际影响力和区域辐射力的绿色技术创新中心基本建成，经济社会发展全面绿色转型取得显著成效，碳达峰碳中和的法规政策标准体系基本健全。到 2030 年，可再生能源消费比重达到 25%左右，单位地区生产总值二氧化碳排放确保完成国家下达目标，确保如期实现 2030 年前碳达峰目标。

在此之前，2022 年 7 月，北京市生态环境局等机构联合北京市发展和改革委员会印发《北京市“十四五”时期应对气候变化和节能规划》明确提出，成立市委生态文明建设委员会，下设大气污染综合治理及应对气候变化工作小组、推动形成绿色发展方式和生活方式工作小组，建立了各区和各部门相互协作的工作机制。将能源消费和碳排放总量与强度目标分解到各区、各行业主管部门，并按年度进行考核。强化标准的规范约束作用，累计在建筑、交通、工业等领域出台近百项节能降碳地方标准。加强能源和碳排放统计核算能力建设，初步建立了市、区两级碳排放核算体系。在“十四五”开局年，北京在全国率先实行碳排放总量和强度“双控”机制，推动能耗“双控”向碳排放总量和强度“双控”转变，并完善碳排放总量和强度“双控”目标责任制度，确保单位地区生产总值二氧化碳排放下降达到国家要求，深化碳市场建设。

2023~2024 年，北京各区政府陆续发布《大兴区碳达峰实施方案》《东城区碳达峰实施方案》《昌平区碳达峰实施方案》《朝阳区碳达峰实施方案》《门头沟区碳达峰实施方案》《北京市丰台区碳达峰实施方案》《海淀区碳达峰实施方案》等，全力推动碳达峰在区相关工作落实落地。

（二）推动区域、城市、农村、园区、社区、生态涵养区协同发展

1. 深化落实城市功能定位，推动经济社会发展全面绿色转型

北京市强化绿色低碳发展规划引领，已将碳达峰碳中和目标要求全面融入国土空间规划、国民经济社会发展中长期规划和各级各类规划当中。

2021 年 1 月，《北京市国民经济和社会发展第十四个五年规划和 2035 年远景目标纲要》中明确了到 2035 年“碳排放率先达峰后持续下降，碳中和实现明显进展”的远期目标、“十四五”时期“碳排放稳中有降，碳中和

迈出坚实步伐，为应对气候变化做出北京示范”的近期目标，且单位地区生产总值能耗降幅和单位地区生产总值二氧化碳排放降幅均达到国家要求。其他各级各类规划也均融入了碳达峰碳中和目标，并加强了衔接协调，确保各区、各领域目标和行动协调一致。

2021 年 12 月，《北京市“十四五”时期生态环境保护规划》提出更加具体明确的低碳发展目标和行动，“到 2025 年，碳排放总量率先实现达峰后稳中有降，较峰值下降 10%以上（不含航空客货运输碳排放），单位地区生产总值二氧化碳排放下降 18%左右，可再生能源消费比重达到 14%左右”。“落实碳达峰、碳中和国家重大战略部署，明确碳中和时间表、路线图，实施二氧化碳排放控制专项行动，强化大气污染物与温室气体协同控制，促进经济社会发展全面绿色转型”。

2022 年 5 月，《北京市“十四五”时期能源发展规划》中提出“合理控制能源消费总量，确保能源消费总量控制在 8050 万吨标准煤左右，二氧化碳排放总量率先达峰后稳中有降，单位地区生产总值能耗、二氧化碳排放降幅达到国家要求”。《北京市“十四五”时期交通发展建设规划》和《北京市“十四五”时期城市管理发展规划》分别从交通和城市建设领域提出各自的“双碳”规划目标，交通领域提出“以满足城市客货运输基本需求为前提，以减少交通碳排放、构建超低排放区为目标，以能源结构调整为主线，加快推进交通行业碳达峰碳中和进程，增强交通运输持续健康发展能力”，城市建设领域提出“电能消费占终端能源消费比重力争达到 29%，外调绿色电量力争达到 300 亿千瓦时，单位建筑面积供热能耗比 2020 年下降 10%左右”等具体目标。

2022 年 2 月，北京市规划和自然资源委员会发布《北京市国土空间近期规划（2021—2025 年）》，第五章内容为“贯彻碳达峰、碳中和重大决策部署，积极培育绿色发展新动能”，提到要“深入实施疏解整治促提升专项行动，聚焦打好大气污染防治攻坚战，大力推动压减燃煤和清洁能源设施建设，能源结构调整实现新突破，基本实现二氧化碳排放总量达峰目标，实现碳排放总量达峰后稳中有降，以力争实现碳中和为目标，因地制宜，分类施策，将‘双碳’要求融入首都规划建设管理之中”。

2. 实施京津冀协同发展战略，推进北京非首都功能疏解

深化京津冀联建联防联治，完善协作机制、深化协同内容、拓展协同领域。2017年以来，连续七年开展秋冬季大气污染综合治理攻坚行动，修订发布空气重污染应急预案，共同应对区域性空气污染过程。京冀实施潮河流域生态环境保护综合规划，签订官厅水库上游永定河流域水源保护横向生态补偿协议。

2022年底，在第二十五届北京·香港经济合作研讨洽谈会上，北京与香港签订《深化京港科技协同创新合作备忘录》，推动北京绿色丝绸之路创新服务基地授牌等成果的达成，聚焦共建绿色丝绸之路，推动两地携手开拓“一带一路”节能环保、清洁能源、新能源和可再生能源等领域国际市场，促进绿色产业国际双向投资合作。

2017年，《北京城市总体规划（2016—2035年）》发布，明确提出要构建“一核一主一副、两轴多点一区”的城市空间结构，着力改变单中心集聚的发展模式。京津冀协同发展战略实施以来，领导小组办公室会同各有关方面坚持严控增量与疏解存量相结合，内部功能重组与向外疏解转移双向发力，推进北京非首都功能疏解取得阶段性成效。一是北京非首都功能增量得到严控。按照“能不增则不增、能少增则少增”的总体要求，严格审批北京市域范围内投资项目，一批原本打算在北京新增的非首都功能设在了京外。实施更加严格的产业准入标准，累计不予办理新设立或变更登记业务超过2.3万件。二是部分北京非首都功能存量有序疏解。在严格控制增量的同时，推动一批区域性批发市场、一般制造业企业、学校、医院等非首都功能有序疏解，发挥示范带动作用。2014年至2021年中期，已有20多所北京市属学校、医院向京郊转移，疏解一般制造业企业累计约3000家，疏解提升区域性批发市场和物流中心累计约1000个。根据北京市人民政府《关于本市2022年环境状况和环境保护目标完成情况的报告》，2022年北京市有序推进绿色低碳发展，持续推进疏解整治促提升，印发实施新版产业禁限目录，疏解提升一般制造业企业166家。三是北京非首都功能疏解空间格局加

快构建。推动雄安新区从规划阶段转入大规模建设阶段，近两年加快推进120多个重大项目建设，高峰时期有20多万建设者在紧张有序施工。北京城市副中心加快建设，北京市级机关35个部门共1.2万人搬入副中心办公。首都功能核心区控制性详细规划出台实施，推进首都功能不断优化提升。四是北京经济结构和人口规模得到调整优化。北京非首都功能疏解为“高精尖”经济发展创造了空间，科技、信息等“高精尖”产业新设市场主体占比从2013年的40.7%上升至2020年的60%。不断完善北京人口调控机制，2020年北京常住人口2189.3万人，控制在2300万人以内的目标顺利完成，北京市实现应对气候变化和碳达峰碳中和目标。①

2021年12月，北京市印发《关于促进平原新城高质量发展提升平原新城综合承载能力的实施方案》，平原新城包括顺义、大兴、亦庄、昌平、房山的新城及地区，土地面积约1016平方公里，将平原新城定义为首都面向区域协同发展的重要战略门户和承接中心城区适宜功能、服务保障首都功能的重点地区。通过布局优势主导产业，进一步完善中关村“一区十六园”合作共建科技成果转化机制，推动产业发展，建立新城职住平衡，同时坚持生态立城，打造大尺度生态蓝绿空间，强化留白增绿和大尺度绿化，着力实现每个平原新城至少建设1处成规模的城市森林公园。推进狼垡城市森林公园、温榆河湿地公园（一期）、奥北森林公园等一系列城市森林公园建设。

3. 推进多层次多类型低碳试点建设

2022年，北京市生态环境局、市经济和信息化局、市住房城乡建设委、市城市管理委、市交通委、人行营业管理部、市金融监管局等七部门联合印发《北京市“十四五”时期低碳试点工作方案》，提出通过在各区、各有关部门开展先进低碳技术试点、低碳领跑者试点、气候友好型区域试点及气候投融资试点等多层次多类型的低碳试点工作，探索差异化减缓和适应气候变

① 《推进北京非首都功能疏解取得新突破——专访京津冀协同发展领导小组办公室有关负责人》，新华社，2021年7月30日。

化的技术路径和工作机制，为研究制定应对气候变化政策、推动绿色低碳发展积累经验。目标是到 2025 年，筛选出一批成熟可推广的先进低碳技术，培育一批碳绩效领先的低碳领跑者企业和公共机构，建设一批特色鲜明、绿色低碳的气候友好型区域，凝练总结一批综合性气候投融资政策工具，为研究制定减缓和适应气候变化政策、法规、标准积累经验、提供支撑，为带动全社会践行低碳生产、生活方式提供可借鉴、可复制的样板。

4. 推动绿色社区、园区和农村建设

对于绿色社区和农村的建设，2021 年，北京市 15 个部门联合发布《北京市绿色社区创建行动实施方案》，绿色社区创建步骤分为建立试点、推广示范、巩固提升三个阶段，积极改造提升社区供水、排水、供电、弱电、道路、供气、消防、生活垃圾分类等基础设施，在改造中采用节能照明、节水器具等绿色产品、材料及可再生能源。

2022 年，北京发布北京市地方标准《绿色村庄评价标准》（DB11/T 1977-2022），确定了北京市绿色村庄的定义，建立了绿色村庄的指标体系。从绿色村庄的总体规划、建筑设计、基础设施、能源利用等多个方面，为北京市绿色村庄的创建及发展提供了支撑与引导。2023 年，北京市委办公厅、北京市人民政府办公厅发布《北京市乡村建设行动实施方案》，实施乡村清洁能源建设工程，到 2025 年具备条件的山区村庄基本实现冬季清洁取暖覆盖；在农村新建居住建筑和各类村庄配套服务设施中推广光伏发电应用，建设光伏新村；推广应用太阳能热水系统，在具备条件的特色村镇试点建设“超低能耗建筑+可再生能源供能+智慧能源平台”绿色能源示范村。

城市副中心在全市率先开展“近零碳”示范项目和园区建设。在不断优化调整能源结构的同时，在建筑、公交等领域大力推广绿色标准和节能技术应用。无论是综合枢纽站还是普通住宅项目，新建建筑均 100% 执行绿色建筑标准，大型公共建筑必须执行二星以上绿色建筑标准。宋庄镇的国风尚城共有产权房项目是实现了“冬暖夏凉”的超低能耗建筑；城市绿心森林公园所有配套建筑的能源供应有 40% 来自地源热泵系统，同时通过采用屋顶光伏+储能交直流微网技术，为建筑供应绿色电力，预计年发电量约 46

万千瓦时，在地源热泵和光伏发电的双重作用下，绿心公园每年可节约标煤超过五千吨，减少二氧化碳排放 1.3 万吨，实现高比例可再生能源、低碳排放的目标；在建的城市副中心综合交通枢纽、人民大学通州校区、张家湾设计小镇等重点项目，均设有绿色开放共享空间。

5. 推进生态涵养区建设，巩固提升生态系统碳汇能力

生态涵养区作为首都“大氧吧”“大花园”，是首都的生态屏障和水源保护地，在城市空间布局中处于重要地位。市委市政府印发针对“两山三库五河”的生态保护和绿色发展，2018 年和 2022 年发布《关于推动生态涵养区生态保护和绿色发展的实施意见》，2021 年发布《北京市生态涵养区生态保护和绿色发展条例》，2023 年发布《关于新时代高质量推动生态涵养区生态保护和绿色发展的实施方案》。碳汇方面统筹推动建设空间减量和生态空间增量，对森林覆盖率和森林蓄积量、中心城区绿色等提出具体指标要求。碳汇方面要求森林覆盖率持续增长。

2022 年，通州区成为全国首批林业碳汇试点城市，是北京市唯一的入选区。2024 年 1 月，发布《北京城市副中心（通州区）林业碳汇试点建设三年行动方案（2023—2025 年）》，林业碳汇试点建设工作在机制建立、任务落实、宣传推广等方面稳步推进。2024 年，发布《北京城市副中心（通州区）园林绿化应对气候变化三年行动计划》，瞄准六大方向、通过 16 项重点行动、实施 52 项具体措施，全面推进地区碳增汇和碳减排，预计到 2025 年，副中心森林覆盖率将达到 34.6%，城市绿化覆盖率达到 55%，人均公园绿地面积达到 20 平方米，公园绿地 500 米服务半径覆盖率达到 95%，湿地保有量 6224 公顷，森林蓄积量达到 190 万立方米，森林植被碳储量达到 81.43 万吨、碳储量年增长率超过 3%。

（三）持续提升能源利用效率，全面推动能源绿色低碳转型

“十四五”时期，是北京市落实国家碳中和战略、谋划本地碳中和路径的关键时期。具体措施上，北京重点聚焦能源活动的碳中和，主要围绕“净煤、减气、少油、节能、多绿电”开展精准治理，即通过功能疏解、提

升能效和可再生能源替代，大幅削减二氧化碳排放总量。

在持续提升能源利用效率，全面推动能源绿色低碳转型方面，2019 年，北京市发展和改革委会同市规划和自然资源委、市城市管理委、市住房城乡建设委、市生态环境局、市水务局、市科委、市统计局共 8 个单位联合制定《关于进一步加快热泵系统应用推动清洁供暖的实施意见》，明确提出热泵等可再生能源是本市未来清洁能源发展的重要方向，大力推广热泵系统应用对创新供暖发展模式，持续优化能源结构，引领能源转型，推动能源系统高质量发展。到 2022 年，全市 8%左右供热由热泵供给，平均每年可减少燃煤、燃气等化石能源消耗量折合标准煤约 100 万吨，减排二氧化碳 240 万吨。

为加快能源绿色低碳转型，推动以新能源为主体的新型电力系统建设，2020 年市发展改革委与市财政局、市住房城乡建设委联合印发《关于进一步支持光伏发电系统推广应用的通知》，提出在全面支持光伏发电发展的基础上，按照高水平设计、高标准建设、高质量应用的原则，重点在民生、工商业、乡村、基础设施、公共机构等领域发展光伏应用，鼓励实施阳光惠民、阳光园区、阳光商业、阳光乡村、阳光基础设施和阳光公共机构六大阳光工程。2021 年市发展改革委、市城市管理委员会同相关部门共同研究制定《北京市可再生能源电力消纳保障工作方案（试行）》，为全市可再生能源电力消纳责任落实提供依据，在保障首都供电稳定与电力安全的基础上，推动形成积极消纳可再生能源电力的社会氛围。

为充分发挥节能的“第一能源”作用，2021 年市委常委会审议通过了《北京市进一步强化节能实施方案》，以进一步保障首都能源安全平稳高效运行为目的，提出了本市进一步强化节能工作的十条措施。2021 年和 2022 年，北京市发展改革委会同市城市管理委联合编制了《北京市 2021 年能源工作要点》《北京市 2022 年能源工作要点》，全面梳理制定了北京市年度能源发展的总体要求、主要目标、重点任务和重大项目，提出“统筹兼顾保障能源安全和推进转型变革，持续优化能源结构”，并提出 2022 年“可再生能源占能源消费比重力争达到 12%，可再生能源电力消纳比重不低于

19%，优质能源消费比重达到98%以上；电网综合线损率力争下降到4%；进一步提升能源安全韧性水平，基本建成首都坚强局部电网；持续提升天然气应急储备能力，按照国家要求落实北京市成品油储备任务”等具体目标。

2022年6月，北京市发展改革委发布《北京市可再生能源替代行动方案（2023—2025年）》，指出到2025年，全市可再生能源发电装机规模达到435万千瓦左右，可再生能源耦合供热服务面积达到1.45亿平方米左右，外调绿色电力规模力争达到300亿千瓦时，占全社会用电量比重达到21%左右，新建重点区域可再生能源利用比重原则上不低于20%。加快重点领域可再生能源开发利用，实施阳光园区、阳光惠民、阳光基础设施、阳光乡村、阳光商业、阳光公共机构等六大阳光工程，推进浅层地源热泵、再生水源热泵、中深层地热能、垃圾焚烧发电余热、空气源热泵、太阳能热水等六大暖民工程，推动氢能创新应用、生物质能高效利用、风电项目建设、水电设施更新改造、重点区域可再生能源高质量应用以及重点行业扩大可再生能源应用等重点工程。

（四）促进产业绿色低碳转型，构建绿色低碳经济体系

1. 调整产业结构，促进制造业绿色低碳转型

在产业结构调整方面，2021年7月，《北京市“十四五”时期高精尖产业发展规划》发布，推动建设形成以智能制造、产业互联网、医药健康等为新支柱的现代产业体系，促进产业上下游贯通，构建研发、制造、服务等各环节联动迭代的新链条，同时提出“以推动绿色低碳发展、加速实现碳中和为目标，以智慧能源为方向，以氢能全链条创新为突破，推进新能源技术装备产业化，打造绿色智慧能源产业集群”“增强高精尖产业自主可控能力。突破产业链升级的瓶颈，提升北京企业在产业链关键环节的自主创新能力，加快新技术新产品研制突破进程”。

为促进制造业绿色低碳高质量发展，2022年6月，北京市经济和信息化局印发《北京市“十四五”时期制造业绿色低碳发展行动方案》，方案制定的总体思路是，以制造业高质量发展为主题，以供给侧结构性改革为主

线，以能源结构优化和资源能源高效利用为重点，以全产业链和产品全生命周期绿色提升为抓手，以绿色低碳管理服务长效机制为保障，逐步构建产业绿色低碳化与绿色低碳产业化相互促进、深度融合的现代化产业格局。推动产业结构深度优化。

2022 年 12 月，北京市国资委出台《市管企业碳达峰行动方案》，从推动构建绿色产业体系、打造低碳能源体系、强化科技创新支撑等 7 个维度提出 25 条措施，督促指导市管企业积极践行绿色北京发展战略，大力推进节能降碳工作，进一步推动市管企业完整、准确、全面贯彻新发展理念，建立绿色低碳循环发展经济体系，全力推动国有经济绿色低碳发展，为北京全面实现碳达峰碳中和目标贡献国企力量。

2024 年 4 月，北京市经济和信息化局发布《北京市促进制造业和信息软件业绿色低碳发展的若干措施》，提出推动强化绿色低碳发展理念，推动企业园区绿色低碳改造提升，梯度培育促进企业全面绿色达标，推动构建绿色产业链供应链，引导提升可再生能源电力消纳水平，协同推进京津冀区域产业绿色发展，打造绿色低碳增长新动能，强化绿色金融支撑作用。强调要加强氢能、储能领域先进技术、材料和装备研发，加快新型电力系统技术研发应用，推动产业化项目落地；大力发展新能源智能网联汽车，聚焦纯电动、氢燃料电池、智能网联等新兴领域，支持多品种、多技术路线并行发展；推动工业互联网、大数据、人工智能、第五代移动通信等新兴技术与绿色低碳产业深度融合，形成产业增长新动能。

2. 大力推动建筑领域绿色低碳转型

2022 年 3 月，北京市发布《北京市人民政府办公厅关于印发〈北京市深入打好污染防治攻坚战 2022 年行动计划〉的通知》，指出要加快制修订公共建筑节能设计标准、超低能耗公共建筑设计标准。落实建筑节能减碳工作方案，新建政府投资建筑按照超低能耗建筑标准建设，加强公共建筑电耗限额管理。“十四五”期间，建筑方面对装配式建筑占新建建筑面积、累计推广超低能耗建筑规模、新增热泵供暖应用建筑面积等方面提出指标要求。

2022 年 3 月，印发《北京市绿色建筑标识管理办法》的通知，规范北京市绿色建筑标识管理，推动绿色建筑高质量发展。2022 年 6 月，北京市人民政府为进一步推进装配式建筑发展，提升建造水平和建筑品质，发布《关于进一步发展装配式建筑的实施意见》，“十四五”期间，建筑方面对装配式建筑占新建建筑面积、累计推广超低能耗建筑规模、新增热泵供暖应用建筑面积等方面提出指标要求。“十五五”期间，建筑领域碳排放持续下降。2022 年 12 月，北京市碳达峰碳中和工作领导小组办公室发布《北京市民用建筑节能降碳工作方案暨“十四五”时期民用建筑绿色发展规划》。

2023 年 5 月，国家建筑绿色低碳技术创新中心正式成立，以降低建筑碳排放、提高建筑绿色性能为主要目标，对于突破建筑绿色低碳领域技术瓶颈，整合建筑绿色低碳领域产业链创新资源，构建绿色低碳发展新格局具有重要战略意义。2023 年 11 月 24 日，北京市第十六届人民代表大会常务委员会第六次会议通过的《北京市建筑绿色发展条例》自 2024 年 3 月 1 日起施行。条例共 7 章 61 条，分为“总则”“规划与建设”“科技与产业支撑”“引导与激励”“法律责任”等内容，旨在贯彻绿色发展理念，节约资源能源，减少污染和碳排放，提升建筑品质，改善人居环境。

3. 着力构建绿色低碳交通体系

交通行业是减污降碳重点领域。近年来，中国各地构建日趋严格的机动车排放污染防治体系，出台“慢交通”“碳普惠”“低排区”等绿色出行措施，推动交通领域减污降碳。为此，北京逐步构建绿色低碳交通体系，推进车辆“油换电”优化机动车结构。

2020 年，北京市编制《北京市绿色出行创建行动方案》，提出“促进协同融合、做强轨道交通、做优地面公交、做精慢行系统、推广绿色车辆、加强需求管理”等 6 方面任务和相关保障措施，明确“推进绿色出行网络建设”等 24 项具体任务。33 家市级委办局和相关企业共同开展创建行动，落实各项具体任务。

《北京市“十四五”时期生态环境保护规划》提出，“十四五”时期，北京市将从优化出行结构、优化运输结构、优化车辆能源结构等三个方面着力，确保北京交通绿色、低碳、可持续发展。进一步构建便利互通、多网融合的公共交通体系。加密重点功能区轨道交通线网。坚持“宜公则公、宜铁则铁、绿色优先”原则，优化运输结构，积极推进货物运输“公转铁”。优化车辆能源结构，大力推动机动车辆“油换电”，引导、激励存量老旧燃油汽车淘汰更新为新能源汽车，推动本市机动车能源和排放结构的双优化。

2024 年 2 月，《北京城市副中心建设国家绿色发展示范区实施方案》获国务院批复。实施方案提出，坚持“慢行优先、公交优先、绿色优先”，全面建设高效绿色、生态友好的交通网络，开展便捷畅达的绿色交通示范，探索制定以交通领域为重点的低碳城市运行政策措施。要高质量建成站城一体的北京城市副中心站综合交通枢纽，构建安全、连续、舒适的步行系统，沿河、沿绿、沿路建成 1500 公里的自行车和人行步道，打造自行车友好型城市。北京城市副中心将研究建立超低排放区管理体系，建设智慧交通系统，打造绿色出行碳激励应用场景；加快构建便利高效、适度超前的充换电网络体系，提高充电桩（站）覆盖密度，提升新能源汽车电池续航能力和充换电效率。

4. 强化科技创新引领作用，构建绿色低碳经济体系

在强化科技创新引领作用，构建绿色低碳经济体系方面，发挥科技创新在推动绿色低碳发展转型、积极应对气候变化中的支撑作用，

2020 年，北京市发展改革委同北京市科委等部门研究制定了《北京市构建市场导向的绿色技术创新体系实施方案》，提出强化节能领域的科技创新，加大节能技术品牌产品的研发和推广力度，将北京建设成为具有区域辐射力和国际影响力的绿色技术创新中心，并明确重点发展 8 个领域的绿色技术，强化企业在绿色技术创新中的主体地位，加快构建市场导向的绿色技术创新体系，创新主体对绿色技术创新的重点领域、关键环节、空间布局等方向性政策进一步明晰。为更好提高创新主体获得感，2021 年推出绿色技术创新支持政策 2.0 版《北京市关于进一步完善市场导向的绿色技术创新体系若干措施》，明确碳达峰碳中和领域中的风电、氢能、新能源汽车、低功耗半导体和通信、光伏、碳捕集利用和封存、近零能耗建筑、资源循环利用、低碳家居等 9 个重点发展的绿色技术创新方向，截至 2022 年已有 7 项

创新型绿色技术。

2021 年 11 月，《北京市“十四五”时期国际科技创新中心建设规划》提出，聚焦绿色能源与节能环保领域，“在率先实现碳达峰目标后，积极落实国家 2060 年前实现碳中和战略目标，推进氢能、先进储能、智慧能源系统等领域减排降碳关键技术研发攻关。强化碳减排碳中和科技创新，开展低碳、零碳、负碳关键技术攻关。构建碳减排碳中和绿色科技创新体系，打造碳中和技术平台和产业链。聚焦零碳电力、零碳非电能源、原料燃料与工艺替代等，推进能源系统深度脱碳技术变革和外调绿电调峰储能技术攻关，促进工业近零排放和绿色技术替代。开展非二氧化碳温室气体减排技术研究，加强碳汇及二氧化碳捕集、利用和封存（CCUS）相关零碳、负碳排放技术创新”。

2022 年 7 月，北京市生态环境局发布《关于征集 2022 年北京市先进低碳技术试点项目的通知》，公开征集先进低碳技术试点项目。将符合征集范围和主要申报条件的 101 个项目纳入低碳技术试点项目库，实施动态管理；综合考虑申报项目的技术先行性、实施进展、降碳潜力和示范效果，将国家速滑馆低碳技术综合应用等 12 个项目列为 2022 年度先进低碳技术试点优秀项目。

2023 年 10 月，北京市科委、中关村管委会等四部门印发《北京市碳达峰碳中和科技创新行动方案》，从四个方面部署了 35 项重点任务，提出了 6 项具体措施，力争率先实现技术突破，为实现碳达峰碳中和目标贡献科技力量。明确主要目标：到 2025 年与超大型城市特征相适应的碳减排碳达峰科技支撑能力显著提升，碳减排碳达峰科技创新体系基本形成；在 2030 年前形成碳达峰碳中和国家战略科技力量、市级“双碳”科技创新体系与绿色产业技术应用体系相融合的创新发展格局，具有国际影响力和区域辐射力的绿色技术创新中心基本建成。

在绿色农业技术方面，北京市以绿色生态为导向的农业补贴制度不断完善，绿色发展科技创新集成逐步深入。“十三五”时期，全市农业科技进步贡献率已达到 75%。顺义、大兴国家农业绿色发展先行区建设稳步推进，积极引领都市型现代农业高质量发展方向，农业绿色发展从试验试点转向全面系统推进。

（五）培养绿色生活社会共识

在培养绿色生活的社会共识方面，北京市也发布了一系列文件。2020年，《北京市生活垃圾管理条例》和《北京市文明行为促进条例》相继出台，市城市管理委制定《居民家庭生活垃圾分类指引（2020年版）》《居住小区生活垃圾分类投放收集指引（2020年版）》《密闭式清洁站新建改造提升技术指引（2020年版）》三个指引，进一步指导生活垃圾分类投放收集、密闭式清洁站新建改造提升等工作。2022年，市人民政府印发《北京市“十四五”时期城市管理发展规划》，提出绿色低碳循环发展对城市管理有更高要求。2022年，北京举办了“绿色消费·低碳生活”北京绿色生活季，设有绿享生活、绿动京城、绿畅出行、绿唤未来、绿助光盘、绿色金融、绿碳积分、绿游山水八大板块，涵盖食、住、行、游、购等领域。市民参与减碳活动可获得绿碳积分，兑换丰厚奖品，有效提振消费信心，释放绿色消费潜力，推动全民参与碳减排。

（六）控制温室气体排放

1. 建立碳排放总量、强度核算评价机制

强化标准的规范约束作用，北京市加强能源和碳排放统计核算能力建设，初步建立了市、区两级碳排放核算体系。累计在建筑、交通、工业等领域出台近百项节能降碳地方标准。

2023年，北京市生态环境局发布《关于在建设项目环境影响评价中试行开展碳排放核算评价的通告》，决定自2023年8月1日起在本市建设项目环境影响评价中试行开展碳排放核算评价相关工作，鼓励产业园区在开展规划环境影响评价、环境影响跟踪评价以及建设项目环境影响报告表、环境影响后评价中开展碳排放量和碳排放强度的核算评价。主要开展二氧化碳排放的核算评价，鼓励对甲烷、氧化亚氮、氢氟碳化物、全氟碳化物、六氟化

硫、三氟化氮等其他温室气体排放进行核算评价。

2023 年 10 月，北京市市场监管局联合十二部门出台《北京市建立健全碳达峰碳中和标准计量体系实施方案》，实施方案提出七项重点任务、四项重点行动和四项重点工程。目标是到 2025 年，北京市碳达峰碳中和标准计量体系框架基本建立，完成不少于 100 项相关地方标准、团体标准、计量技术规范制修订，开展节能降碳相关计量能力建设，标准、计量在本市碳达峰碳中和中的技术引领和支撑作用持续增强。到 2030 年，碳达峰碳中和标准计量体系进一步健全，节能低碳标准的引领作用得到充分发挥，一批碳计量关键技术瓶颈得以突破，计量支撑碳达峰碳中和能力显著增强。到实现碳中和时，建立起技术水平国际领先、管理体系高效完善、服务能力系统全面的碳中和先进标准计量体系。

2. 加快工程碳移除等先进技术的研发及应用推广

二氧化碳捕集、利用和封存（CCUS）技术是助力实现净零碳、探索解决当前 CCUS 部署有限、二氧化碳运输和储存基础设施有限、现有政策和法规有限以及成本高且不确定等一系列问题的关键技术之一。北京市提出开展二氧化碳捕集与利用耦合创新技术的研究和试点示范，着力提升技术层面的研发能力和水平，建立本市工业部门 CCUS 的总体政策战略和路径，包括必要的研发重点、商业化潜力、激励政策机制和法律框架，鼓励工业行业采用 CCUS 技术，通过大规模建设二氧化碳运输和封存的基础设施的方式降低成本。北京市表示要及时按需建立允许 CCUS 技术大规模部署的监管环境，并尽早建立相应的行业部门，提前研究制定通用的国际化二氧化碳储存标准和准则，帮助行业开发含有二氧化碳的产品，并促进使用吸收二氧化碳的产品。引入相应的财政机制支撑，例如税收抵免、碳定价和碳税、授权和标准、发展中国家碳融资。

3. 控制非二氧化碳温室气体排放

2022 年，北京市生态环境局、北京市发展和改革委员会关于印发《北京市“十四五”时期应对气候变化和节能规划》的通知，提出加强对本市甲烷、六氟化硫、氧化亚氮、全氟化碳等非二氧化碳温室气体的监测统计和科学管理。

三　北京市绿色低碳发展成效

（一）碳排放强度持续下降，碳排放总量处于稳定

“十三五”期间，北京单位 GDP 二氧化碳排放下降 26%以上，超额完成国家下达的下降 20.5%的规划目标。2021 年，北京万元 GDP 碳排放量处于全国省级地区最优水平。2022 年，北京市外调绿电大幅提升，万元地区 GDP 二氧化碳排放量同比下降 3%以上，保持全国省级最优水平。2013 年来，北京市万元 GDP 二氧化碳排放量累计下降近 50%，碳排放总量大幅下降、目前总体处于稳定的平台期。2023 年，单位 GDP 二氧化碳排放强度继续在省级地区中保持最优水平。2024 年，北京通州全区碳排放强度较 2020 年累计下降 15%左右。①

北京市要推动能够释放二氧化碳利用经济潜力的研发项目和计划，尝试在项目中开展大规模的工业 CCUS 示范。北京金隅北水环保科技有限公司 10 万吨/年二氧化碳捕集、封存及资源化利用科技示范项目主要是对水泥窑窑尾烟气中的低浓度二氧化碳进行捕集，采用烟气化学吸收法二氧化碳捕集技术回收二氧化碳。该项目目前是领域内烟气环境最复杂、产品标准要求最高、综合能耗最低的碳捕集项目。

（二）能源结构持续改善，清洁低碳化进程取得明显成效

2020 年，北京市能源消费总量控制在 6762 万吨标准煤，万元 GDP 能耗为 0.209 吨标准煤，同比下降 9.18%，在 31 个省区市中居首位，“十三五”期间累计下降 23%以上。2023 年，北京市单位 GDP 能源消耗继续在省级行政区中保持最优水平。②

---

① 《协同推进减污扩绿，北京规划花园城市美丽图景》，《新京报》2024 年 3 月 26 日。

② 《数读绿色十年丨北京能耗降幅全国居首　碳排放强度全国最优水平》，《新京报》2022 年 10 月 25 日。

近年来，北京大幅减少煤炭用量，平原地区基本实现无煤化，能源结构得到持续优化。北京 2015～2020 年的煤炭消费量逐年降低，由 2015 年的 1165 万吨降至 2020 年的 135 万吨，6 年时间减少了 1000 万吨左右煤炭消费量。同时，北京煤炭占能源消费总量比重也从 13.05%降至 1.5%。天然气消费占比上升到 37.2%，电力消费占比为 27.8%，可再生能源占比达到 10.4%，实现了能源结构优化转型，化石能源内部清洁化调整基本完成。① 2023 年，本市外调绿电规模提升至 279 亿千瓦时，占全市外调电比重首次超三成，全年绿电消纳 330.4 亿千瓦时，可再生能源电力消纳责任权重达到 24.3%。可再生能源占比提升至 14.2%以上，天然气、外调电等优质能源消费占比达到 99%以上。②

目前，北京已经建成四大热电中心，淘汰燃煤机组 272.5 万千瓦，新增燃气机组 724.2 万千瓦，实现本地电力生产清洁化。此外，北京完成约 3 万蒸吨燃煤锅炉改造，实施民用散煤清洁替代。北京核心区于 2022 年末告别燃油锅炉供暖，核心区的 72 座燃油锅炉全部实现清洁化改造，完成 2.1 万户散煤清洁能源改造，其中超过一半采用“油改电”，其余采用“油改气”或并入热网供暖，基本实现全市平原地区“无煤化”。北京核心区通过燃油锅炉能源清洁化改造，每年可减少柴油消耗 2715 吨，氮氧化物每年可减少排放近 5 吨，二氧化碳每年可减少排放近 7000 吨，实现了减污降碳协同增效，供暖更加绿色低碳。

在清洁能源基础设施建设方面，目前，“十四五”规划新增调峰热源项目已全部建成，北京市供电能力进一步提升，2023 年，开工建设亦庄 500 千伏输变电工程，投产柴务、农学院等一批 220 千伏、110 千伏输变电工程。燃气设施能力显著提升，投产天津南港 LNG 应急储备项目一期工程，建成城南末站、平谷门站。建成鲁谷北重调峰热源及配套热网工程厂区部

① 《北京市“十四五”时期应对气候变化和节能规划》，北京市生态环境局、北京市发展和改革委员会，2022 年 7 月 25 日。

② 《2024 年可再生能源占本市能源消费比重力争达到 14.8% 推动公共领域汽车全面新能源化》，《北京日报》2024 年 4 月 17 日。

分，城市热网韧性不断增强。此外，“十四五”期间规划建设的6个绿电基地项目全部开工，张北—胜利特高压线路工程开工建设。①

（三）产业实现绿色低碳低碳转型

1.“双高”行业逐次退出，产业绿色低碳转型

“十三五”期间，北京淘汰退出2154家不符合首都功能的一般制造业和污染企业，退出的企业主要集中在建材、机械制造与加工的传统高能耗行业，工业能耗和碳排放量持续下降。2021年末，全市共有规模以上工业企业3073家，比2012年末减少16.8%，其中，纺织服装、家具制造、造纸、印刷等13个一般制造业和高耗能行业的企业数量下降44.6%。② 2010~2022年，北京市单位工业增加值能耗和水耗分别下降67%和74%。截至2024年4月，北京拥有112家国家级绿色工厂；建立10家产值过百亿元的“智慧工厂”，培育103家“智能工厂”和“数字化车间”，产品不良品率、单位产值能源消耗明显降低。③

2.建筑领域节能降碳示范效应显现

“十三五”期间，积极推广绿色建筑，累计建设绿色建筑1.28亿平方米，示范推广超低能耗建筑53万平方米，稳步推进装配式建筑发展，新建装配式建筑面积累计超过5400万平方米。④

首程时代中心是北京市首例负碳建筑，全楼建筑面积2728平方米，示范楼以节能减排+能源替代+碳汇为主要技术路径，采用了六大低碳系统：高性能围护系统、高效冷热源和机电系统、太阳能光伏系统、智慧控制系统、绿

① 《北京发布能源工作要点，推动氢能多场景应用》，北京市发展和改革委员会，https：//fgw.beijing.gov.cn/gzdt/fgzs/mtbdx/bzwlxw/202404/t20240417_3620859.htm。

② 《三项第一：亮出绿色低碳发展成色》，北京市人民政府，https：//www.beijing.gov.cn/ywdt/gzdt/202210/t20221019_2838841.html。

③ 《北京市锚定重点产业，打造绿色低碳新动能》，光明网，https：//baijiahao.baidu.com/s?id=1796631949249652873&wfr=spider&for=pc。

④ 《北京市“十四五”时期应对气候变化和节能规划》，北京市生态环境局、北京市发展和改革委员会，2022年7月25日。

色建材系统和碳汇系统。项目全年能耗为7.79万千瓦时，光伏系统年发电量为16.4万千瓦时，建筑综合节能率达到100%。全年碳排放量为52吨，年减排量为96吨，年碳差值为-44吨，实现了零碳、负碳建筑示范的要求。①

3. 绿色低碳交通转型，碳排放增速下降

交通方面对中心城区绿色出行比例，新能源汽车累计保有量，当年新增新能源、清洁能源动力交通工具比例，营运交通工具单位换算周转量碳排放强度等指标提出要求。北京城市交通碳排放年均增速从“十二五”时期的6%下降至“十三五”时期的4%左右。②

“十三五”时期，北京市新能源汽车快速发展，新能源汽车能源补给能力和服务水平持续提升，产业生态体系和配套政策体系逐步完善，形成了桩站适度超前、车桩（站）协同发展的良好局面。2020年，北京已形成平均服务半径小于5公里的社会公用充电网络（平原地区）。围绕城市中心区、物流基地、高速公路服务区、居民区及周边、偏远乡村等重点区域，国家电网北京市电力公司高标准规划布局充电网络，进一步提升充电服务保障能力，累计建成各类充电站1664座、充电桩20764个；在10条高速公路、23个服务区建设直流充电桩100个，满足电动汽车用户远距离出行需求；在公共停车场、机场、火车站、旅游景区等地建设公用充电桩1.8万个；初步建成安全便捷的公交充电网络，为7000余辆纯电动公交车提供用电服务。实现180个乡镇充电网络全覆盖，并持续推进乡镇供电所、旅游景区、特色民宿、偏远乡村等区域200个充电桩建设。围绕2022年北京冬奥会和冬残奥会充电服务保障，北京市内17座高速充电站实施充电能力提升和环境优化，部分热点站点充电桩规模由4个扩大至6个，升级充电桩电压，缩短充电时长20%以上。③ 截至2022年9月，北京拥有超10万个公共充电桩，近7000座充电站，换电站数量达281座，是拥有换电站数量最多的城市。④ 同时，

① 《北京首例负碳示范建筑亮相，坐标石景山区》，京报网，2024年3月24日。
② 《北京：优化三个结构　构建绿色清洁低碳交通体系》，北京交通，2021年12月9日。
③ 《加快“以电代油”北京持续完善充电网络》，新华社，2021年3月12日。
④ 《北京新能源车保有量超50万辆开放测试道路全国最长》，《新京报》2022年11月30日。

实现关键零部件国产化、智能有序充电、车网双向互动等技术创新。这些新技术将进一步拓展新能源汽车使用场景，例如车网双向互动技术能够在用电高峰时回补电网，帮助调峰。

北京加大公共领域车辆电动化推进力度，2023 年 11 月，北京市入围第一批公共领域车辆全面电动化先行区试点，计划到 2025 年在公务用车、城市公交车、环卫车、出租车、邮政快递车、城市物流配送车、机场用车、特定场景重型货车等公共领域推广新能源汽车 3.63 万辆，建设充电桩 2.8 万个、换电站 90 座。2021 年 4 月，通州全区已有纯电动公交车 1371 辆、清洁能源公交车 1135 辆投入使用。通过“油换电”低碳转型，2021 年，北京公交集团能源消耗与 2016 年相比减少了 20 万吨标准煤，二氧化碳排放量减少 40 万吨，柴油消耗量由 25 万吨下降到 10 万吨以内。据通州区交通局统计，截至 2021 年底，北京市新能源乘用汽车保有量达 50.7 万辆，渗透率从 2016 年的 8%增至 22%，高于全国水平。截至 2022 年底，北京新能源汽车保有量上升到 61.7 万辆，其中纯电动汽车 58 万辆，插电式电动车 3.4 万辆，氢燃料电池汽车 1500 辆，双源无轨车 1300 辆，电动化率达到 10%，在全国处于较好的水平。

此外，截至 2021 年底，北京累计淘汰国三排放标准汽油车近 11 万辆，国五及以上车辆占比超 70%，车型结构达到全国最优。①

（四）绿色城市、社区和农村建设取得良好效果

1. 多层次试点建设取得良好示范效应

2015 年，北京市人民政府办公厅印发《北京市推进节能低碳和循环经济标准化工作实施方案（2015—2022 年）》，加快推进节能低碳和循环经济发展，有力保障 2022 年冬奥会生态环境质量。2022 年，为弘扬冬奥碳中和遗产，在北京冬奥会和冬残奥会组委会总体策划部的支持下，生态环境部环境规划院、清华大学碳中和研究院和美国环保协会北京代表处共同编制了

① 《北京市第十三次党代会：万元地区生产总值碳排放保持全国省级最优水平》，21 世纪经济报道，https：//static. nfapp. southcn. com/content/202206/27/c6629927. html。

《北京2022年冬奥会和冬残奥会十大绿色低碳最佳实践》报告和《北京2022年冬奥会和冬残奥会十大绿色低碳技术》报告，筛选出一批可复制、可推广的典型绿色低碳实践和技术经验，并于8月19日在江西省赣州市举办的“美丽中国百人论坛2022年会”上正式发布。

2022年7月，北京市生态环境局发布《关于征集2022年北京市先进低碳技术试点项目的通知》，国家速滑馆低碳技术综合应用等12个项目从130多个申报项目中脱颖而出，被列为2022年度先进低碳技术试点优秀项目，年减碳量达29万吨。2022年以来，已有26个项目先后获评北京市先进低碳技术试点，初步测算年减碳量可达到51万吨。2023年，北京全面推进低碳试点工作，开展先进低碳技术、低碳领跑者、气候友好型区域三类试点，共评选出14个先进低碳技术试点优秀项目，涉及余热回收利用、沼气发电、可再生能源耦合利用、光伏建筑一体化、二氧化碳监测等低碳技术应用，初步测算年减排量可达22万吨；在计算机通信电子设备制造、电力生产、高校3个领域评选出5个低碳领跑者单位；6个气候友好型区域，包括3个社区、3个村。通州区、密云区成功入选国家气候投融资试点，建立了气候投融资项目库，北京城市副中心组团级“地源热泵+光伏发电”多能耦合应用等项目获金融支持。丽泽金融商务区等4个案例和1名志愿者入选生态环境部绿色低碳典型案例，温榆河公园未来智谷一期入选生态环境部绿色低碳公众参与实践基地。

2023年，在国家低碳试点城市建设评估中，北京市凭借低碳试点整体工作进展较快、重点任务有效落实和形成多项创新做法等特点，在81个低碳城市试点评估中成绩排名第一，被评选为优良，城市低碳发展成效显著。

2. 绿色社区和农村建设取得进展

截至2023年，北京市农村煤改清洁能源村庄覆盖率93%，生活污水处理率83.5%。[①] 从典型社区来看，到2023年底，平谷区万庄子村以分布式

① 《煤改清洁能源村庄覆盖率93% 生活污水处理率83.5% 解锁北京乡村的美丽“密码”》，《北京日报》2024年3月14日。

光伏、充换电站、智能微网为基础打造零碳智慧乡村，建成分布式光伏发电站 265 座，年减碳量约 3100 吨。[①] 顺义区江山赋社区带领社区居民开展生态堆肥、垃圾分类，产出堆肥“黑金土”惠及 160 多个种植爱好者家庭及多个有机农场。[②]

2014 年，北京市在朝阳区来广营、太阳宫、南磨房、豆各庄、将台、常营 6 个乡，全面启动一道绿化隔离地区城市化建设试点工作。

（五）生态系统大幅改善，生态环境质量持续向好

1. 生态系统大幅改善，生态碳汇能力大幅提升

2023 年，北京市延庆、密云、门头沟、怀柔、海淀、平谷、丰台、朝阳、昌平 9 个区获得“生态文明建设示范区”或“‘绿水青山就是金山银山’实践创新基地”命名，其中 5 个全域生态涵养区全部获得双命名，并辐射到中心城区，实现了生态进城、“两山”进城。

近年来，北京市生态涵养区通过营建大规模绿色空间，绿色发展能力显著提升，由守护绿水青山、筑牢首都生态屏障进入既要绿水青山又要金山银山、积极探索绿水青山向金山银山转化的新阶段。

2018~2021 年，北京市生态涵养区累计拆除违法建设 1612 万平方米、腾退土地 2508 公顷、退出一般制造业企业 230 家，综合性生态保护补偿资金达 130 亿元，实施高水平生态涵养保护，实现区域生态空间只增不减、土地开发强度只降不升。相比其他区，生态涵养区在产业准入上，瞄准培育壮大绿色产业，积极引进符合功能定位的重大产业项目，高精尖产业结构加快构建，科创智能、智慧物流、数字经济、医药健康、现代园艺、冰雪体育、新能源和能源互联网、无人机等新兴业态加快集聚。2021 年，生态涵养区第三产业占比较 2017 年提升 17.7 个百分点，与全市第三产业占比差距不断缩小；生态涵养区（五区）中关村科技园企业总数增至 1146 家，较 2018 年

① 《低碳日解锁北京绿色低碳发展“密码”》，北京市生态环境局，2024 年 5 月 17 日。

② 《北京市：强化低碳试点　引领绿色发展》，《中国城市报》2024 年 5 月 20 日，http://paper.people.com.cn/zgcsb/html/2024-05/20/content_26058847.htm。

底增长 66%，总收入增长 17%，[①] 以中关村各分园为代表的重大园区创新驱动不断增强。2023 年，生态保护红线林地面积同比提高 5.44%，[②] 生物量密度同比提高 3.60%。重点自然保护地生态环境状况良好。百花山国家级自然保护区、雾灵山市级自然保护区、野鸭湖市级湿地自然保护区等生态系统质量保持优秀水平。

北京围绕落实首都城市战略定位，不断在功能疏解中拓展绿色空间，市域绿色空间布局不断优化，城乡环境质量明显改善，市民绿色获得感显著增强。近年来，北京陆续开展了两轮百万亩造林绿化工程，全市沙化土地面积由 1999 年的 5.62 万公顷减少到 2023 年的 2.23 万公顷，减少近 60%。2012~2023 年，全市累计新增绿化面积 243 万亩，新增城市绿地 7293 公顷，全市公园总数达到 1065 个，62%的公园实现无界融通，人均公园绿地面积由 15.5 平方米提高到 16.9 平方米，已成为全国省级城市中首个全域森林城市。2023 年，在森林城市创建工作的带动下，北京继续积极开展森林进城、森林环城和森林乡村建设。北京市森林面积 1279.8 万亩，覆盖率由 2012 年的 38.6%提高到 2023 年底的 44.9%，在世界大都市中处于领先水平，首都山区森林覆盖率已经达到 67%；森林植被总碳储量 2753.4 万吨，林地绿地生态系统年碳汇能力达 920 万吨；林木总蓄积量 4078.54 万立方米，与 1980 年的 450.8 万立方米相比，增加了 3627.74 万立方米。[③]

2022 年，通州区成为全国首批林业碳汇试点城市，是北京市唯一的入选区。当前通州区已建成东郊森林公园、台湖万亩游憩园等万亩以上郊野公园和森林湿地 8 处，千亩以上森林组团 32 个，城市森林占区域面积的 33%。[④] 城市副中心将持续完善绿色空间格局，建设城乡公园体系和绿道系

---

① 《践行“两山”理念　打造首都生态文明金名片》，北京市发展和改革委员会，2022 年 6 月 14 日。

② 《北京中心城区整体生境质量较高，去年吸引了 29 种蜻蜓》，《新京报》2024 年 5 月 21 日。

③ 《北京沙化土地面积减少近六成》，光明网，2024 年 6 月 19 日。

④ 《北京城市副中心“十四五”期间打造国家绿色发展示范区》，新华社，2021 年 3 月 12 日。

统，更加突出蓝绿交织、水城共融、清新明亮的特色。

2. 生态环境质量持续向好

空气质量改善成效稳固。大气污染治理各项措施环境效益持续释放，空气质量总体保持改善趋势。与 2013 年相比，2023 年全市空气中主要污染物年均浓度大幅下降，其中，PM2.5 年均浓度下降了 64.2%，连续三年达到国家空气质量二级标准；空气质量优良天数为 271 天，比 2013 年增加 95 天；二氧化硫（SO_2）、二氧化氮（NO_2）和可吸入颗粒物（PM10）年均浓度连续多年稳定达标。①

水环境质量稳定。2023 年，北京市监测五大水系河流共计 105 条段、长 2551.6 公里，其中优良水质河长占比达七成以上，无劣Ⅴ类河流。与 2013 年相比，优良水质河长占比增加了 21.5 个百分点；与 2019 年相比，增加了 16.2 个百分点。②

四　北京市推进绿色低碳发展未来路径

（一）更大力度推进清洁能源建设

率先探索能耗“双控”向碳排放总量和强度“双控”制度转变，健全完善能源、碳排放总量和强度“双控”目标责任制，推进工业、建筑、交通、商业、公共机构等重点领域节能管理，加强能源资源高效和综合利用。按照“净煤、减气、少油”总体思路，推进终端能源消费电气化，通过实施农村供暖煤改电、城市供暖气改电、机动车“油换电”、燃气机组热电解耦、可再生能源替代等措施，实现化石能源消费总量逐步下降。

（二）推动城乡绿色低碳发展

加快推进新建建筑绿色发展，强化城乡建设绿色发展顶层设计，持续推

① 《2023 年北京市生态环境状况公报》，北京市生态环境厅。

② 《2023 年北京市生态环境状况公报》，北京市生态环境厅。

动地方立法，落实新建建筑节能设计，完善建筑节能减碳技术标准体系。深入推进绿色低碳城市建设，构建多层次的低碳空间策略，加快探索超低能耗与近零能耗建筑，推动建筑领域碳中和关键技术攻关，加强绿色低碳技术试点示范应用工程建设。加强建筑物绿色标识管理，加快绿色建材推广应用，推进建筑垃圾资源化综合利用。

（三）加快推进低碳交通运输体系建设

深入贯彻绿色发展理念，以减少交通碳排放、构建超低排放区为目标，以能源结构调整为主线，着力优化新能源汽车性价比及配套新能源补给网络，着力优化调控政策，形成“限油推电”的政策导向。将综合交通承载能力作为城市发展的约束条件，以优化交通出行结构为目标，持续调控机动车出行需求，降低机动车使用强度，助推绿色出行需求，提升绿色出行比例。促进交通供需时空匹配，协调城市发展与交通的互动关系。构建广泛覆盖、连续安全、环境友好、彰显文化的步行和自行车网络体系，充分发挥慢行交通在中短距离出行和公共交通“最后一公里”接驳中的重要作用。加快推进交通行业碳达峰碳中和进程，增强交通运输持续健康发展。

（四）推动产业结构和生产方式绿色转型

严控在京高耗能产业的生产规模和产能，推动构建绿色产业链。推动重点产业发展方式绿色转型，推进产业集群化发展、产业链向高价值攀升，实施强链补链工程。以推动绿色低碳发展、加速实现碳中和为目标，以智慧能源为方向，以氢能全链条创新为突破，推进新能源技术装备产业化，抢先布局低碳前沿产业，重点布局昌平、房山、大兴等区，打造绿色智慧能源产业集群。

（五）提升生态系统碳汇

提高生态涵养区多层次林业生态系统碳汇能力；提升核心区、中心城区及城市副中心区域绿地、湿地草地等碳汇功能；提升平原新城地区农田土壤碳汇能力。探索生态系统碳汇价值核算体系。推动全域绿色生态屏障联保联建和协同发展。利用京津冀跨区域生态建设协作发展契机，发挥北京生态碳汇领域智力资源优势，辐射带动津冀两地专项人才队伍建设，同时确立碳汇项目合作开发模式和运行管理机制，推进京津冀区域生态碳汇补偿机制发展。

（六）加大非二氧化碳温室气体减排力度

开展非二氧化碳温室气体减排行动及示范工程建设；加强对非二氧化碳温室气体减排的政策和财政支持；建立非二氧化碳温室气体减排同二氧化碳减排和空气污染治理相结合的协调机制，探索将非二氧化碳温室气体减排项目纳入 CCER 和碳市场体系当中，加强非二氧化碳温室气体减排。将非二氧化碳温室气体减排同空气污染治理相结合，研究气候变化政策和改善区域环境质量政策间可能形成的协同作用。

参考文献

曹雅丽：《北京将进一步扩大低碳试点类型》，《中国工业报》2023 年 7 月 18 日，第 2 版。

付佳鑫、刘颖琦：《中国能源低碳发展研究：北京案例》，《宏观经济研究》2020 年第 10 期。

陆小成、唐俊辉：《“双碳”目标视域下北京低碳高质量发展路径研究》，《北京城市学院学报》2022 年第 1 期。

陆小成：《城市更新视域下低碳创新型社会构建研究——以北京为例》，《生态经济》2024 年第 1 期。

陆也萍、刘笑冰：《北京市生态涵养区绿色发展研究》，《农业展望》2022 年第 1 期。

王继龙：《推动首都建筑绿色低碳高质量发展〈北京市建筑绿色发展条例〉解读》，《节能与环保》2024 年第 3 期。

魏本平、马若腾、陆文钦：《绿色金融支持北京市新能源产业发展研究》，《中国能源》2020 年第 12 期。

武凌君：《十九大以来北京市生态文明体制改革的实践与成效》，《北京党史》2023年第6期。

余柳、刘莹、程颖、周瑜芳：《绿色出行碳普惠研究与北京市实践》，《城市交通》2024年第2期。

张胜杰：《北京力推新能源供热》，《中国能源报》2023年11月20日，第16版。

张颖、李艺欣、武韦倩：《系统构建和推进北京生态产品价值实现和增值》，《国家林业和草原局管理干部学院学报》2024年第2期。

朱俐娜：《北京获全国低碳城市试点评估第一》，《中国城市报》2023年12月11日，第7版。

湖北省碳市场建设与绿色低碳发展

邓逸　廖琦　陈加伟*

摘　要：　本报告首先总结了湖北省推动碳市场建设和绿色低碳发展取得的主要成效，发现中碳登、碳市场、绿色金融、气候投融资、自愿减排、碳普惠等工作亮点凸显。其次梳理了湖北省推进绿色低碳发展的举措，认为湖北省通过完善工作机制、严格考核责任、推进生态文明建设、加大科技支撑力度、扩大绿色低碳影响等方面协同发力促进了区域的绿色低碳发展。最后提出湖北省探索绿色低碳发展的十大路径，认为应从建设全国碳市场核心枢纽、推动绿色低碳产业集聚、深入推进污染防治、建设新型能源体系、实施全面节约战略、推进重点领域降碳、实施重大生态工程、积极开展试点示范、整合创新资源、夯实基础能力等方面着力，协同推进降碳、减污、扩绿、增长，建设人与自然和谐共生的美丽湖北。

关键词：　碳市场建设　绿色低碳发展　湖北省

一　湖北省碳市场体系与基础能力建设成效

发展绿色低碳经济是加快发展新质生产力的内在要求，也是扎实推进高质量发展的重要举措。作为全国为数不多的低碳试点和碳交易试点并存的省份，党的十八大以来，湖北坚决扛牢共抓长江大保护责任，坚持生态

---

* 邓逸，湖北省宏观经济研究所副研究员，主要研究方向为区域绿色经济；廖琦，湖北省宏观经济研究所副研究员，主要研究方向为气候变化治理；陈加伟，湖北省宏观经济研究所中级经济师，主要研究方向为产业经济。

优先绿色发展，采取减源增汇等一系列政策措施，绿色低碳发展取得了明显成效。

（一）中碳登落户湖北

1. 首个国家功能性平台中碳登落户湖北

2015 年，中国开始筹备全国碳市场建设工作。2017 年底，启动碳市场分阶段建设进程，并明确由湖北承建全国碳排放权注册登记结算系统（以下简称“中碳登”），上海承建交易系统。全国碳排放权注册登记结算中心设立于 2021 年，是全国碳市场核心运行平台，承担全国碳市场的登记、交易结算等职能，为全国各级生态环境部门提供碳排放配额分配、履约等综合管理服务，为全国规模以上工业企业提供碳交易开户、交易结算、资产管理等市场化服务。

中碳登的功能定位为全国碳市场核心运行平台、国家气候变化政策实施支持平台、中国气候投融资市场定价基准形成平台、中国碳市场对外开放主门户。2021 年 1 月 1 日起，全国碳市场首个履约周期正式启动，年覆盖约 45 亿吨二氧化碳排放量。湖北高标准建设和运行注册登记结算系统，管理全国企业账户 2533 家，[①] 服务保障全国碳市场健康发展。

2. 高质量支撑全国碳市场平稳运行

中碳登自成立以来高质量完成全国碳排放权注册登记系统建设任务，支撑了全国碳市场顺利启动。2021 年 7 月 16 日至 2024 年 6 月 24 日，全国碳市场碳排放配额累计成交量为 4. 61 亿吨，累计成交额为 266. 27 亿元，成交价为 38. 50～104 元/吨。[②]

3. 持续推动制度建设

中碳登持续推进登记结算管理制度修订，开展碳排放权质押登记及相关业务规则研究，支撑全国碳交易管理制度体系日趋完善。推动法治研究平台

① 《王忠林：牢记嘱托　笃行实干　奋力推进中国式现代化湖北实践》，湖北省人民政府，2024 年 3 月 7 日，http：//www. hubei. gov. cn/zwgk/hbyw/hbywqb/202403/t20240307_ 5110746. shtml。

② 《湖北碳市场持续释放减排新动能》，《中国环境报》2024 年 7 月 8 日。

建设，2022 年 7 月，中碳登与湖北省高级人民法院、中南财经政法大学合作共建的“双碳法治研究基地”揭牌，合力打造全国碳市场重要制度研究平台和法律人才孵化中心。

4. 积极开展交流合作

中碳登推动其他省份按照九省联建协议落实多方出资，加快推动全国碳市场建设。中碳登联合中央国债登记结算有限责任公司、上海清算所等单位发布多个权威碳指数，为碳资产价值评估提供参考。

5. 以中碳登大厦为核心，打造“双碳”创新服务产业链条

湖北省聚焦碳交易服务、碳资产管理、碳金融创新、碳科技转化、碳普惠应用等五个方向，制定全国首个“双碳”产业特色楼宇支持政策，引进一批碳市场服务产业链企业，形成以中碳登大厦为核心的“1+N”双碳产业空间格局，努力打造全国低碳产业园示范标杆。大楼内规划了碳金融集聚区、碳市场服务区、碳管理咨询区、碳科技创新区、碳产业发展区五个专区，初步形成了“一栋楼就是上下游”的碳市场服务产业链。自中碳登大厦启用至 2024 年 7 月，已入驻中碳登、中碳科技等 57 家头部企业和机构，涉及碳交易服务、碳资产管理、碳金融创新、碳科技转化等细分领域，200 余家涉碳机构、企业落户武昌，全国碳金融集聚区建设成势见效。①

（二）区域性碳市场稳健运行

1. 交易保持活跃

湖北试点碳市场自 2014 年 4 月启动以来，取得了积极成效，为全国碳市场建设积累了“湖北经验”。截至 2023 年 12 月底，湖北碳市场配额共成交 3. 88 亿吨，成交总额 95. 75 亿元，② 保持在全国前列。全省碳交易试点工作先后被省委省政府授予“湖北改革奖（项目奖）”“湖北改革奖（企业奖）”。经过多

① 《借力“中碳登”吸引国内外企业落户湖北成为低碳经济热土》，《湖北日报》2024 年 7 月 16 日。

② 金文兵、姜文嘉：《湖北是全国最活跃的碳市场，成交份额占全国四成》，《长江日报》2024 年 1 月 18 日。

年建设，碳市场形成了碳排放主体300家以上、参与机构1000家以上。[①]

2. 碳减排成效显著

截至2023年上半年，湖北省累计减少碳排放2047万吨，碳排放年均下降2%左右，其中汽车、有色、玻璃、化工等控排企业碳排放年均分别下降8.5%、6.8%、6.4%、6.3%。[②]

3. 交易机制不断完善

湖北试点碳市场行业覆盖范围从2014年的12个增至2023年的16个。按年度制定配额分配方案，纳入企业能耗门槛从6万吨标煤降至1万吨标煤，[③] 数量从138家增至最多373家，配额总量从3.24亿吨降至1.8亿吨。[④]在全国率先打通"电—碳—金融"三大市场，颁发全国首批碳电市场双认证绿色电力交易凭证，为交易双方测算绿电等效二氧化碳减排量，首批参与企业已达71家，成交绿电电量4.62亿千瓦时，等效二氧化碳减排33万吨。[⑤] 在全国率先将"以碳代偿"纳入生态环境损害赔偿修复资源库，襄阳老河口法院与湖北碳排放权交易中心、中碳资管共同签订合作协议，引导被告人购买并注销二氧化碳当量排放权，对环境进行等量替代修复，"双碳"领域生态环境司法保护方式创新得到有益探索。

（三）绿色金融创新取得突破

1. 金融支持绿色低碳转型力度加大

2022年，湖北省政府工作报告正式提出"打造全国碳市场和碳金融中心"目标。湖北省虽然还未被纳入绿色金融改革创新试验区，但武汉、十

① 白华兵、王进雨、朱国辉：《碳市场上新，带领"碳大脑"赶考》，《新京报》2023年6月15日。

② 吕露、李书颖：《湖北加速控排企业转型升级，碳排放年均下降2%左右》，《长江日报》2023年7月6日。

③ 2024年1月，湖北省发布修订后的《湖北省碳排放权交易管理暂行办法》，将纳入企业门槛调整为本省行政区域内年温室气体排放达到1.3万吨二氧化碳当量的工业企业。

④ 根据湖北省生态环境厅印发的《湖北省2022年度碳排放权配额分配方案》，排除因关停、主体整合等原因退出的企业后，纳入全省2022年度碳排放配额管理范围的企业为343家。

⑤ 廖志慧：《绿色发展后劲足——2022年湖北经济亮点述评⑤》，《湖北日报》2023年1月4日。

堰正积极申报国家级绿色金融改革创新试验区，黄石积极创建省级绿色金融改革创新试验区，绿色金融（含碳金融）创新取得突破。截至 2023 年底，全省绿色贷款余额 12779 亿元，总量居中部第1 位；[①] 截至2023 年第三季度末，全省 321.6 亿元贷款获得碳减排支持工具支持，带动碳减排量 638 万吨；落地支持煤炭清洁高效利用专项再贷款资金 138 亿元，居全国前列。[②] 办理排污权抵质押贷款 4.1 亿元，累计完成 12 笔碳质押贷款和碳回购交易，融资总额近 7 亿元。[③] 湖北绿色金融综合服务平台（以下简称“鄂绿通”）融资余额超过 1544 亿元。创设“鄂绿融”绿色低碳专项政策工具，单列 100 亿元再贷款、再贴现额度，“鄂绿融”余额 58.3 亿元。另外，还发放了磷石膏综合利用率、碳减排量、日垃圾处理量、矿山复绿面积等可持续发展挂钩贷款共计 1.98 亿元。

2. 在全国率先探索多项碳金融创新

为推动碳金融发展提速，开展各类金融创新探索，进一步丰富碳市场功能，湖北碳排放权交易中心在全国首创了碳基金、碳托管和碳质押融资等碳金融创新产品。其中，碳资产质押贷款是湖北省的一项重要金融产品。企业可以将其拥有的碳排放权或碳减排项目作为质押物，以获取贷款资金。这种贷款形式不仅为企业提供了融资的途径，还鼓励了更多的企业参与碳交易，并采取碳减排措施。此外，碳排放权专项资产管理计划基金的设立旨在为碳市场的参与者提供资金支持，帮助企业采取更多的碳减排措施。通过该基金，企业可以获得资金用于购买碳排放权或进行碳减排项目的投资，从而在市场中实现经济效益。这鼓励了企业积极参与碳交易，并采取更多的环保措施，降低碳排放，从而有助于实现低碳经济和环保目标。两大碳市场主体为湖北省打造碳金融集聚区、构建气候投融资体系奠

① 马腾跃：《做好“五篇金融大文章”的湖北实践——访全国人大代表，人民银行湖北省分行党委书记、行长林建华》，《中国金融家》2024 年第 3 期，第 49~50 页。

② 王雪：《湖北 2023 存贷款余额持续上涨，跨境人民币收付总额居中部六省第一》，《21 世纪经济报道》2024 年 1 月 23 日。

③ 《人民银行湖北省分行召开 2024 年第一季度例行新闻发布会》，人民银行湖北省分行，2024 年 1 月 24 日，http：//wuhan. pbc. gov. cn/wuhan/123466/5218751/index. html。

定了坚实基础。

2009 年上半年，湖北碳排放权交易中心与 6 家银行签署 1200 亿元碳金融授信，用于支持绿色低碳项目开发和技术应用。在全国首创了碳基金（5 支）、碳托管（592.28 万吨）、碳质押融资（15.4 亿元）、碳众筹、碳保险等碳金融产品，累计融资 15.4 亿元。[①] 2021 年 6 月，武汉市成立由地方政府、央企、上市公司等共同设立的 100 亿元“武汉碳达峰基金”，积极筹建“碳中和绿色产业发展基金”，重点服务于光伏、风电、生物质能等碳减排项目的投资开发。工商银行、交通银行在湖北省分支行积极承销“碳中和”债券，为碳中和项目募集资金。

（四）气候投融资工作进入新阶段

1. 全面部署气候投融资工作

湖北省立足于经济社会绿色低碳发展的重大格局，以武汉市武昌区为代表申报了全国首批气候投融资试点，并于 2022 年 8 月成功获批，武汉市武昌区气候投融资试点工作于 2022 年被纳入国家级改革试点目标、湖北碳市场工作要点、武汉市建设全国碳金融中心重要任务，这意味着湖北省的气候投融资工作进入一个新的阶段。在获批试点之后，武昌区即将发布气候投融资试点工作计划，重点在于提出气候投融资发展目标，明确气候投融资工作重点领域以及符合当地产业特征的鼓励类行业，同时还对绿色金融产品的创新支持提出行动计划，并落实到每个对应的政府部门。这些实施方案的出台明确了各部门的工作职责，为气候投融资试点工作的顺利开展奠定政策基础。这一系列顶层机制设计的成果为投资者和企业参与气候投融资交易提供了信心，使湖北省碳市场稳居全国第一梯队前列，证明了合理的法规框架有助于促进气候投融资市场的繁荣。

2. 搭建气候投融资综合服务平台

气候投融资综合服务平台是湖北省在气候投融资领域的创新举措，旨在

---

① 左晨、张熙：《全国碳市场 6 月底上线 湖北成为全国碳资产大数据中枢》，《湖北日报》2021 年 3 月 23 日。

构建信息高效互享的数字化平台，为市场主体提供全方位支持，推动气候投融资的深入。气候投融资综合服务平台“武碳通”由省市区政府联合共同提供资金支持，旨在以“碳账户”为核心，以促进碳市场和金融市场协同发展为目的，以气候投融资企业库和项目库为核心，为气候投融资双方高效对接提供支持。“武碳通”平台的搭建一方面有助于全省气候友好型项目集中入库，高效对接，让金融机构“零距离”服务；另一方面也推动开展碳排放权质押融资贷款、绿证收益权融资贷款、煤炭清洁再贷款等金融产品与服务的创新，更有利于服务企业绿色转型和产业绿色发展。“武碳通”是武昌区开展气候投融资试点，构建气候投融资生态体系的新思路、新模式、新路径。

该平台初步制定了气候投融资项目的申报指南、入库方案和评价办法，细化了金融机构可以支持的项目类别和投资标准，进一步为金融机构筛选项目提供了政策依据。同时，该平台整合了一系列气候投融资领域的重点项目，总计投资额达459.32亿元，从而有效地满足了气候友好型项目的资金需求。气候投融资综合服务平台于2023年11月17日正式上线运行，首批吸纳全省107个企业项目入库，总投资额达670亿元。2024年3月，17家金融机构、13个气候友好型项目与“武碳通”平台现场签约，16家银行与一批气候友好型项目达成融资授信签约，融资总规模达123亿元。这些金融机构入驻“武碳通”后，将通过平台提供专业、丰富、特色的绿色金融服务，撬动金融活水赋能更多企业积极走向绿色低碳之路，助推企业绿色高质量发展。①

（五）自愿减排取得亮点

1. 积极开发碳汇项目

湖北省加大碳汇项目开发、“碳汇+”交易模式探索力度，自愿减排交

① 《对区第十六届人大二次会议第23号建议的答复》，武汉市武昌区地方金融工作局，2023年12月28日。

易机制建设和交易亮点纷呈。湖北省成功开发国家核证自愿减排（CCER）林业碳汇项目8个，咸宁通山竹子造林碳汇项目获得国家发展改革委备案，成为全国首个可进入碳市场交易的同类项目，在《联合国气候变化框架公约》第23次缔约方大会上展示。

2. 探索“碳汇+”交易模式

出台了《关于开展“碳汇+”交易助推构建稳定脱贫长效机制试点工作的实施意见》，加强对光伏发电、林业碳汇、湿地碳汇、农村沼气减排等“碳汇+”交易项目的研究，进一步探索利用市场机制助推生态系统保护与修复工作，推动开发林业碳汇、公共交通、湿地碳汇等方法学，探索开发可测量、可报告、可核查的碳汇产品，逐步建立长效数据质量监管机制，保障碳汇数据的真实性、准确性。

3. 着力推动平台建设

建设湖北绿色产业综合服务平台（以下简称“鄂绿通”），服务绿色项目建设。首批入库生态价值体现、林业碳汇等项目50个以上。

（六）碳普惠体系建设加快推进

1. 推动碳普惠制度体系建设

武汉市积极探索多元化、可持续的碳普惠创新模式，碳普惠体系初步形成。武汉市印发《武汉市碳普惠体系建设实施方案（2023—2025年）》《武汉市碳普惠管理办法（试行）》等，为碳普惠体系建设提供依据。

2. 搭建碳普惠平台

武汉碳普惠综合服务平台由省市区三级政府联合打造，共同成立武汉碳普惠管理公司，上线运营“武碳江湖”碳普惠小程序，成为华中地区首个碳普惠线上平台，与腾讯、支付宝、有家、T3出行等在低碳消费、低碳出行等低碳场景创建方面探索合作。该平台的核心目标是建设企业和个人碳账户，并推动碳普惠减排量通过抵消机制进入湖北碳市场。借助该平台，碳减排将更加透明和可追踪，这将为湖北试点碳市场带来更多的交易和机会。

3. 推动方法学开发

武汉市组建武汉碳普惠专家委员会，开发并发布分布式光伏发电项目运行、规模化家禽粪污资源化利用、居民低碳用电等第一批碳普惠方法学，为碳普惠减排项目或个人碳减排场景的核算核查提供了依据。

4. 建立对企业碳排放配额的抵消机制

湖北省修订《湖北省碳排放权交易管理办法》，明确提出："符合条件的核证自愿减排量可用于抵消重点排放单位碳排放量。鼓励开展碳普惠等温室气体自愿减排活动。核证自愿减排量包括国家核证自愿减排量和本省核证自愿减排量。"湖北在完成首笔碳普惠交易中，推动企业、个人碳减排量入市变现，抵消控排企业部分碳排放量，打通了将企业和个人低碳行为开发为碳资产并进入碳市场交易的渠道。

二　湖北省推进绿色低碳发展的举措和创新实践

（一）加大统筹协调力度，不断完善工作机制

1. 完善管理机制

湖北省委省政府坚持高位推进，加大统筹协调力度，不断完善工作机制，成立和调整省应对气候变化及节能减排工作领导小组。加大资金投入，形成上下联动、各方协同的工作体系。每年在全省生态环境工作要点中明确应对气候变化或推动绿色低碳高质量发展任务，推动任务落实。

2. 构建政策体系

湖北省先后出台《湖北省应对气候变化行动方案》《湖北省低碳发展规划（2011—2015 年）》《湖北省应对气候变化和节能"十三五"规划》《湖北省"十三五"控制温室气体排放工作实施方案》《湖北省应对气候变化"十四五"规划》《湖北省适应气候变化行动方案（2023—2035 年）》等文件，从减缓和适应两个方面为气候变化工作提供指导依据。印发《湖北省碳达峰实施方案》，制定能源、工业、城乡建设、交通运输、减污降碳、林

业碳汇、公共机构等重点领域碳达峰实施方案，制定冶金、化工、建材等重点行业碳达峰实施方案以及科技、标准计量体系等支撑保障方案，推动市州编制碳达峰实施方案，构建碳达峰碳中和政策体系。创新性出台《湖北区域碳市场电力行业碳排放计量试点工作方案》，以精准碳计量为碳市场健康发展贡献智慧。

3. 设立专项资金

湖北省财政落实注册资本金 1.2 亿元，支持碳排放权注册登记结算（武汉）有限责任公司注册成立，高质量完成全国碳排放权注册登记结算系统建设和运行工作。设立了省级节能专项、建筑节能以奖代补、低碳试点专项等资金，对开展节能工作、推动绿色低碳相关研究给予支持。推动设立碳达峰基金，引导社会资本支持能源、制造、建筑等重点领域中的绿色企业和项目建设。

（二）推进生态文明建设，协同推进减污降碳

1. 以共抓长江大保护推动高质量发展

湖北省成立了由省委书记、省长担任双组长的湖北省推动长江经济带发展和生态保护领导小组，建立长江大保护十大标志性战役指挥部、污染防治攻坚战指挥部等重要平台，制定推进长江经济带生态保护和绿色发展、生态环境保护、长江高水平保护十大攻坚提升行动、长江高水平保护提质增效十大行动、降碳减污扩绿增长等规划、方案，为长江大保护提供了重要组织和政策保障。深入推进流域综合治理，全面实施流域综合治理和统筹发展规划纲要，率先开展省域总磷排放总量控制，推进十堰茅塔河、恩施带水河等小流域综合治理试点。推动制定《美丽湖北建设规划纲要（2023—2025年）》，聚焦美丽湖北建设的目标路径、重点任务、重大政策，提出细化举措。

2. 以生态省建设推动生态文明示范创建

2013 年，湖北成为生态省建设试点省。2014 年 11 月，《湖北生态省建设规划纲要（2014—2030 年）》通过省人大十二届常委会第十二次会议批

准实施。2022 年，《湖北生态省建设规划纲要（修编）（2021—2030 年）》发布，深入推进“五级联创”，建立完善以生态省建设为统领的生态文明示范创建体系，生态文明示范创建工作进入全国第一方阵。截至 2023 年底，全省已成功创建国家“绿水青山就是金山银山”实践创新基地 9 个、生态文明建设示范区 32 个，命名省级生态文明建设示范区 84 个、生态乡镇 844 个、生态村 6428 个。[①] 神农架获评世界最佳自然保护地。

3. 以污染防治推动减污降碳协同增效

湖北省每年多次部署污染防治攻坚、中央生态环保督察问题整改、生态环境风险防控等重点工作。出台湖泊保护、土壤污染防治、水污染防治、大气污染防治、清江流域水生态保护等一系列法规、政策，相关部门印发实施《长江经济带工业园区水污染整治专项行动实施方案》《湖北省重污染天气应急预案》《湖北省大气污染防治“三大”治理攻坚战役和“六大”专项提升行动计划》《湖北省“无废城市”建设三年行动方案》《湖北省农村生活污水治理三年行动方案（2023—2025 年）》等，推进蓝天、碧水、净土保卫战及固体废物源头减量和资源化利用，推动生态环境质量明显改善。2022 年 12 月，湖北省生态环境厅等七部门联合印发《湖北省减污降碳协同增效实施方案》，为实施大气污染物和温室气体协同控制、开展减污降碳协同增效工作提供政策依据。

（三）严格落实考核责任，不断完善统计核算体系

1. 建立考核机制

湖北省严格落实考核责任，建立目标分解落实机制。将单位 GDP 能耗（能耗强度）和碳排放（碳排放强度）降低作为约束性指标，纳入全省“十三五”“十四五”国民经济和社会发展规划纲要，明确节能降碳的主要目标、重点任务和重大工程。建立考核机制，推动能耗强度、碳排放强度降低

① 喻思薇：《生态省建设成效如何 湖北召开预评估专家咨询会》，《湖北日报》2023 年 12 月 19 日。

目标分解落实。对市州政府开展节能、控制温室气体排放目标进行责任考核，确保节能降碳工作落地见效。

2. 不断完善温室气体排放统计核算体系

湖北省省级温室气体清单编制实现年度化，为识别全省温室气体的主要排放源、了解各领域排放现状打下了坚实基础。推动市州编制温室气体清单，湖北省 17 个市州 2015 年温室气体清单均编制完成，部分市州开展 2019~2022 年温室气体清单编制，为地方推动绿色低碳发展提供了数据支撑。

（四）不断加大科技支撑力度

1. 战略科技力量矩阵加速壮大

武汉具有全国影响力的科技创新中心加快建设，“1 家国家实验室+10 家湖北实验室+8 个重大科技基础设施+163 个国家级创新中心+477 家新型研发机构”的战略科技力量矩阵基本形成，29 项“卡脖子”关键核心技术攻关取得明显进展，[①] 光谷科创大走廊重点科创项目加快推进，2023 年新获批国家企业技术中心 7 家，居全国第 1 位；18 家全国重点实验室获批优化重组，湖北科创学院成立，武汉科技集群创新指数跻身全球第 13 名、全国第 5 名。[②] 大力实施“尖刀”技术攻关工程，长江存储闪存芯片技术领先全球，成为半导体领域的“国之重器”。

2. 创新资源加速向绿色低碳领域集聚

湖北省拥有煤燃烧、硅酸盐建筑材料等国家重点实验室，组建了三峡实验室，湖北碳中和技术创新研究院，碳排放权交易省部共建协同创新中心，以及国家电子废弃物循环利用、除硫脱硝等工业烟气治理、工业烟气

① 《国新办举行“推动高质量发展”系列主题新闻发布会 围绕“奋力推进中国式现代化湖北实践 加快建成中部地区崛起重要战略支点”作介绍》，中华人民共和国国务院新闻办公室，2024 年 5 月 7 日，http：//www.scio.gov.cn/live/2024/33887/tw/index_ m.html。

② 《武汉首次进入全球创新科技集群第 13 名》，中华人民共和国科学技术部，2023 年 10 月 9 日，https：//www.most.gov.cn/dfkj/hub/zxdt/202310/t20231009_ 188335.html。

除尘等国家工程技术研究中心，加强减污降碳关键技术攻关。湖北省碳捕集、利用与封存研究起步较早，富氧燃烧技术具有先发优势，先后于2011 年、2014 年建成 3 兆瓦、35 兆瓦规模富氧燃烧平台，在煤炭清洁高效利用、新型储能、驱油利用、页岩气封存等方面具有较大应用潜力。高耗能行业集成系统诊断、空气源热泵、炼焦荒煤气显热回收利用、生活垃圾生态化前处理和水泥窑协同后处置等技术纳入国家重点推广的低碳技术目录。

3. 扶持技术研发与项目孵化

低碳技术对于实现碳减排目标、适应气候变化以及推动可持续发展发挥着至关重要的作用。湖北省积极开展一系列推动科技创新的举措，旨在有效应对气候挑战，并为实现碳达峰碳中和目标提供支撑。首先，湖北省的科技支撑体系全面规划了支持“双碳”目标的科技创新行动和保障措施。这一举措不仅有助于明确目标和计划，还提供了必要的科技基础，以应对碳减排挑战。湖北省制定了长期的科研计划，着力推动多个领域的研发，包括新能源技术，碳捕捉、利用和封存技术，绿色交通技术等。这些创新举措有望降低碳排放、提高能源效率，为碳减排目标的实现提供实际解决方案。

其次，湖北省积极鼓励科研机构、高校和企业之间的合作，以加速科技创新的进展。2023 年 8 月，湖北省成立了武汉双碳产业研究院。该研究院发挥政府、企业、产业、学术研究机构的合作优势，致力于打造“首义论碳”品牌。该品牌已经成功举办了 24 期“首义论碳”主题沙龙，并与外地研究院展开深度合作。武汉双碳产业研究院的建立为湖北气候投融资市场建设提供了宝贵的人才、技术、项目和资本支持，有助于推动气候投融资市场的健康发展。

最后，除了科技研发，湖北省还注重科技应用和技术转化，并鼓励企业采纳和应用清洁技术，以提高生产效率，减少碳排放。同时，支持碳市场的数字化和信息化发展，以提高碳交易的效率和透明度。一系列科技支撑举措使湖北省能够更好地适应气候变化和实现碳减排目标。科技的应用不仅有助于提高生产方式的环保性，为湖北省的可持续发展提供坚实基础，也为其他地区提供了经验和启发。

（五）不断扩大绿色低碳影响，创新低碳应用场景

2018 年，《应对气候变化——湖北在行动》宣传片在第三届中国（深圳）国际气候影视大会上获得长片银奖，绿色低碳影响力持续扩大。应对气候变化南南合作培训基地、全国碳交易能力建设培训中心先后落户湖北，交流合作更加深化。2021 年，举办全国碳市场上线交易启动仪式暨首届 30·60 国际会议，在 2023 年华侨华人创业发展洽谈会中纳入绿色金融、碳金融赋能产业发展暨气候投融资论坛，顺利召开中国碳市场大会 2024、中法城市可持续发展论坛等，碳市场建设和绿色金融发展的国际影响力进一步提升。

湖北省积极推进低碳试点应用场景建设，打造低碳机关、低碳社区、低碳园区、低碳校区、低碳楼宇、低碳景点等六个场景，重点推进以楼宇园区为样板打造低碳园区、以公共机关为样板打造低碳机关、以景点公园为样板打造低碳景点、以各街道为主体打造低碳社区、以中小学为突破口打造低碳校区。中碳登大厦作为零碳标杆楼宇先后入选武汉市 2022 年绿色低碳典型案例、全国 2022 年度十大绿色典型案例。小洪山科学城、水果湖街道综合养老服务中心项目入选武汉市 2023 年首批超低能耗（近零碳）建筑试点示范项目。

三　湖北省绿色低碳发展成效

（一）经济发展与减污降碳协同效应明显

1. 节能降碳成效明显

湖北省持续加力塑造绿色崛起新优势，加快生态优势向发展优势转化，实现高水平保护与高质量发展互促共进。党的十八大以来，全省单位 GDP

能耗和碳排放分别累计下降超过30%、40%，[①] 单位GDP碳排放、人均碳排放均低于全国平均水平。全社会节能超8000万吨标准煤，减少碳排放超1.5亿吨。[②]

2. 环境质量持续向好

湖北省环境空气质量总体改善，地级及以上城市空气优良天数比重提升至2023年的83.2%，国控断面水质优良比重保持在90%以上，[③] 长江干流湖北段、丹江口库区水质稳定在Ⅱ类以上，劣Ⅴ类水质断面全面消除，“微笑天使”江豚种群数量增加到1249头，[④]“水清岸绿、江豚逐浪”的美景成为常态，习近平总书记肯定湖北“生态宜居”。

3. 经济实现跨越提升

湖北省经济总量在2012年、2015年、2018年、2021年分别跨越了2万亿元、3万亿元、4万亿元、5万亿元，2021年经济总量重返全国第7位，2022年、2023年保持在全国第7位，以全国第22位的能耗强度支撑了全国第7位的经济总量。[⑤]

（二）控制温室气体排放工作成效显著

1. 能源结构调整成效显著

湖北省深入践行绿水青山就是金山银山的理念，协同推进降碳、减污、扩绿、增长，控制温室气体排放取得显著成效。湖北省积极推进“加新、控煤、稳油、增气”，构建清洁低碳安全高效能源体系。近年来，全省以风电、光伏为代表的新能源实现跨越式发展。截至2023年底，湖北省发电总

---

① 《一图读懂丨湖北节能降碳的绿色答卷》，湖北省发展和改革委员会，2022年6月13日，https://fgw.hubei.gov.cn/fgjj/ztzl/zl/2022/jnxc/202206/t20220613_4173376.shtml。

② 廖志慧、葛虎：《湖北节能减排交出亮丽成绩单10年万元GDP能耗累计下降近三成》，《湖北日报》2022年6月17日。

③ 王琦：《湖北公布2023年生态环境质量“成绩单”水质为优空气优良天数更多》，《湖北日报》2024年4月2日。

④ 甘娟、邓晓君：《1249！这群“微笑天使”越来越多了》，《长江日报》2023年3月1日。

⑤ 左晨、张阳春、张津铭：《百亿绿色低碳发展母基金启航》，《湖北日报》2024年7月22日。

装机容量 11114.65 万千瓦（含三峡电站），较上年增加 1677.68 万千瓦、同比增长 17.78%；新能源装机容量达到 3323.77 万千瓦，占总装机容量近三成，其中风电、光伏新能源装机全年新增 1229.91 万千瓦，是水电、火电新增装机的 2.75 倍，风电、光伏新能源装机占比从 2022 年底的 22.19%提升至 29.90%（风电、光伏占比分别为 7.52%、22.38%），能源结构优化和减碳效应逐步显现。[①] 建成世界首台（套）300 兆瓦级压缩空气储能站，新型储能装机达到 136.8 万千瓦。

2. 绿色低碳产业加快集聚

湖北省以新兴产业为主导的绿色产业体系加快形成。产业结构不断优化，2023 年，三次产业结构调整至 9.1∶36.2∶54.7,[②] 实现了由“二三一”到“三二一”的历史性转变，规模以上高新技术产业增加值占全省 GDP 比重增至 20.6%。动能转换持续加快，截至 2023 年底，全省“光芯屏端网”产业营业收入达到 8470 亿元，大健康达到 8810 亿元，加快迈向万亿级；新能源汽车出口额增长 117%，规模居全国第 5；数字经济增加值占 GDP 比重提高到 47%，软件产业占中部六省的 44%。[③]

3. 重点行业排放有效控制

工业领域，党的十八大以来，湖北省实施石油化工、煤化工、建材、钢铁、有色等行业节能降碳，淘汰落后钢铁产能 526 万吨,[④] 提前两年超额完成钢铁去产能目标任务，完成 443 家沿江化工企业关改搬转;[⑤] 引导企业加快实施节能环保技术改造，主要高耗能产品能效水平持续提升。2023 年，

① 彭一苇、祝科、刘帮：《占总装机容量近三成，湖北新能源装机容量破 3300 万千瓦》，2024 年 1 月 12 日，https：//baijiahao.baidu.com/s? id=1787818242238125134&wfr=spider&for=pc。

② 湖北省统计局、国家统计局湖北调查总队：《湖北省 2023 年国民经济和社会发展统计公报》，《湖北日报》2024 年 3 月 27 日。

③ 湖北省人民政府：《政府工作报告——2024 年 1 月 30 日在湖北省第十四届人民代表大会第二次会议上》，《湖北日报》2024 年 2 月 8 日。

④ 《湖北：提高能源利用效率 改善生态环境质量》，中华人民共和国国家发展和改革委员会，2022 年 6 月 13 日，https：//www.ndrc.gov.cn/xwdt/ztzl/2022qgjnxcz/dfjnsj/202206/t20220612_1327148_ext.html。

⑤ 《湖北 443 家沿江化工企业清零 长江两岸造林“17 个东湖”》，湖北网络广播电视台，2022 年 8 月 20 日，https：//news.hbtv.com.cn/p/2258495.html。

新增国家级绿色工厂77家，居全国第4位。[①] 建筑领域，稳步推进建筑节能和既有建筑节能改造，党的十八大以来，全省新增节能建筑6.03亿平方米，新增建筑节能764.13万吨标准煤，既有建筑节能改造3774.33万平方米。交通领域，加快构建"三枢纽、两走廊、三区域、九通道"综合交通运输空间布局，铁路、水运等高效交通运输方式加快发展，推广应用新能源汽车18.6万辆、碳减排468.7万吨，城市绿色出行比例不断提高，全省首艘氢燃料电池动力示范船"三峡氢舟1号"下水。公共机构领域，组织开展节约型示范单位创建活动，全省创建12家国家级公共机构能效领跑者、3家省级公共机构能效领跑者、167家国家级节约型公共机构示范单位、240家省公共机构节能示范单位。[②]

4. 生态系统碳汇持续增加

党的十八大以来，湖北省全省森林覆盖率由38.4%提高到42.42%，森林蓄积量由2.86亿立方米增至4.83亿立方米，[③] 湿地保护率由39.54%提高到52.62%。[④]

（三）积极探索绿色低碳发展新模式

湖北省积极开展低碳、近零碳、气候投融资、碳达峰等各类试点示范，涌现出一批绿色低碳转型和发展的典型样板。

1. 多层次低碳试点体系逐步形成

湖北省充分发挥试点示范的引领和带动作用，在城市、园区、校园、社区等领域开展试点示范，鼓励各领域在绿色低碳发展配套政策、低碳产业体

---

① 《强信心 稳预期 促发展·数字里的活力湖北 | 中部第一！湖北77家企业入围国家级绿色工厂》，长江云新闻，2024年1月6日，https：//m.hbtv.com.cn/p/3632285.html。

② 《湖北：提高能源利用效率　改善生态环境质量》，湖北省发展改革委，2022年6月12日，https：//www.ndrc.gov.cn/xwdt/gdzt/2022qgjnxcz/dfjnsj/202206/t20220612_1327148.html。

③ 《湖北举行解读〈关于加强新时代湖北水土保持工作的实施意见〉新闻发布会》，湖北省人民政府新闻办公室，2023年8月24日，http：//www.scio.gov.cn/xwfb/dfxwfb/gssfbh/hb_13842/202308/t20230829_766207.html。

④ 朱媛媛：《【湖北】湿地保护率提高到52.62%，"精灵指数"背后的"林"秀画卷》，《湖北日报》2022年10月28日。

系、低碳绿色生活方式、低碳管理能力等方面大胆探索、积累经验，全方位多层次低碳试点体系初步形成。全省先后开展 2 个国家级低碳城市试点、2 个国家适应气候型城市建设试点、1 个国家气候投融资试点、3 个国家级低碳工业园区试点以及 15 个省级低碳社区试点。各试点工作亮点纷呈、特色各展，武汉市荣获“C40 城市气候领袖群第三届城市奖”，武汉市硚口区入选全球顶级城市 100 个低碳行动典型案例。大型国际体育赛事碳中和模式和“低碳军运”获得积极反响，推出碳积分产品“碳宝包”，引导武汉市民广泛参与低碳消费。

2. 多类型近零碳试点取得新突破

湖北省出台《湖北省近零碳排放区示范工程实施方案》，编制近零碳指南，顺利开展第一批城镇、园区、社区、校园、商业等近零碳排放区示范工程试点 21 个。武汉市以低碳先锋为引领，推动近零碳及低碳示范园区、社区、校园、商业、企业试点创新，积极探索生产降碳、生活减碳、生态固碳路径。

3. 国家气候投融资试点顺利推进

2022 年，湖北省武汉市武昌区入选全国第一批气候投融资试点，建设省市区三级碳市场联席会议机制，成立区内工作领导小组，建立“碳述职”考评机制，武昌区气候投融资试点工作纳入国家级改革试点目标。搭建气候投融资综合服务平台，截至 2023 年 7 月，气候投融资领域重点项目总投资额 459.32 亿元；① 依托中碳登大厦，吸引国检集团、中碳科技等企业、机构入驻，“碳招商”初见成效。推动一批碳基金、碳保险、碳质押融资、绿证收益权质押融资等碳金融产品落地，招引近 200 家涉碳产业的服务企业落户武昌，初步形成碳交易、碳登记、碳结算、碳评级、碳信用、碳核算、碳科技、碳基金、碳资产管理等碳市场服务产业链。成立武汉双碳产业研究院，打造“首义论碳”品牌。

---

① 《“积极应对气候变化 推动绿色低碳发展”低碳日主题新闻发布会》，襄阳市人民政府，2023 年 7 月 12 日，http://www.xiangyang.gov.cn/2022/ltbwz/xgjd/sj_35595/t_3319888.shtml?aaimgdjmohdbaaie。

4. 国家碳达峰试点示范效应逐步显现

湖北省襄阳、十堰纳入全国首批碳达峰试点城市。襄阳系统推进"无废襄阳"建设，积极推动循环经济产业延链补链，2023 年规上企业达 91 家，实现规上工业年总产值近 400 亿元，磷石膏综合利用率达 61%以上，[①] 高新技术产业开发区入选第一批国家级减污降碳协同创新试点产业园区，为全省唯一。十堰实施积极争创国家生态产品价值实现机制试点城市、绿色金融改革创新试验区，打造千亿级水产业，加快发展新能源与智能网联汽车产业，2023 年新能源汽车占全省产量的 21%、出口的 80%。[②]

四　湖北省推进绿色低碳发展的未来路径

（一）深入推进碳交易，建设全国碳市场核心枢纽

1. 依托中碳登系统打造具有全球影响力的碳市场

夯实中碳登国家级平台话语权，以高能级平台集聚更多高质量资源。前瞻性研究国际碳市场发展趋势，将中碳登打造成链接国际碳交易机制、跨境气候投融资的核心枢纽或关键节点，推动建设全球碳交易注册登记中心、全国碳市场和碳金融中心。引导中碳登在持续提升注册登记结算服务质量的同时，创新机制、丰富业态，完善配套设施，吸引头部企业、研发机构入驻，把"流量"变成"留量"。推动筹建武汉碳清算所，打造全国性涉碳金融工具清结算基础设施平台，协助中碳登做好全国碳市场资金清算，助推中碳登实现全国碳市场清算额规模跃升。加快培育中碳资管、双碳基金等"涉碳平台"，吸引各类绿色金融机构集聚。

2. 加快湖北试点碳市场转型发展

完善碳市场配套制度，优化碳排放权配额分配方案，建议正式分配仍采

① 《以绿为底 筑牢襄阳都市圈绿色生态屏障——襄阳市 2023 年生态环境保护工作综述》，2024 年 1 月 29 日，https://xiangyang.cjyun.org/p/494282.html。

② 李琛：《十堰市长王永辉：全省 80%新能源汽车出口，"十堰造"》，《湖北日报》2024 年 3 月 1 日。

取“每年一分”，预分配采取“五年一分”，帮助企业掌握远期配额量，提高交易活跃度。同时鼓励企业将配额作为长期抵押物申请银行专项贷款，用于实施节能技改、碳减排项目，进一步降低减排成本。建设基础数据库，加强碳市场排放数据报送、配额分配、核查、履约等数据开发和管理，支撑区域碳市场健康发展。扩大碳市场覆盖范围。近期在推动降门槛的同时，研究将公共建筑、商业、交通运输等纳入湖北碳市场。远期探索将甲烷、氧化亚氮等非二氧化碳温室气体排放权纳入交易范围。积极拓展水权、绿电、碳汇等环境权益交易，进一步开展电碳市场双认证，推进碳市场、绿电交易两个市场机制衔接、产品创新、数据共享、结果互认，为使用绿电的企业提供“零碳认证”，衔接碳普惠减排量，切实发挥中碳登数据资源优势及国家和地方试点“两个碳市场”协同联动优势，拓展碳数据应用场景。

3. 构建多层次碳金融产品体系

有序构建碳金融衍生产品体系，为碳市场提供套期保值、价格发现与风险管理功能。近期以碳远期、碳掉期等场外衍生品为主，远期逐步转向碳期货、碳期权等场内衍生品开发，形成现货和衍生品、场外和场内共存的格局。积极拓展碳金融支持类工具，助推低碳、零碳、负碳技术革新。推动碳达峰基金落地见效，加快设立湖北省绿色低碳发展母基金，支持碳市场建设和绿色低碳产业发展。创新运用碳债券、碳保险、碳信托、碳资产支持证券等支持类工具，进一步提高市场流动性。分阶段有序推进其他绿色金融产品开发，鼓励发展可持续金融（ESG）、气候投融资等多样化融资形式。落实碳排放权、排污权抵质押贷款管理办法及绿色企业和项目评价指南，探索制定绿电、碳汇等环境权益抵质押融资业务管理办法，助推其他绿色金融产品开发。开发气候信贷、气候债券、气候基金、气候保险等气候投融资创新产品。推动 ESG、气候投融资与未来产业、数字经济、低碳科技深度融合，实现混合型融资工具迭代更新。

4. 培育多元化碳金融市场主体

壮大碳资产管理机构，引导控排企业和非控排企业建立碳资产管理部门和专职岗位，鼓励具备条件的企业设立碳资产管理公司或部门。发挥行业协会功能，提升相关行业整体碳排放绩效和碳资产管理水平。以武汉为主要集聚地，加大碳市场、碳金融相关咨询、核查、认证、交易、科技等服务机构培育力度，鼓励本地碳金融服务机构发展壮大，支持全国性碳金融服务机构在湖北规范设置管理分支机构及开展业务。

5. 建设碳普惠体系

深化武汉碳普惠试点建设，引领武汉都市圈碳普惠一体化发展，带动全省碳普惠体系建设。完善制度规范体系，推动武汉市加快制订《武汉市碳普惠场景评价规范指引》，鼓励其他市州制定碳普惠核证规范、交易管理等配套政策，建立碳普惠标准，推动成立碳普惠商家联盟。完善碳普惠产品体系，推动绿色低碳技术、非化石能源、资源综合利用、生态系统碳汇重点领域项目开发，组织开发备案一批数字化程度高、减污降碳增汇效果明显、具有地方特色的碳减排场景和项目。进一步推动碳普惠减排量与碳市场、各类试点示范衔接，鼓励各类低碳、近零碳试点单位优先使用碳普惠减排量抵消部分碳排放，鼓励大型活动优先采用碳普惠减排量实现碳中和，扩充区域碳市场交易品种。着力搭建企业碳账户平台，归集企业能耗、碳排放等数据，实现企业碳行为智能监测、自动核算、客观评价，为企业碳足迹有迹可循、实现“数字控碳”提供支撑。

6. 加强风险监管和防范

强化机构监管，完善风险防范制度。推动制定和实施穿透式监管制度，运用数据采集、智能分析等技术，防范操纵市场行为，维护碳市场稳定运行。进一步规范碳排放监测、报告和核查制度，加强对第三方核查机构、碳交易咨询机构的监督管理，确保碳排放数据的真实性、准确性和交易的规范性、合法性。加强碳排放数据原始台账管理，建立碳市场排放数据质量管理长效机制。加强碳排放数据专项监督执法，依法依规严肃查处数据造假等问题。

（二）推动绿色低碳产业集聚，加快发展新质生产力

1. 打造低碳服务和绿色贸易产业聚集高地

武汉市、十堰市积极争取成为国家绿色金融改革创新试验区，把握武昌

区国家气候投融资试点机遇，依托中碳登、湖北碳排放权交易中心、中碳资管、双碳基金、武汉碳普惠平台和武汉碳清算所（筹）等涉碳机构聚集优势，推动机构、人才、资金及技术等要素资源加速集聚，打造碳普惠、碳资产管理、碳审计核查、低碳技术咨询等服务业集群，力争将湖北碳排放权交易中心打造成为中部地区唯一、全国最大的碳交易服务机构。打造以武汉金融城（绿色金融）、华中金融城（碳金融）、东湖资本谷（科技金融）、车谷资本岛（供应链金融）、武汉基金产业基地为代表的高水平、辐射面广的金融聚集区。发挥武汉“工程设计之都”优势，建设低碳楼宇和双碳产业园，打造绿色设计、绿色建造等咨询服务集群。持续办好中国碳市场大会、“西湖对话”绿色低碳高质量发展国际合作洽谈会，提升湖北绿色低碳国内外影响力。积极承办碳市场大型论坛和碳交易国际高峰论坛，举办以节能、智慧能源、低碳科技、碳服务等为主题的碳博会，吸引国内外企业布展参展，打造与北京服贸会、上海进博会、广州广交会齐名的“双碳”博览会。以中碳登、中法武汉生态示范城等为载体，推动与欧洲在绿色低碳产业领域开展合作示范，积极参与全国出口产品绿色贸易标准体系建设，开展机电产品碳足迹核算及认证服务，推动低碳产品互认。分析出口企业绿电供需情况，主动服务汽车、平板电脑、液晶显示屏等生产企业开展绿电交易，帮助获取绿证，推动碳足迹研究。积极参与国际碳定价规则研究，妥善应对欧盟碳边境调节机制、美国碳关税等绿色贸易壁垒。

2. 探索建设数字经济与碳市场、碳金融融合示范区

着力建设绿色算力基础设施，在将数据中心纳入湖北碳市场的同时，支持打造低碳、零碳算力产业创新中心或园区。建立激励机制，对建成投产后辐射带动较强、低碳（零碳）示范效果突出的算力基础设施，建议按照项目投资、算力规模和碳减排量，分档给予资金补助。依托西南水电、西北风光等清洁能源输送至华中电网的通道建设，加大省外清洁电力受入能力，保障算力基础设施运行低碳化。鼓励碳市场平台企业与高校院所产学研深度融合，强化区块链、“人工智能+”等技术在碳市场、碳金融、碳普惠中的应用，为碳交易、碳排放数据要素开发利用提供安全可信的解决方案。

3. 利用碳市场机制促进氢能、新能源与智能网联汽车产业集聚发展

开发氢能碳减排方法学，利用碳市场机制促进制氢由化石能源制氢（武钢、中韩石化工业副产氢）向绿色制氢过渡，助推可再生能源制氢技术取得突破。支持东风、上汽通用、吉利路特斯、小鹏、长城等龙头企业积极参与新能源汽车全生命周期碳排放标准、碳减排监测评估等体系建设，在强化供应链、碳足迹管理，增加汽车龙头企业话语权的同时，着力研究氢燃料电池汽车方法学，助推东风氢舟品牌影响力提升和“武汉+襄十随孝”氢燃料电池汽车产业带建设。

4. 利用碳市场机制促进重点行业优化升级

加快钢铁、石化、建材等 9 个重点行业节能降碳改造，加快工业领域低碳工艺革新和数字化转型。发挥中国宝武集团新型低碳冶金现代产业链“链长”作用，实施低碳绿色化改造，加速“氢冶炼”试验与成果运用，加快先进节能技术装备更新换代，全面淘汰低效用能设备；优化钢铁行业配额分配方案，推动钢铁企业能效、碳效稳步提升。持续推进化工行业典型流程工业能量系统优化，提高能源利用效率；积极推进污泥无害化、资源化处置设施建设，鼓励污水资源化利用，推进废塑料、废弃油脂、废橡胶、磷石膏回收和资源化利用技术开发和应用，促进资源循环利用，培育石化、化工产品循环利用新模式；以合成氨为突破口优化化工行业配额分配方案，引导企业加快节能技术装备创新和应用。大力推进水泥窑协同处置，推广多功能、低碳、舒适、智能化的高性能节能玻璃产品，鼓励陶瓷窑炉燃料循环利用；以玻璃为突破口优化建材行业配额分配方案，引导企业加快淘汰落后产能。

（三）深入推进污染防治，加快推动减污降碳协同增效

1. 强化源头防控

加快形成有利于减污降碳的产业结构、区域布局。强化生态环境分区管控应用，构建分类指导的减污降碳政策体系，加快推动重点区域、重点流域落后和过剩产能退出，严禁钢铁、水泥、电解铝、船舶等产能严重过剩行业扩能。从严实施生态环境准入管理，健全部门联审会商机制和清单动态调整

机制，坚决遏制“两高一低”项目盲目发展。

2. 聚焦重点领域，推进协同增效

推进工业、交通运输、城乡建设、农业、生态建设等领域协同增效。加强冶金渣、尘泥、烟气脱硫副产物等固体废弃物综合利用，完成属地船舶生活污水处理装置或储存设施设备改造，强化农村厕所粪污治理和资源化利用，推动江汉平原等沿长江流域农作物秸秆资源化利用，提升丹江口库区等重点区域水土保持与水源涵养功能。

3. 优化环境治理，推动协同控制

推进大气、水、土壤、固体废物污染防治与温室气体协同控制，加大氮氧化物、挥发性有机物以及温室气体协同减排力度，探索制定工业、农业温室气体和污染物减排协同控制方案。推动严格管控类受污染耕地植树造林增汇。开展城镇污水处理和资源化利用温室气体排放测算，在垃圾渗滤液、工业污水处理中加快甲烷转化、脱氮等技术应用。

4. 创新协同模式

在区域、城市、园区、企业组织实施协同创新试点。建立城市群生态环境共保联治机制，在森林城市、园林城市、无废城市、生态文明建设示范区及“两山”实践创新基地建设中强化减污降碳协同增效要求。深化襄阳高新技术产业开发区减污降碳协同创新试点。推广姚家港化工园等国家级环境污染第三方治理园区经验和模式，打造一批“双近零”排放标杆企业。

（四）深入推进能源革命，加快建设新型能源体系

1. 推动化石能源清洁化利用，严格合理控制煤炭消费增长

新增煤电机组全部按照超低排放标准建设，加快落后煤电机组淘汰。加快现役煤电机组“三改”（节能改造、灵活性改造、供热改造）。推动煤炭清洁高效利用，推进油品质量升级，稳步提升天然气消费比重。加快恩施、宜昌页岩气商业化勘探开发利用，建设鄂西页岩气开发示范区。

2. 实施新能源倍增工程，大力发展非化石能源

加快推进抽水蓄能电站建设，全面提升抽水蓄能、集中式化学储能电站

等电源侧系统调峰能力。创新"风电+""光伏+"模式，建设一批风光火储、风光水储百万千瓦新能源基地。因地制宜发展生物质发电、生物质清洁供暖和生物质天然气，探索地热能开发利用，大力发展可再生能源制氢。

3. 加快布局新型储能赛道，推进储能及智慧能源建设

积极研制成套电池装备，支持全钒液流电池储能装备产业化发展和应用示范。加快发展压缩空气储能、飞轮储能等物理储能设施和锂电池、铅蓄电池、超级电容等化学储能设施。推进一批风光水火储一体化、源网荷储一体化项目。发展能源互联网和智慧用能新模式，建设新能源数字化运营系统、绿色数据中心。加快未来能源产业布局，培育能源技术及其关联产业，促进新质生产力发展。

4. 建设新能源基础设施网络，形成适应新能源消纳的新型电网

推进电网基础设施智能化改造和智能微电网建设，提高电网对清洁能源的接纳、配置和调控能力。加快构建充电基础设施网络体系，支撑新能源汽车快速发展。建设坚强智能电网，大力发展以消纳新能源为主的微电网、局域网，实现与大电网兼容互补，建成交直流互备的特高压电网，推进武汉世界一流城市电网建设。

（五）实施全面节约战略，推进节能提高能效

1. 推动能耗双控逐步转向碳排放双控

完善能耗双控，推动绿证与能耗双控、可再生能源消费统计、可再生能源电力消纳责任考核等制度的衔接，发挥绿证在碳排放统计核算、碳市场、产品碳足迹管理、国际互认等方面的作用。落实碳排放双控配套制度，持续加强碳排放双控基础能力建设，加快夯实碳排放核算和统计数据基础。分阶段推动能耗双控转向碳排放双控，保障能耗双控与碳排放双控的衔接。

2. 全面提升节能管理能力

强化重点用能单位节能管理，实施能量系统优化、节能技术改造等工程。加快推行合同能源管理，开展产品能耗限额指标监督检查、高耗能行业能效对标达标和能源审计。实施重点城市、园区、行业节能降碳工程，推进

电梯、风机、工业锅炉等重点用能设备节能增效。

3. 健全节约集约资源利用体系

以磷石膏综合利用、再生砂石料、城镇垃圾资源化利用为重点，扩大大宗固废在绿色建材、绿色开采、生态修复等领域的利用规模，打造城市矿产、秸秆利用、废旧电池回收利用等10条循环经济产业链。[①] 持续推进省级以上园区循环化改造，积极创建国家级循环化改造示范园区。构建废旧物资循环利用体系，加快提升再生材料产能规模。推广"种养结合"、"虾稻共作"、"立体林业"、"循环水"养殖等循环型农业模式。

（六）推进重点领域降碳，提升绿色低碳发展质量

1. 推进城乡建设方式绿色低碳转型

在实施长江经济带发展重大战略和三大都市圈区域发展布局中，强化绿色低碳发展导向和任务要求，加强统一规划。结合不同城市形态、密度、功能布局，积极开展绿色低碳城市建设，推动组团式发展。开展绿色低碳县城和乡村建设，构建集约节约、尺度宜人的县城格局和自然紧凑的乡村格局。

2. 全面提高绿色低碳建筑水平

持续开展绿色建筑创建行动，规范绿色建筑设计、施工、验收和运行管理。提高既有居住建筑节能水平，推动既有公共建筑节能绿色化改造。开展星级绿色建筑、绿色建筑集中区和超低能耗绿色建筑等示范。支持武汉、孝感、宜昌、襄阳等地开展绿色建造智能建造品质建造科技创新融合试点。大力推广光伏在城乡建设中分布式、一体化应用。

3. 构建绿色低碳综合交通运输体系

打造天河机场、花湖机场国际航空客货运"双枢纽"，提高铁路、水路在综合运输中的承运比重，大力发展多式联运，加快形成各种运输方式分工合理、协同高效的服务体系，加快城乡物流配送绿色发展。不断完善城市慢

① 华纯皓：《奋楫前行、提速竞进，推动湖北发展迈上新台阶——政府工作报告解读（下）》，2024年2月8日，http://www.hubei.gov.cn/zwgk/hbyw/hbywqb/202402/t20240208_5081748.shtml。

行交通系统，加大城市交通拥堵治理力度。完善充换电、加氢、加气站点布局及服务设施，推动船舶受电、港口岸电设施改造，推进液化天然气加注站顺畅运行。加快电动、氢能、生物燃料等清洁能源交通工具应用。

（七）实施重大生态工程，持续巩固提升碳汇能力

1. 增加森林碳汇

湖北省拥有丰富的自然资源，包括山川、湖泊和丰富的植被，形成了良好的生态环境。山水相依的地貌使该地区拥有丰富的森林资源和湿地，这些资源提供了独特的生态系统，有助于吸收和储存大量二氧化碳，为碳汇的形成提供了优越条件。要大力实施林业重点工程，科学开展大规模国土绿化行动，推动人工造林、森林质量提升。推进长江中游、汉江中下游森林城市群建设，推进“互联网+全民义务植树”基地、森林城市、生态园林城市、森林乡村建设，加强城市间生态空间连接。

2. 增加湿地碳汇

开展湿地保护修复和退耕还湿，加强小微湿地保护。以国家湿地公园为重点，开展湿地资源调查和动态监测，参照湿地碳汇计量技术规范、湿地碳库建模调查技术规范等行业标准，开发湿地碳汇交易项目。

3. 增加农田碳汇

开展农业农村减排固碳行动，研发应用增汇型农业技术，推广二氧化碳气肥等技术，改进和优化耕作措施，降低土壤侵蚀，增加土壤有机碳固存。开展耕地质量提升行动，提升土壤有机碳储量。

4. 增加地质及其他碳汇

开展地质资源调查评价，采取改良土壤、石漠化综合治理、增强水生植物光合作用等措施，增加碳酸盐溶蚀速率，增加岩溶碳汇通量，提高岩溶碳汇稳定性。

5. 建立生态产品价值实现机制

健全生态产品调查与评价体系，健全生态产品经营开发机制。鼓励打造优质稻米、特色淡水产品（小龙虾）、现代种业、道地药材等特色鲜明的生

态产品区域公用品牌。持续做好森林康养、生态旅游、生态研学等生态产业培育。开展长江干流（湖北段）生态保护修复工程、三峡库区生态综合治理工程、丹江口库区水土保持与水生态综合治理工程等重大生态工程建设，深化“绿水青山就是金山银山”实践创新先行区、基地建设，拓宽生态产品价值实现方式，探索多元化碳中和路径。

（八）积极开展试点示范，形成可复制、可推广样板

1. 发挥碳达峰试点引领作用

鼓励襄阳、十堰深化国家碳达峰试点建设，在摸清碳排放底数、明确试点目标任务的基础上，开展多领域、多维度的系统创新，加快构建市场导向的绿色技术创新体系，不断完善有利于绿色低碳发展的政策体系，围绕新能源与智能网联汽车、大健康、生态文化旅游等绿色低碳产业发展新业态、新模式，支持企业开展清洁能源替代、电气化改造、工业流程再造等节能降碳改造，布局一批技术水平领先、减排效果突出的绿色低碳项目，实现绿色低碳高质量发展，形成良好示范带动效应。支持其他城市和园区申报后续批次国家碳达峰试点。

2. 积极开展气候投融资试点

与其他试点相比，武昌区拥有较为完善的服务产业和金融体系。虽然工业占比不高，但这也为武昌区提供了以第三产业为基础发展气候投融资的机会。武昌区开展气候投融资可能会受制于工业基础，因此需要借助金融机构发挥中介作用，放大财政资金的效应，引导私人部门和社会资金参与气候投融资。武昌区可以作为试点的支点，通过设立多种气候投融资产品，为全省的气候投融资项目提供资金支持和业务咨询服务，这将有助于推动全省的气候友好型投资发展，形成气候投融资独特的模式。

要支持武昌区深化国家气候投融资试点，加快形成特色鲜明的气候投融资项目入库标准和评价指标，培育气候友好型项目，加大非二氧化碳温室气体排放控制项目、适应气候变化（气候风险应对）项目培育力度，搭建气候投融资政银企对接平台，引导金融机构按照市场化原则对入库项目提供更

加优质的金融服务，扩大金融支持范围，为减缓和适应气候变化行动提供更强资金保障。支持武昌区加强气候投融资产品和模式创新，在开发可持续发展挂钩贷款、绿色票据等创新型产品的基础上，开发其他与气候效益相挂钩的金融产品。支持宜昌申报后续批次国家气候投融资试点。

3. 持续推进近零碳试点

加大投入力度，创新投融资模式，支持全省后续批次近零碳排放示范工程建设，打造城镇、园区、社区、校园、商业近零碳样板，在长江经济带推动绿色低碳经济发展中发挥示范带动作用。

4. 深化低碳试点示范

支持武汉、长阳、花山生态新城深化国家低碳城市（镇）试点示范。深化省级低碳城市（镇）试点示范，协同推进环境治理，提升城市（镇）碳数据管理、碳排放评估水平。支持中法武汉生态示范城打造“产业创新、生态宜居、低碳示范、中法合作、和谐共享”五位一体的创新型生态城市发展模式，树立城市可持续发展标杆和典范。

（九）整合创新资源，推动“双碳”关键技术联合攻关

1. 推进重大平台建设

依托武汉建设具有全国影响力的科技创新中心，着力增强绿色科技创新的引领力、辐射力，提升光谷科创大走廊集中度、显示度，整合科研资源，建立低碳领域重点实验室、工程技术中心等科研平台，争取纳入国家重点实验室、工程技术中心平台建设布局。建设氢能产业院士工作站，探索建立绿色电力实验室。搭建一批储能、电动汽车、页岩气、地热能、生物质能、智能电网、碳捕集、利用与封存（CCUS）等研发创新平台，组建跨领域、跨学科联合体，推行科创众包、揭榜挂帅等新模式，推动高校、科研机构、企业联合共建绿色低碳产业链、人才链、创新链。

2. 狠抓重点技术开发

加快能源、工业、交通、建筑、农业等重点领域单项适用技术及共性关键低碳技术研发，加大烟气超低排放与碳减排协同技术创新力度，解决磷石

膏综合治理技术瓶颈，推动磷石膏规模化综合应用。加快 CCUS 关键技术在火电、钢铁、水泥、煤化工、储能等行业集成应用，加快新一代无焰富氧燃烧碳捕集关键技术和无焰富氧燃烧低氮关键设备开发。构建数字经济、“人工智能+”等优势领域“核心技术池”。

3. 加快技术孵化应用

积极对接国家科技成果转化引导基金，发挥省级创投引导基金作用，建设一批成果产业化示范项目。依托绿色低碳技术创新公共平台，持续开展各类先进技术遴选，加强技术指导和推广应用。在国家高新技术产业开发区、高校、科研院所等建立绿色低碳技术孵化中心，助推绿色低碳技术孵化。依托中碳登吸引头部企业、人才、资金及技术等要素资源加速集聚，建议在省绿色低碳发展母基金下设立绿色低碳科技创新子基金，助力完善政产学研金服用“北斗七星式”转化体系，做强成果转化市场，拓宽成果转化渠道。推动与国家绿色技术交易中心合作，开展绿色低碳技术交易。

（十）持续夯实基础能力，健全绿色低碳发展工作机制

1. 健全统计核算体系

推动省级、市州温室气体清单编制工作常态化，鼓励有条件的县（市、区）开展温室气体清单编制工作。依据大气污染物与温室气体融合排放清单编制技术指南、国家修订后的省级温室气体清单编制指南等，适时调整省级清单甲烷排放核算边界、排放因子，进一步提高清单编制科学性。持续开展遥感反演监测、温室气体浓度和通量高精度观测监测，推进温室气体统计数据与监测数据的统筹融合。

2. 完善考核评价机制

落实国家下达的能耗双控、碳排放强度等目标任务，将约束性指标纳入各地经济社会发展绩效考核，开展评估考核。

3. 加强人才队伍建设

湖北立足中部、承接四方，同时也是全国三大智力密集区之一，其区位和人才优势成为湖北在发展气候投融资的重要优势。作为中部科教资源聚集

地，武汉有92所高等院校，高校数量仅次于北京，研究生在校生数远超其他中部城市，武汉还拥有一大批科研设计院所，“两院”院士多，在校大学生多，智力密集，人才资源丰富。鼓励相关高校依托各自优势设立碳达峰碳中和研究机构，围绕储能、氢能、CCUS、碳交易、碳金融等重点领域，开设绿色低碳经济相关专业，设置相关课程，加快碳达峰碳中和紧缺型人才培养，引领带动复合型专业人才培养。

4. 深化合作交流

依托全国碳交易能力建设培训中心、“一带一路”低碳大数据平台、应对气候变化南南合作培训基地，积极参与国家绿色基础设施共建、重大项目碳排放管理及低碳技术交流应用。加强与国际金融机构、外资企业在气候投融资领域的务实合作，积极借鉴国际经验和先进管理理念。湖北省可积极参与共建“一带一路”国家的光伏、风电等可再生能源的联合投资，创造有利的政策环境，逐步建立政府和社会资本合作的政策框架，推动气候投融资活动金融标准的趋同，积极发挥市场作用推进气候融资模式多元化。

参考文献

陈家伟：《“双碳”目标下我国建设碳金融中心的对策研究——以湖北武汉为例》，《山西能源学院学报》2022年第5期。

崔晓菊、赵华、王军亮、王薇：《绿色低碳县城建设指标体系构建与展望》，《建设科技》2023年第8期。

耿文欣、范英：《碳交易政策是否促进了能源强度的下降？——基于湖北试点碳市场的实证》，《中国人口·资源与环境》2021年第9期。

郭健：《“双碳”目标下新能源基础设施发展的投资激励政策研究》，《经济研究参考》2024年第5期。

廖琪、易川、周超群：《坚持底线思维筑牢湖北生态屏障》，《环境保护》2019年第8期。

苏南：《湖北探路电-碳市场协同发展》，《中国能源报》2022年3月28日，第23版。

孙永平、张欣宇：《湖北碳市场的理论创新、实践成就与未来展望——基于有效成本约束的视角》，《湖北社会科学》2021 年第 8 期。

谭秀杰、王班班、黄锦鹏：《湖北碳交易试点价格稳定机制、评估及启示》，《气候变化研究进展》2018 年第 3 期。

陶良虎：《湖北绿色发展的实现路径》，《学习月刊》2016 年第 13 期。

吴晗晗：《湖北推进长江经济带绿色发展举措及思路建议》，《长江技术经济》2018 年第 3 期。

祝科、李治飞：《探索交通绿色低碳发展的“湖北样板”》，《国家电网报》2021 年 9 月 16 日，第 1 版。

邹小伟：《“双碳”战略目标背景下科技支撑湖北产业转型升级路径研究》，《科技创业月刊》2023 年第 10 期。

专题篇：气候投融资研究

气候投融资发展战略及政策体系研究

黄锦鹏　方洁　张伟*

摘　要：　本报告深入研究发展气候投融资的迫切需要、重要意义、国际经验和中国实践。首先，通过梳理全球气候投融资发展进程、国际规制演进、资金规模、资金来源和资金去向等特征，发现气候投融资国际规制快速发展，气候投融资国际合作日益紧密，创新实践不断深化，但仍面临巨大挑战。其次，总结了气候投融资发展的中国实践，中国在政策完善、产品创新、国际交流合作等方面取得突出成效。最后，深入分析了中国气候投融资发展过程中的主要障碍和重要任务，认为应该在政策体系、项目供给、融资工具、信息披露、地方碳市场、平台链接和国际合作等各方面协同发力，在此基础上提出了构建中国气候投融资的政策体系和保障措施。

关键词：　气候投融资　碳金融创新　气候减缓融资　气候适应融资

* 黄锦鹏，湖北经济学院低碳经济学院副教授，主要研究方向为气候投融资与碳市场；方洁，湖北经济学院碳排放权交易省部共建协同创新中心主任，教授，主要研究方向为碳金融；张伟，中国地质大学（武汉）经济管理学院教授，主要研究方向为绿色金融。

一　气候投融资是全球应对气候变化的迫切需要

（一）气候投融资存在巨量资金缺口

温室气体排放带来的气候变化对人类和生态系统影响巨大，极端情况下甚至可能发展为引致金融危机和社会动荡的“绿天鹅”事件。应对气候变化，实现碳达峰碳中和战略目标，正成为全球大多数国家的共识。

应对气候变化的现实压力在不断增加，这源于巨大的资金需求与当前实际投资之间的差距。据 2021 年气候政策倡议组织（CPI）的报告，2019~2020 年全球气候投融资首次超过 6000 亿美元。尽管数额巨大，仍然远远低于应对气候变化所需的估算资金。保守估计，每年需要的气候投融资规模为 4.5 万亿~5 万亿美元，要在 2030 年实现国际商定的气候目标，必须每年增加至少 590%的投资。中国国家气候战略中心测算显示，到 2060 年，中国应对气候变化需要约 139 万亿元的投资，年均需求约为 3.5 万亿元，这导致了资金缺口超过每年 1.6 万亿元。①

尽管全球气候融资规模有所增长，但目前规模仍远远不足以满足现实需求。中国在绿色金融领域取得了一定进展，但对气候相关金融风险评估和气候适应资金的投入仍需进一步提升。这种巨大的资金需求与当前实际投资之间的差距意味着仅依赖政府的公共资金远远不足以满足挑战。这种背景下，为了有效应对气候变化所带来的严峻问题，仅靠政府公共资金远不能满足需求，制定前瞻性气候投融资发展战略，创新多元协同的气候投融资机制与政策体系，引导和撬动社会资金加入势在必行。

（二）碳减排与稳增长双目标之间的协同压力攀升

“双碳”目标的约束与经济增长的压力形成了一种挑战性的矛盾。经济

① 安国俊：《绿色基金 ESG 投资策略探讨》，《中国金融》2023 年第 20 期。

增长通常依赖于能源消耗和资源利用，这在很大程度上会引发温室气体排放。传统上，经济繁荣与能源密集型产业和高排放行业息息相关，这种模式与减少碳排放的目标形成了对立。因此，如何在实现经济增长的同时，有效减少温室气体排放成为一项迫切而艰巨的任务。

这种挑战在国家发展战略层面尤为明显，中国希望维持稳定的经济增长来创造就业机会、提升生活水平和满足人民需求。然而，实现“双碳”目标意味着必须削减碳排放，转向更为清洁、可持续的能源和产业。这种转型需要从经济结构、能源利用到技术创新等多个层面进行重大调整，而这些调整可能会对传统产业、就业和经济增长产生负面影响。

此外，在企业层面，完成“双碳”目标也带来了巨大的挑战。传统上，企业为了追求利润和竞争优势，常常以规模化生产和资源密集型方法为手段。但是，实现“双碳”目标需要企业转向更为环保和低碳的生产方式，这对已经建立起的生产体系和商业模式提出了前所未有的挑战。

双重压力使经济增长与实现“双碳”目标之间的平衡变得尤为艰难。在确保经济稳健增长的同时，需要推动创新、技术进步和政策支持，以促进经济发展与减排目标的融合。这种平衡需要跨国、跨行业的合作与投入，以寻找创新的、可持续的发展模式。

（三）气候投融资地方试点探索亟待突破

各地是落实碳达峰碳中和目标的重要基础和关键环节，而当前地方气候投融资体制机制尚不健全，专业队伍和人才储备不足，缺乏有效的监督、制约、考核和激励机制。为深入推动地方气候投融资工作，亟须加快开展以应对气候变化为目的、强化各类资金有序投入的、以政策环境为重点的气候投融资试点，探索差异化的投融资模式、组织形式、服务方式和管理制度，通过有效抑制地方高碳投资、创新激励约束机制和资金安排的联动机制，切实发挥降碳的引领和倒逼作用，推进绿色金融和转型金融的衔接，为促进地方绿色低碳和高质量发展提供有力支撑，形成可复制可推广的成功经验，为中国实现碳中和奠定坚实基础。

气候投融资是绿色金融的重要组成部分，开展气候投融资试点工作具有重大意义。第一，地方开展气候投融资工作在应对气候变化金融工具开发上积累的经验，有助于进一步探索和丰富国家绿色金融体系的内涵。通过在地方的试点工作，可以总结正反两方面经验教训，丰富理论与实践探索，优化相关政策支持经济社会发展的制度安排。第二，通过地方气候投融资调动各利益相关方积极参与，实现新旧动能转换。金融的初心和使命本就是服务实体经济，但是在国家经济转型时期，金融如何能够为实体经济的发展助力是一个难题。在推进地方气候投融资的过程中，通过创新绿色金融产品，实现金融与地方经济的更好融合，使金融在拓宽投融资渠道、激发各主体潜力、助推经济增长实现动能转换等方面发挥独特的优势。第三，地方积极开展气候投融资活动，有利于实现绿色中国的目标，为中国进一步深入参与全球气候治理奠定良好基础。

二　发展气候投融资的重要意义

（一）构建良好的政策环境，引导社会资本有序进入应对气候领域

制定可行的战略规划有助于调动各方面的资源，包括政府、企业和社会资本，以实现对气候变化的有效应对。明晰的政策导向和投资激励机制，可以引导更多资金有序进入应对气候变化的领域。这对于推动绿色技术创新、减少碳排放、提高生态可持续性等方面具有重要意义。

此外，建立气候投融资的良好政策环境，不仅能够引导资金流向低碳和可持续发展领域，还有助于提高社会对气候变化的认知，并激发其对绿色经济和可再生能源的兴趣。这种转变将为未来经济提供更加健康和可持续的增长路径，为各行业创造新的商业机会，推动可持续发展目标的实现，同时也能更好地应对气候变化带来的挑战。

（二）促进产业与人才集聚，实现碳减排与稳增长双重目标

这一战略性举措旨在推动经济结构优化，加速向低碳、可持续发展模式转型。通过培育气候友好型产业，鼓励和支持可再生能源、清洁技术和环保产业等领域的发展，降低温室气体排放并提升资源利用效率。同时，集聚低碳人才将促进科技创新与知识产业的蓬勃发展，为经济增长注入新的动能，促进绿色技术的创新发展，实现碳减排与稳增长双重目标。这不仅有助于降低碳排放、减缓气候变化的不利影响，更将推动中国经济转型升级，助力实现经济的高质量发展。

（三）创新发展模式，率先建设先行示范标杆

针对气候变化威胁和全球碳减排目标的紧迫性，探索创新投融资模式，为推进气候友好型产业发展、加速绿色转型提供支持。通过建设先行示范标杆，可为全球提供可行的投融资模式和成功经验，进而引领国际气候治理的创新和发展。

三　气候投融资发展的国际经验

（一）全球气候投融资发展进程

1. 气候投融资国际规制快速发展

气候投融资起源于应对全球气候变化的持续努力和合作，其发展历程展示了国际协议、市场机制和政策措施在推动全球碳减排和促进可持续发展方面的重要作用。

1992 年 6 月，里约热内卢召开了被称为“地球峰会”的联合国环境与发展会议，会议上各国就气候行动基本原则达成一致并开放签署《联合国气候变化框架公约》（The United Nations Framework Convention on Climate Change，UNFCCC）。该公约是国际社会在应对全球气候变化问题进行国际合作的一

个基本框架。根据 UNFCCC，气候金融的定义是来自公共、私人或其他渠道的，用于支持减缓和适应气候变化行动的地方、国家和跨国融资。自 1995 年起，UNFCCC 缔约方每年召开缔约方会议以评估应对气候变化相关问题。

1997 年 12 月，《京都议定书》在日本京都通过，首次明确了 2008～2012 年各方承担的阶段性减排任务和目标，并于 2005 年生效。《京都议定书》设定了发达国家的温室气体减排目标，并引入了灵活的市场机制，如国际排放贸易（IET）、清洁发展机制（CDM）和联合实施（JI），这些机制为气候投融资市场的发展奠定了基础。作为《京都议定书》的一部分，CDM 允许发达国家通过在发展中国家实施减排项目来获得碳信用（CERs），这些碳信用可以用于抵消本国的碳排放量。这一机制促进了全球碳信用市场的形成。随着时间的推移，欧盟排放交易体系（EU ETS）等区域碳市场逐渐建立并发展，进一步推动了气候投融资市场的扩展。之后在 2009 年的《哥本哈根协议》中，提出设立绿色气候基金，发达国家承诺争取在 2020 年之前每年为解决发展中国家的气候需要共同调动 1000 亿美元，资金来源包括公共来源、私人来源、双边来源和多边来源等。

2015 年 12 月，在巴黎举行的联合国气候变化框架公约第 21 次缔约方大会（COP 21）达成了具有里程碑意义的《巴黎协定》，以应对气候变化的威胁。该协定的长期目标是将全球平均温度上升控制在工业化前水平以上不超过 2℃，并将增幅限制在 1.5℃，因为这将大幅减少气候变化的风险和影响。尽管《巴黎协定》在国际法下没有设定任何具有法律约束力的目标，但它是在全球范围内应对气候变化的重要里程碑。各国自主贡献（NDCs）是该协定的核心。它们不是自上而下强制性的贡献，而是捕捉到每个国家为减少国内排放量和适应气候变化影响所做的自愿努力，并要求每个缔约方（包括发达国家和发展中国家）确定、规划和报告其 NDCs，并在每五年更新承诺。虽然《巴黎协定》没有直接延续《京都议定书》的市场机制，但其第 6 条规定了新的市场机制和非市场方法，为未来碳市场和气候投融资的发展提供了新的框架。

2021 年 11 月，在格拉斯哥举行了《联合国气候变化框架公约》第 26

次缔约方大会（COP 26），各国领导人在气候大会上达成并签署了《格拉斯哥气候公约》，这是自《巴黎协定》以来全球各国首次被期望宣布更新的气候政策。公约要求各国加紧努力，逐步减少无抑制的煤炭发电的使用。同时，确认要将全球变暖幅度限制在1.5℃以内，就需要迅速、大幅度且持续减少全球温室气体排放，其路径为2030年使全球二氧化碳排放量相对2010年减少45%，在21世纪中叶左右降至净零排放量，并大幅度减少其他温室气体（见表1）。

表1　国际气候投融资相关公约

时间	公约协定	相关政策
1992年6月	《联合国气候变化框架公约》	建立了气候融资的强制性原则:共同但有区别的责任
1997年12月	《京都议定书》	提供新资金来源:通过CDM的核证减排量融资
2001年7月	《马拉喀什协定》	建立了最不发达国家基金和气候变化特别基金
2007年12月	《巴厘行动路线》	达成了"双轨制"谈判路线图,提出建立《京都议定书》下成立的适应基金所需的资金支持
2009年12月	《哥本哈根协议》	发达国家承诺了长期供资目标和快速启动资金目标,提出了建立绿色气候基金(GCF)
2010年11月	《坎昆协定》	建立了长期资金机制和快速启动资金机制,成立了绿色气候基金,将其作为公约的资金机制之一。建立NAMA中央注册处和MRV准则
2011年11月	《基金治理导则》	要求尽快启动建立绿色气候基金
2015年12月	《巴黎协定》	各方将加强气候变化威胁的全球应对,确保全球平均气温较工业化前升高水平控制在2℃之内
2021年11月	《格拉斯哥气候公约》	承诺逐步减少无抑制的煤炭发电使用,并规划了实现将全球变暖控制在1.5℃的目标所需的更短期的减排路径(到2030年二氧化碳排放减少45%,到21世纪中叶净零排放)

资料来源：作者整理。

2. 全球气候投融资规模迅速增长

根据CPI发布的《2021年全球气候融资报告》，在过去十年中，气候融资总额稳中有升，2019~2020年气候融资规模达到6320亿美元，在过去几年资金流量增长有所放缓。2017~2018 年至 2019~2020 年，年度气候资金流量的增长比前期增长 10%，而更早期增长超过 24%。

但是，根据 2023 年 CPI 报告，2021 年和 2022 年的融资总额分别达到 1. 114 万亿美元和 1. 415 万亿美元，为 2020 年的 1. 67 和 2. 13 倍，年平均额达 1. 265 万亿美元，较 2019~2020 年平均额增长高达 94%，达到历史峰值，显示出全球对于气候变化的共识逐渐增强、动用金融资源应对气候变化的意愿逐渐上升，投入减缓气候变化相关经济活动的融资出现增长。同时，为更精准和全面掌握全球气候融资情况，CPI 更新了其数据库和统计方法学，也导致气候融资总额增长。

3. 气候投融资资金来源公私均等

气候资金主要来源于公共部门和私营部门，在 2019~2020 年，前者占气候融资总量的 51%，后者占比为 49%，2021~2022 年公共和私营部门年均分别贡献了 6395 亿美元（占比 50. 6%）和 6250 亿美元（占比 49. 4%），公共与私营部门对气候融资的贡献份额接近于 1 ∶ 1 的关系。公共部门的气候投融资资金主要来自各类金融机构、政府部门、气候基金，其中开发性金融机构（DFIs）参与气候投融资在公共部门气候投融资中占比最高，2019~2020 年为 68%，2021~2022 年平均贡献 3640 亿美元，占比下降到 57%，其中，国家开发金融机构（主要为东亚和太平洋地区的机构）提供的气候资金量最大，达 2385 亿美元；多边和双边开发金融机构则分别提供了 930 亿和 325 亿美元的气候资金。多边开发金融机构的气候资金流入新兴和发展中国家、发达国家、最不发达国家的比重分别为 45%、40%和 14%；双边开发金融机构的气候资金则主要来源和使用于新兴和发展中国家群体内部。除开发性金融机构外，政府、国有企业、国有金融机构是公共部门的其他主要气候融资资金提供方，2021~2022 年均分别贡献了 995 亿美元、1105 亿美元和 605 亿美元的气候资金，占同期公共部门气候融资总额的 42. 3%。上述三类主体的气候资金主要用于减缓气候变化相关的经济活动。相对于开发性金融机构和政府及其附属机构，多边气候基金和公共基金在 2021~2022 年均提供的气候融资则较 2019~2020 年显著下降，降幅分别达 25%和 90%。[①]

私营部门气候投融资资金主要来源于企业、商业金融机构（银行）、家庭和个人机构投资者以及公募/私募基金，其中企业是私营部门资金的最大来源，占 40%。[②] 但随着近年来商业金融机构、家庭和个人不断提升其在气候投融资中的参与度，来自企业的气候投融资占比呈现持续下降的趋势。私营部门中，商业金融机构、企业、家庭和个人是 2021～2022 年气候融资的主要提供方，年均分别贡献了 2350 亿、1925 亿、1845 亿美元的资金，三者合计占同期私营部门气候融资总额的 98%。商业金融机构提供的融资主要用于推动能源领域降碳；企业提供的融资则主要用于可再生能源和低碳交通领域；家庭和个人提供的资金主要为购买新能源电动车、住宅用太阳能光伏、太阳能热水器、家居能效提升设备等消费性支出。

4. 气候减缓融资占比高，适应融资滞后

气候投融资主要用于气候的减缓与适应，“减缓”是指减少人类活动带来的温室气体排放，从而减缓并阻止气候变化的发生，而“适应”主要是各国社会需要增强自身能力去适应气候变化，降低气候变化带来的损失和影响。据《2021 年全球气候融资报告》，2019～2020 年气候减缓资金达到 5710 亿美元，占气候融资总规模的 90%以上，而适应资金为 460 亿美元，只占气候融资总规模的 7%，剩下 2%的气候融资则流向了具有减缓与适应双重效益的气候领域。2021～2022 年较此前并无明显变化，气候减缓相关融资额占比高达 91%；适应融资额占比仅 5%；具有气候减缓和适应双重效益的融资额为 505 亿美元，占比 4%。光伏和陆上风电是可再生能源融资的主要项目，在可再生能源融资总量中，吸引了超过 91%的资金；其他技术，如生物能源、水力发电和地热，所占份额较小，在 0.3%～3%。

气候减缓相关融资中，高达 94%的资金被用于能源（占比 44%）、交通

① 范欣宇、崔莹：《全球气候投融资进展情况及相关建议》，中央财经大学绿色金融国际研究院，2022 年 7 月 5 日；王旬、庞心睿：《全球气候投融资进展情况及相关建议》，中央财经大学绿色金融国际研究院，2024 年 4 月 23 日。

② 《2021 年全球气候投融资报告》。

（占比29%）、建筑和基础设施（占比21%）等三大领域。适应相关融资中，60%用于水和污水处理（占比49%）和农业、森林、土地利用和渔业（占比11%）领域，有36%的资金被分散使用于多行业。具有气候减缓和适应双重效益的融资中，57%用于农业、森林、土地利用和渔业领域，另有20%的资金被分散使用于多行业。

5. 气候投融资工具中债务融资占比最高

全球气候融资主要通过债务融资、股权融资和捐赠这三大类金融工具实现，其中债务融资是最主要的工具，在2021~2022年的占比为61%，包括项目层面的市场利率债务、低成本（利率补贴）债务，以及主体层面债务等三类。其次是股权融资，占33%，主要包括项目和主体层面的股权融资两类。捐赠资金仅占5%。

从全球各地区融资情况来看，2019~2020年超过75%的气候投资在同一国内流动，在同一国家筹集和支出的气候投资约4790亿美元，61%的气候融资以债务形式筹集，资金主要用于低碳交通及可再生能源项目，股权融资资金主要流向可再生能源项目。①

6. 气候投融资主要流向国内

2019~2020年，超过75%的可溯源气候融资流向国内，国际的气候资金流动仅占24%左右，2021~2022年这一趋势继续扩大，84%在国内流动，仅有16%的融资资金跨国流动。2021~2022年在国内流动的气候融资资金中，发达国家与新兴和发展中国家分别占44.5%和53.6%，最不发达国家仅占0.2%。东亚、太平洋和西欧地区是此类资金的主要集中地，其中在中国国内流动的气候投融资资金占全球同类资金比重的51%。跨国流动的气候融资资金则主要流向新兴和发展中国家和最不发达国家，但其中仅有约11%流向了最不发达国家，反映出全球气候资金流动的不均衡性。

---

① 范欣宇、崔莹：《全球气候投融资进展情况及相关建议》，中央财经大学绿色金融国际研究院，2022年7月5日。

（二）全球气候投融资国际合作

1. 发达国家开展的气候投融资国际合作

（1）欧盟开展的气候投融资国际合作

欧盟与发展中国家的多边合作主要在发展合作工具（DCI）框架下进行，旨在减少发展中国家的贫困并实现联合国千年发展目标（MDGs）和SDGs，促进绿色技术在生产和消费中的应用，通过绿色基础设施投资基金减少碳排放等。欧盟是可持续发展概念的先行者，在推动全球气候谈判、碳排放权交易制度建设、建立积极减排目标及国际气候资金援助等方面发挥重要作用。欧盟通过“全球通欧洲”基础设施融资计划，整合与能源气候相关的经济与外交政策并注重撬动欧盟与投资目标国的私人资本。同时，推出3000亿欧元“全球门户”计划，用于全球能源与气候等领域的基础设施建设。这一计划以非洲为重点，提出一揽子投资计划，将通过捐赠、贷款、特别提款权等多种手段将资金投向非洲，用以支持非洲绿色与数字等基础设施发展。在减缓气候变化方面，欧盟通过出台“绿色新政”及成员国层面政策框架和行动计划，在清洁技术、碳排放权交易系统、可再生能源投资、增加森林碳汇等领域持续推广低碳绿色产业合作，促进资源利用效率、产品环保性和消费者意识的提升。在适应气候变化方面，欧盟在防灾减灾、水资源及生态系统治理，以及能力建设等领域开展多方位国际合作，建立专项对话机制，交流应对气候变化领域的经验和技术，共同努力实现循环可持续经济，减少气候灾害造成的不利影响。

（2）美国开展的气候投融资国际合作

美国主要通过开展环境外交和参与全球气候谈判，主导和促成全球气候治理的双多边合作。自美国重返《巴黎协定》以来，美国便将气候变化议题提升至战略高度，如宣布以“全政府”方式推行《美国国际气候融资计划》（以下简称《计划》），试图从气候角度撬动美国的国际地缘政治印象，重塑气候全球领导力。《计划》提出对发展中国家的气候融资规模较奥巴马时期增长一倍、适应资金规模增长为原来三倍的目标。具体工作为：一是扩大国际气候融资并增强其影响力，包括提高美国国际开发署、美国国际开发金融公司、美国千禧年挑战公司等公共机构的国际气候投资规模，并加强对外技术援助等；二是调动私人资本，通过多边开发银行与双边合作等驱动强化美国官方各投资主体与私营部门的合作，筹集、撬动更多社会资本；三是采取措施终止对碳密集型化石燃料能源的国际官方资助，包括对经济合作与发展组织（OECD）与多边开发银行等国际组织施加影响，促使其修改信贷标准，以引导资金远离碳密集型项目；四是参与国际信息披露和气候投融资标准制定，强化气候风险管理，推动资本流动与低排放、气候韧性路径保持一致；五是为了建立国际社会公信，提出要形成对气候融资的定义、衡量和报告的标准。整体上，美国不仅重视通过双边渠道扩大对外气候投融资规模，也注重通过参与并影响各类多边国际组织提高自身影响力，如向国际能源署等国际机构增加捐款，并在 G7 会议上先后提出“重建更美好世界”基建计划和“全球基础设施和投资伙伴关系”计划等。美国在各项计划中均强调与其盟友共同推进发展中国家基础设施投资并聚焦气候变化领域。

（3）日本开展的气候投融资国际合作

日本于 2002 年发布《可持续发展环境保护倡议》，以开展更高效的国际环境合作，其中第一项便是应对全球气候变暖。日本一方面积极在国际场合强调应对气候变化的重要性，阐述其应对气候变化的国际合作政策；另一方面则利用资金和技术方面的优势，积极开展国际气候投资和技术援助。日本开展的国际气候合作具有“以亚洲为中心，兼顾非洲、拉美”的特点。日本重视与中国开展气候国际合作，通过多个双边协议向中国提供资金援助和先进减排技术，并就气候问题开展了人员交流和培训。同时，日本与其他亚洲国家积极开展多边合作，包括建立合作会议机制、技术和数据交换等。日本主导的国际气候合作主要通过环境 ODA、多边政策或倡议和双边减排机制开展。由于日本对低碳基础设施和能源领域的关注，日本 ODA 侧重于减缓气候变化的项目，占所有气候相关 ODA 的 86%，而适应气候变化 ODA 则相对较少。在减缓气候变化方面，日本利用其技术和资金优势帮助发展中国家实现减排目标，通过优化能源结构提高能效，构建低碳社会和增加碳汇等措施减缓全球气候变暖。在适应气候变化方面，日本在促进基础设施建设、完善防灾减灾机制、加强综合性气候风险管理及能力建设，以及构建适应气候治理平台和人才培养等领域与发展中国家开展合作交流，帮助其提高适应气候变化能力，进一步优化气候变化应对方案。

2. 发展中国家开展的气候投融资国际合作

近些年来，发展中国家不仅自身积极应对气候变化，并通过合作创立多边机构或对话平台的方式加强气候投融资国际合作，提供对外气候援助。发展中国家创立的多边机构中包括新开发银行、非洲开发银行、泛美开发银行、亚洲基础设施投资银行等。这类多边机构主要通过补贴、贷款、债券、股票、信用额度等直接援助具体项目或当地实施机构。此外，也通过支持受援国的国家政策间接实现气候援助的目标，比如为他国制定气候变化相关政策提供援助或推动环境问题成为国际整体战略规划的主流影响因素。

发展中国家对国际多边机构的捐款则主要投向全球环境基金和绿色气候基金，虽然发展中国家的捐款额在这两个基金中整体比例不足1%，但极具象征意义。此外，随着新兴市场崛起，发展中国家气候融资格局由主要依靠发达国家的援助体系转向发展中国家南南合作等多种援助驱动并存的融资格局。许多发展中国家通过南南合作以及参与“一带一路”倡议共享发展机遇，获得应对气候变化的资金援助，实现自身可持续发展和相关产业的技术提升和设备优化。

（三）全球气候投融资促进政策与举措

1. 欧盟促进气候投融资政策与举措

为保障应对气候变化政策与行动的实施，各国制定了相应的资金支持政策和举措，不断完善气候融资体系，积极推动气候融资活动。欧盟主要从加强应对气候变化领域资金投入保障、出台可持续金融分类法规范气候融资活动和健全环境认证及信息传导制度三个方面来推动气候投融资活动。

（1）加强应对气候变化领域资金投入保障

2019 年 12 月发布的《欧洲绿色新政》提出了一系列资金保障措施。一是要求欧盟所有项目预算的25%必须用于应对气候变化。同时欧盟预算的收入也将部分来自应对气候变化领域，如欧盟碳排放权交易市场中拍卖收入的20%将划拨给欧盟预算。二是至少30%的“投资欧洲”基金会用于应对气候变化。该基金也会加强与欧盟国家的开发性银行和机构合作，鼓励其全面开展绿色投融资活动。三是加强与欧洲投资银行（EIB）集团、欧盟国家的开发银行与机构以及其他国际金融机构合作。其中，欧洲投资银行启动了相应的新气候战略和能源贷款政策，其目标是到2025年使自身的气候融资比重翻一番，从25%提高至50%，由此成为欧洲的气候银行。此外，2020年1月，欧盟委员会启动绿色新政的公正过渡机制和《可持续欧洲投资计划》，将调动公共投资，并通过欧盟金融工具（尤其是“投资欧洲”）吸引私人投资，计划融资1万亿欧元。2020年7月，欧盟成员国领导人就7500亿欧元规模的欧洲“恢复基金”达成一致，其中25%将专门用于气候行动。四是积极运用财税金融手段支持气候投融资。以欧盟成员国德国为例，政府部门积极参与气候投融资业务，给予绿色项目一定的贴息、利率及税收优惠，充分发挥财政杠杆的作用。例如，1991年德国发布《强制输电法案》，2000年在此基础上出台了覆盖面更广的《可再生能源法》，对投资于风能的封闭式基金给予税收优惠，并对绿色基金的红利实行税负减免。

（2）出台可持续金融分类法规范气候融资活动

为规范可持续金融与气候融资活动，2018年3月，欧盟发布了首份可持续金融文件《欧盟可持续金融增长行动计划》，正式呼吁为可持续金融相关的经济活动建立系统性的分类法。2020年3月，发布了《欧盟可持续金融分类法》的最终报告与政策建议，对于67项经济活动拟定了技术筛选标准，为对环境有重大贡献的经济活动、对环境无重大危害的经济活动以及最低保障要求三种经济活动设置了技术筛选标准。《欧盟可持续金融分类法》是帮助投资者、公司与发行人向低碳经济过渡的高效金融工具，激励资本流向保护环境的经营活动。

（3）健全环境认证及信息传导制度

德国政府监管部门、环保部门、企业与商业银行之间有着比较完善的绿色信息沟通传导机制，有效避免了信息不对称带来的各类风险，提升了绿色金融的执行效率。环境保护部门对企业实行绿色环境认证制度，以此判定企业是否有资格获得相应的贴息补助，从而保障政府的补贴政策精准地用于环境保护领域。德国金融机构在气候融资方面的产品不会因为政府参与而受到制约，产品以公开、公正为原则，在大众了解全部信息的情况下，对产品进行招投标，而政府仅提供利息补贴和执行相关管理制度。

2. 英国促进气候投融资政策与举措

英国在财政资金支持基础上，成立了专业金融机构支持气候融资活动。一是在 2012 年 10 月成立了由英国政府全资控股的绿色投资银行，这是全球第一家由国家成立的为绿色项目融资的投资银行。绿色投资银行降低了民间部门对绿色领域投资的门槛，促进了绿色领域的民间投资。二是 2001 年由英国能源与气候变化部资助成立碳信托公司。碳信托是一家独立的咨询公司，推动应对气候变化的低碳政策制定和实施，如管理运营英国能源技术清单、针对中小企业节能的无息贷款项目“绿色企业基金”等。碳信托的商业活动遍布世界各地，在世界各地开展节能、可再生能源、低碳创新相关的工作，与政府机构、联合国机构和多边开发银行密切合作。

3. 美国促进气候投融资政策与举措

（1）建立了一套较为完善的气候融资体系

在法律方面，1980 年出台《超级基金法》，规定银行必须对客户造成的环境污染负责，支付修复成本，并且可以追溯贷方责任，政府不仅约束银行，还对投资者和第三方评级机构设立了环境条款。《超级基金法》为经费来源制定了专门条款，即设立超级基金。超级基金的主要来源先后包括原料税、环境税、财政拨款以及对责任人的追偿费用和罚款。2005 年通过的《能源政策法》是制定气候金融政策的法律依据之一，其规定美国在能源部下设一个气候信贷委员会，该委员会将选择一批重点工程和项目，予以财政支持。2009 年 12 月，美国环保署依据《清洁空气法》确认温室气体为污染物，并将其纳入该法案的监管体系，《清洁空气法》成为制定气候金融政策的基本法律依据。在监管方面，美国建立了较为完整的绿色金融、气候融资监管体系。2007 年，出台《美国气候安全法案》，据此美国成立了高层碳市场工作小组，其成员包括美国国家环境保护局局长、财政部部长等。该小组负责设计监管碳市场的细节问题，保障碳市场顺利运转，其中关键任务之一是预防欺诈与操纵。

（2）以各州为主，上下联动的发展模式

联邦政府在美国气候金融发展过程中起导向作用，而州政府则结合各州实际情况，充分发挥积极性、主动性和创造性，不断探索具体的、操作性强的、具有创新性的体制机制。探索地方层面促进绿色发展的制度设计、财政政策设计和金融组织的设立等，为市场发展提供良性激励，引导民间金融机构根据政策的指引担负企业社会责任，从而实现气候金融健康发展。

（3）充分发挥金融机构的主体作用

美国气候金融市场充分重视发挥“无形之手”的应对气候变化作用，联邦政府和州政府的角色是市场的参与者、中介方与监管者。金融机构作为最具市场敏锐性和创新力的市场微观主体，在市场化机制下，能以高效率、低成本的方式实现气候适应和减排的目标。截至 2021 年 6 月末，加入赤道原则的美国商业银行共有五家，分别是花旗银行、美国银行、富国银行、摩根大通和美国进出口银行。此外，美国一些州政府探索成立地方性绿色银行，为清洁能源市场提供充足的融资支持，扩大与清洁能源市场有关的金融产品和服务的有效供给。

（4）发布国际气候融资计划

2021 年，美国发布国际气候融资计划，到 2024 年面向发展中国家的气候融资规模将翻倍，建立数据平台把气候信息融入资本市场决策过程，带动私人资本以市场化方式开展国际气候投资。同时，美国还呼吁终止国际投资对“以碳密集型化石燃料为基础的能源项目”的支持。总体上，可以总结为三个主要渠道和一个限制措施，即通过多边开发金融、双边发展金融、私人资本为气候项目提供资金，以及停止将公共资金用于支持高碳类项目。

（5）气候债券为城市中长期基础设施募资

据统计，美国每年需要耗费 2 万亿美元来修复和维持老化基础设施的基本运转，另外每年还需要2万亿美元才能应对自然气候加速变化所带来的灾害。在财政资金不足的情况下，绿色市政债以其高信用资质和独特的税收优势，为绿色投资提供了巨大机会。[①] 2014年9月，纽约发行了《绿色市政债券融资计划》，成为继马萨诸塞州之后第二个发行市政债券的市州。纽约连续多年在绿色市政债发行方面位居前列，是世界金融中心城市中绿色市政债券发行规模最大的城市。2018年，纽约对该计划进行了进一步完善。以完善的制度框架为基础，纽约已经连续发行了多期气候债券，用于支持城市的气候韧性基础设施的建设。

4. 亚洲主要国家促进气候投融资政策与举措

（1）韩国促进气候投融资政策与举措

韩国政府在2008年8月将低碳、绿色作为国家新的发展方向，2010年颁布的《低碳绿色增长基本法》，规定2020年韩国温室气体排放相对“趋势照常场景”降低30%的目标，2012年，韩国颁布《低碳绿色增长基本法》的下位法《温室气体排放配额分配及交易法实施法令》，2013年，颁布了《碳汇管理和改进法》。2015年1月，韩国正式启动碳排放权交易体系。2021年8月31日，韩国国民议会通过《碳中和与绿色增长框架法》，2021年10月27日，韩国国务会议上确定2030年国家温室气体减排目标及2050年碳中和实施方案。2022年3月25日，韩国《应对气候危机碳中和绿色发展基本法》正式生效，成为又一个将碳中和目标法治化的国家。该基本法明确了预防气候危机、减少温室气体排放的立法目的，以及向碳中和社会过渡、绿色可持续发展的基本原则。明确提出了韩国国家蓝图及国家战略，即到2050年实现碳中和并以此为目标制定国家碳中和绿色增长战略。该基本法设立气候应对基金引入应对气候变化的预算体系，在起草国家预算时设定减排目标，采用气候影响评估模型来评估国家重大计划及实施项目对气候造成的影响，用气候响应预算重点支持温室气体减排、低碳产业生态系统构建、基础构建等领域。法案包括实施碳中和的各种政策措施，法案新设立气候应对基金用以支持产业结构转型。

---

① 曾刚、吴语香：《绿色市政债之美国经验启示》，《当代金融家》2019年第Z1期，第81~83页。

（2）日本促进气候投融资政策与举措

日本于2020年10月，宣布将在2050年前实现零温室气体排放，成为碳中和、脱碳社会。2020年12月，日本经济产业省发布了《2050年碳中和绿色增长战略》，并于2021年6月进行更新，日本政府将通过财政扶持、融资援助、税收减免、监管体制及标准化改革、加强国际合作等各种手段，吸引企业将巨额储蓄化为投资，推动经济绿色转型，动员超过240万亿日元（约合2.33万亿美元）的私营领域绿色投资，针对包括海上风电、核能产业、氢能等在内的14个产业提出具体的发展目标和重点发展任务。具体措施包括：设立2万亿日元绿色创新基金，援助碳中和相关项目的创新型技术研发；拿出5000亿日元，协助设立长期化的大学基金，强化学界的研究基础，巩固人才队伍；设立1.1485万亿日元的业务重组补助框架，帮助中小企业转型；对进行节能和绿色转型投资的企业予以减税；投入1094亿日元，创设绿色住宅积分制度，引导居住领域绿色化，从技术研发、实证、推广、商业化各环节予以扶持。

（3）新加坡促进气候投融资政策与举措

新加坡作为亚洲地区的金融枢纽之一，提出了“将本国塑造成亚洲绿色金融中心”的目标。近年来，新加坡政府积极引导和激励社会资本投入绿色和可持续发展领域。2017年6月，新加坡金融管理局推出“绿色债券津贴计划”（Green Bond Grant Scheme），在该津贴计划下，绿色债券发行人在为债券进行独立评估时，涉及的评估成本可获得高达100%津贴，以10万新元为限。同年，新加坡城市发展集团、星展银行等新加坡本土企业便各自发行了绿债产品。2019年2月，新加坡金管局将社会债券和可持续债券也纳入了资助范围，并更名为“可持续发展债券资助计划”，扩展了可持续发展投资的范畴，实施时间持续到2023年5月31日。2019年11月26日，新加坡金融管理局推出一项20亿美元（约27.2亿新元）的《绿色投资计划》以加快新加坡绿色金融生态系统的增长，推广具有环保意义的可持续投资项目。金融管理局首个投资项目是投入1亿美元到国际清算银行的绿色债券基金，支持它的全球绿色融资计划。在新设的绿色投资计划下，金融管理局将把资金交由在本地推动区域绿色行动、并为金管局其他绿色金融计划作出贡献的资产管理公司进行投资，愿景是成为亚洲和全球绿色金融的领先中心。

（四）全球气候投融资创新实践

1. 产品和服务模式创新

气候金融是与应对气候变化相关的创新金融，是利用多渠道资金来源、运用多样化创新金融工具促进全球低碳发展和增强人类社会应对天气变化的韧性的金融模式。为了进一步丰富气候投融资工具，各国政府及组织开始推动发展与气候投融资直接相关的金融工具，诸如碳基金、碳信托、气候债券、碳保险、碳期货、碳期权、碳远期、碳币等金融工具，其中气候债券是与气候变化解决方案相关的固定收益类金融工具，其发行目的是向应对气候变化项目提供融资。相对于传统的债券产品，气候债券支持项目由于需要兼顾气候友好型属性，往往前期投入更大、回款周期更长、项目收益更为有限，给项目融资造成困难。为了解决气候债券在回报机制和风险承担方面的难题，欧盟金融机构已探索开展了众多气候债券产品的创新实践。

2. 欧洲投资银行气候意识债券

2007 年 7 月，欧洲投资银行发行了世界上第一支气候意识债券（Climate Awareness Bond，CAB），募集资金用于欧洲投资银行为可再生能源或能源效率类项目提供贷款。首单气候意识债券募集资金 6 亿欧元，期限为 5 年，债券面值 100 欧元，为零息债券。该债券的本金和到期赎回金额均为 100 欧元，主要收益来源于该债券创新设计的额外收益部分。债券持有到期可获得的额外收益与良好环保领袖欧洲 40 指数、债券存续期间的涨跌幅相挂钩，且最低不少于债券票面的 5%，保证了债券至少 5%的回报率。良好环保领袖欧洲 40 指数是衡量欧洲 40 家环境最为友好型企业的市场价值表现的指数，通过这样的设计，气候意识债券被构建为一个股票挂钩型债券。除此之外，若到期日的额外收益超过债券面值的 25%，债券持有者将有权将超过部分的金额用于在欧盟碳市场中购买或废除相应金额的碳配额，以强化碳市场的减排效益。

首单气候意识债券的创新收益机制实现了绿色债券投资价值和环境友好型企业价值的捆绑，即该债券的投资者可通过对气候友好型项目提供资金支持，享受环境友好型企业潜在价值增长带来的红利，同时可以保障最低5%的固定收益，具有较高的风险回报。在债券募集资金支持气候项目的过程中，也可能间接提高环境友好型企业的市场表现，从而增加投资者回报率，继而刺激更多的投资者参与气候意识债券投资，形成循环正向激励。

目前，欧洲投资银行不仅成为发行绿色债券规模最大的多边开发银行，也在建立国际绿色债券市场实践机制、孵化新型绿债品种方面发挥了关键作用。自2007年发行首单气候意识债券开始，欧洲投资银行在气候融资领域始终保持领先地位，并对各类发行方起到良好的示范和引导作用。截至2020年末，欧投行累计发行气候意识债券规模超过337亿欧元，覆盖欧元、美元、英镑、瑞典克朗、加元、澳元等17个币种。2020年，欧投行将约合85亿欧元的气候意识债券募集资金投向了30个国家的121个气候项目，对全球应对气候变化工作作出了重大的贡献。①

3. 欧洲复兴开发银行气候韧性债券

气候适应类项目由于主要关注加强各领域适应气候变化的能力，大多属于公益属性更为显著的项目类别，面临较为严峻的融资困难。为了资助全球气候韧性项目建设，2019年9月，欧洲复兴开发银行（EBRD）发行了全球首单气候韧性债券，为适应项目的债务融资作出了创新实践。该债券期限为5年，募集资金7亿美元，以支持符合气候债券倡议组织（CBI）《气候韧性原则》（Climate Resilience Principles）的适应类项目。首单气候韧性债券由法国巴黎银行、高盛集团、瑞典北欧斯安银行联合承销，吸引了来自15个国家的约40位投资者参与认购。该气候韧性债券募集资金投向摩洛哥、

① 刘慧心：《气候债券产品创新的国内外经验借鉴》，中央财经大学绿色金融国际研究院，2022年2月8日。

阿尔巴尼亚等欠发达国家和地区，通过建设气候韧性基础设施、建设农业水利工程、发电站现代化改造等措施帮助这些地区提升整体气候适应能力。

针对债券存续期管理，欧洲复兴开发银行也制定了完整的监管机制，对存续期内资金流向的监督、报告和审查进行规范。欧洲复兴开发银行根据《气候韧性原则》等监管规则对资金流进行一季度一次的审查，保证募投项目在实际操作中符合相关规则标准。另外，欧洲复兴开发银行每季度会对资金使用情况进行报告，将可公开的部分内容按照产业和国家（地区）进行分类报告，其他包括气候适应性项目总数、项目平均剩余期限以及气候韧性债券偿付情况等也都会在报告中进行详细说明。

（五）全球气候投融资面临的挑战

1. 各国采取多项应对气候变化举措，但仍不能满足控温目标要求

《巴黎协定》的出台明确了全球共同追求 1.5℃的控温目标，在此基础上，《联合国气候变化框架公约》第二十六次缔约方大会（COP 26）于 2021 年 11 月成功举办，作为《巴黎协定》进入实施阶段后召开的首次缔约方大会，进一步推动了各方尤其是发达国家真正落实减排承诺，共同行动以有效应对气候变化带来的危机和挑战。2022 年 11 月，第 27 届联合国气候变化大会（COP 27）重申了 1.5℃的控温目标，通过了“沙姆沙伊赫实施计划”协议，各缔约方就建立“损失和损害”基金达成一致，发达国家首度同意支付发展中国家因气候变化造成的损失，气候赔偿决议迈出了历史性的一步。尽管如此，当前各国应对气候变化的措施仍然不够，大气中温室气体的浓度持续上升。联合国环境规划署（UNEP）在《2022 年排放差距报告》中表明，尽管很多国家在 COP 26 上宣布设立或更新国家自主贡献目标，但在目前的政策情境下，21 世纪末的全球气温仍有很大可能上升 2.8℃，远远超过《巴黎协定》的目标，并将导致地球气候的灾难性变化。

2. 全球气候融资规模呈上升趋势，但资金缺口仍然巨大

根据气候政策倡议组织（CPI）估算，平均场景下，2022~2030 年全球年气候融资总需求量将从8.1万亿升至9万亿美元，而2031~2050年的年均需求量将超10万亿美元。以最低资金需求量计算，2021~2022年的年均融资额仅为需求的15.6%，全球每年应对气候变化的资金缺口依然巨大。

2021~2022年，气候适应相关融资额占比仅5%，由于气候变化造成的影响在逐渐增强，但适应性融资流量增长较慢，导致全球适应性融资缺口持续扩大。因此，所有国家均面临着日益严重的气候适应投融资压力，特别是发展中国家，填补适应性资金缺口需将每年的投资需求提高到1300亿~4150亿美元。

2024~2030年，发展中国家每年需要2120亿美元的气候适应资金，翻了近两番，但以当前发展中国家的融资水平来看，实现这一目标无疑是非常严峻的挑战。2024~2035年，发展中国家将需要3.3万亿美元气候适应资金，然而按照目前的融资水平，仅有8400亿美元能够到位。发展中国家相较于发达国家在面对气候风险时脆弱性更高，提高气候适应投融资规模迫在眉睫。①

3. 发达国家未兑现对发展中国家气候援助承诺

发达国家对发展中国家的气候融资相对其承诺仍然存在很大缺口。2009年，在哥本哈根气候大会上发达国家作出了“至2020年每年为发展中国家提供1000亿美元气候资金”的承诺，但根据OECD的估计，2020年，发达国家对发展中国家提供的气候融资金额为833亿美元，2021年为896亿美元，距离1000亿美元还有相当距离，且这一数据包含了约140亿美元的私营部门融资，同时赠款比例约20%。由于发达国家仍迟迟未能履行承诺，发展中国家应对气候变化挑战的进程也因此被拖慢，严重阻碍气候行动目标的实现，也对国际气候合作形成阻碍。

发达国家之间经济规模存在巨大差异，其能够提供的气候资金规模也各

---

① 王旬、庞心睿：《全球气候投融资进展情况及相关建议》，中央财经大学绿色金融国际研究院，2024年4月23日。

不相同，在“1000 亿美元”承诺中承担了不同的份额。2016～2018 年，UNFCCC 附件中的 23 个典型发达国家，对这一承诺作出了各不相同的贡献，少部分国家已超过其应有份额，而近半国家未达这一目标的一半。在这 23 个国家中，仅卢森堡、法国、日本、德国的实际气候融资额大于其应分摊份额，而日本、法国虽资金总规模相对较高，但其中近 90%是贷款而非赠款，贷款比例远大于其余发达国家，接受资金的国家事实上在应对气候变化进程中仍有较大压力，而赠款才是代表发达国家自愿援助发展中国家以践行应对气候变化行动中“共同但有区别的责任”原则的形式。

四　气候投融资发展的中国实践

（一）中国气候投融资政策不断完善

近年来，中国政府高度重视可持续发展，实施积极应对气候变化的国家战略，推动构建人类命运共同体。2020 年 9 月，习近平主席在第 75 届联合国大会上提出“碳达峰碳中和”目标，为了更好发挥投融资对应对气候变化的支撑作用，中国生态环境部、国家发展改革委、中国人民银行等五部门于 2020 年 10 月联合发布了《关于促进应对气候变化投融资的指导意见》（以下简称《指导意见》），首次以气候变化投融资作为政策文件主题，特别强调“要激发社会资本的动力和活力”，对气候变化领域的建设投资、资金筹措和风险管控进行了全面部署（见表 2）。

表 2　中国气候投融资相关政策

时间	政策	内容
2020 年 10 月	《关于促进应对气候变化投融资的指导意见》	首次以气候变化投融资作为政策文件主题，对气候变化投融资作出顶层设计
2021 年 1 月	《关于统筹和加强应对气候变化与生态环境保护相关工作的指导意见》	加快推进气候投融资发展，建设国家自主贡献重点项目库，开展气候投融资地方试点，引导和支持气候投融资地方实践

续表

时间	政策	内容
2021 年 9 月	《气候投融资项目分类目录》	提供了气候投融资项目分类的基本原则以及减缓气候变化和适应气候变化项目的分类指南，用于相关机构对气候投融资项目进行识别、界定和分类
2021 年 12 月	《关于开展气候投融资试点工作的通知》及附件《气候投融资试点工作方案》	发布了关于投融资试点的总体要求包括工作原则、目标和重点任务等，以及投融资试点工作的组织实施步骤
2022 年 8 月	《关于公布气候投融资试点名单的通知》	确定了 12 个市、4 个区、7 个国家级新区共 23 个地区为首批气候投融资试点地区
2022 年 11 月	《关于印发气候投融资试点地方气候投融资项目入库参考标准的通知》	对试点地方气候投融资入库项目做了详细的规定

资料来源：作者整理。

2021 年是中国开启碳中和征程的元年，也是碳达峰碳中和“1+N”政策体系制定年。中国连续印发两个指导碳达峰碳中和工作的重磅文件《中共中央 国务院关于做好碳达峰碳中和工作的意见》《2030 年前碳达峰行动方案》，均明确提出“研究设立国家低碳转型基金，鼓励社会资本设立绿色低碳产业投资基金”。

为了探索差异化的气候投融资体制机制、组织形式、服务方式和管理制度，2021 年 12 月，生态环境部等九部门联合印发《关于开展气候投融资试点工作的通知》与《气候投融资试点工作方案》（以下简称《工作方案》），组织开展气候投融资试点工作。要求通过 3～5 年的努力，试点地方基本形成有利于气候投融资发展的政策环境，培育一批气候友好型市场主体，探索一批气候投融资发展模式，打造若干个气候投融资国际合作平台，使资金、人才、技术等各类要素资源向气候投融资领域充分聚集。其中对“气候投融资”的定义为：气候投融资是指为实现国家自主贡献目标和低碳发展目标，引导和促进更多资金投向应对气候变化领域的投资和融资活动，是绿色金融的重要组成部分。与国际通行气候投融资定义一致，《指导意见》和《工作方案》对于气候投融资的支持范围也分为“减缓气候变化”和“适应气候变化”两个方面（见表3）。

表3 气候投融资支持范围

支持范围	具体支持领域
减缓气候变化	调整产业结构，积极发展战略性新兴产业；优化能源结构，着力发展非化石能源； 开展碳捕集、利用与封存试点示范；控制工业、农业、废弃物处理等大量能源活动温室气体排放；增加森林、草原及其他碳汇等
适应气候变化	提高农业、水资源、林业和生态系统、海洋、气象、防灾减灾等重点领域适应能力；加强适应基础能力建设，加快基础设施建设、提高科技能力等

资料来源：作者整理。

2022年8月，生态环境部、国家发展改革委等九部门联合发布《关于公布气候投融资试点名单的通知》，在综合考虑申报地方工作基础、实施意愿和推广示范效果等因素的基础上，确定23个气候投融资试点，其中包括12个市、4个区、7个国家级新区。[①] 同时，定期组织对试点工作进展和成效进行总结评估，及时梳理试点工作的先进经验和好的做法，力争探索一批气候投融资发展模式，形成可复制、可推广的成功经验。

同年11月，为了扎实推进气候投融资试点地方各项任务落地落实，充分发挥气候投融资项目库作用，提高气候投融资项目入库质量，提升气候投融资资金使用效益，引导和促进更多资金投向减缓和适应气候变化领域，生态环境部办公厅发布了《关于印发气候投融资试点地方气候投融资项目入库参考标准的通知》。对入库项目的总体要求，包括目标时间节点等、入库项目的范围及类型和入库项目的评价指标做了详细的规定；对入库项目的气

① 23个地方投融资试点为：北京市密云区、北京市通州区、河北省保定市、山西省太原市、山西省长治市、内蒙古自治区包头市、辽宁省阜新市、辽宁省金普新区、上海市浦东新区、浙江省丽水市、安徽省滁州市、福建省三明市、山东省西海岸新区、河南省信阳市、湖北省武汉市武昌区、湖南省湘潭市、广东省南沙新区、深圳市福田区、广西壮族自治区柳州市、重庆市两江新区、四川省天府新区、陕西省西咸新区、甘肃省兰州市。

候效益做了明确具体的要求；同时明确项目经济性为参考指标，不作为项目是否入库的必要指标；项目社会效益和环境协同效益为参考指标，并列举了具体的目标实例。

（二）中国气候投融资产品不断创新

在当前全球应对气候变化以及中国碳达峰碳中和的背景下，国内机构已探索开展了众多气候金融产品的创新实践，从最初的碳排放权交易，到碳信贷、碳债券、碳基金、碳信托、碳保险等金融工具，不断丰富和满足了市场的多元化需求，为中国的碳减排和绿色发展提供了有力支持，为企业提供了更多样化的融资渠道，同时进一步推动了碳市场的活跃和发展。

1. 碳信贷

碳信贷是在绿色信贷的基础上进一步细分而来，目前国际上主要包括两种碳信贷模式：一是商业银行等金融机构直接向低碳企业和项目提供贷款资金或提供优惠利率；二是通过碳排放权交易平台为 CDM 项目下的 CERs 贷款。当前，中国商业银行等金融机构所开展的碳信贷业务多以直接向低碳企业或项目提供资金的模式进行。2022 年，中国银保监会发布《银行业保险业绿色金融指引》，全方位推动银行保险机构发展绿色金融。2024 年 3 月，中国人民银行等 7 部门联合发布《关于进一步强化金融支持绿色低碳发展的指导意见》，其中提到加大绿色信贷支持力度，进一步加大资本市场支持绿色低碳发展力度。

中国人民银行发布数据显示，截至 2023 年末，本外币绿色贷款余额为 30.08 万亿元，同比增长 36.5%，高于各项贷款增速 26.4 个百分点，比年初增加 8.48 万亿元。其中，投向具有直接和间接碳减排效益项目的贷款分别为 10.43 万亿元和 9.81 万亿元，合计占绿色贷款的 67.3%。分用途看，基础设施绿色升级产业、清洁能源产业和节能环保产业贷款余额分别为 13.09 万亿元、7.87 万亿元和 4.21 万亿元，同比分别增长 33.2%、38.5% 和 36.5%，比年初分别增加 3.38 万亿元、2.33 万亿元和 1.23 万亿元。分行业看，电力、热力、燃气及水生产和供应业绿色贷款余额 7.32 万亿元，同比增长 30.3%，比年初增加 1.82 万亿元；交通运输、仓储和邮政业绿色贷款余额 5.31 万亿元，同比增长 15.9%，比年初增加 7767 亿元。

2. 碳债券

中国首单碳债券为 2014 年 5 月中广核风电发行的“债券”，发行金额 10 亿元人民币，发行期限为 5 年，募集资金全部用于置换发行人借款。该碳债券特别创新了“固定利率+浮动利率”的利率结构，其中固定利率为 5.65%，较同期限 AAA 级信用债低约 46BP；浮动利率区间设定为 5~20BP，与发行人下属的 5 家风电项目公司在债券存续期实现的 CCER 净收益正相关。通过将债券利率与企业每期 CCER 销售净收益相挂钩，构建了一个相当于对于企业碳收益看涨的利率结构，并将利率控制在［5.7%，5.85%］，若企业当期碳收益低于 50 万元的底线，投资者可获得 5.7%的债券利率，若当期碳收益高于 200 万元，企业则可以保留超过的部分收益，仅支付 5.85%的利息。中广核风电附加碳收益中期票据的利率机制创新性地绑定了企业碳收益与投资者的投资收益，是中国碳金融市场的创新性突破。

根据中国银行间市场交易商协会发布的数据，2021 年 2 月，银行间债券市场率先发行“碳中和债”，首批 6 笔碳中和债发行金额合计 64 亿元，期限均为 2~3 年，用途为风电、水电、光伏和绿色建筑等低碳领域。① 同月，由国家能源集团、国家电投、中国华能和中核集团四家企业发行首批交易所碳中和绿色债，发行金额合计 105 亿元，期限均为 2~3 年，70%的募集资金将主要用于风电、光伏发电、水电、核电等清洁能源领域，不超过 30%的募集资金可用于补充企业流动资金。

CBI 在气候债券全球年会亚太区域研讨会上联合兴业研究发布的《中国可持续债券市场报告 2023》显示，2023 年，中国在境内及离岸市场发行了总额为 0.94 万亿元人民币的绿色债券。其中符合 CBI 绿色定义的发行量为约 0.6 万亿元，中国连续两年保持世界最大的绿色债券发行市场的地位

① 《奋进之路——中国银行间市场交易商协会成立 15 周年大事记》，中国银行间市场交易商协会，https：//www.nafmii.org.cn/zt/swzn/xhdsj/202208/t20220831_291385.html。

（按符合 CBI 定义的绿色债券统计口径）。被纳入 CBI 绿色债券数据库的绿债数量占所有贴标绿色债券数量的比重从 57.3%上升至 63.6%，绿色债券发行质量与可信度实现双提升。2023 年，能源和交通相关融资共占境内发行的绿色债券募集资金总额的 84%，比 2022 年增加 10%。北京继续引领全国绿色债券发行，发行量达 374 亿美元，同比增长略高于 10%。与 2022 年相比，上海的绿色债券发行量大幅增长，增幅高达 170%，其他地区绿色债券发行量也呈现健康增长态势。

3. 碳基金

碳基金是定位于碳市场，从事碳资产开发、管理及交易的投资基金，或者通过在碳市场投机交易获利的基金。2005 年，天治基金管理有限公司发行了第一只碳基金——天治低碳经济灵活配置混合型证券投资基金，而在此后的 15 年间，中国的碳基金市场发展一直较为缓慢。2010 年 7 月，中国绿色碳汇基金会成立，是中国首家以增汇抵排、应对气候变化为主要目标的全国性公募基金会。中国绿色碳汇基金会发起者包括国家林业和草原局、中国石油天然气集团、中国绿化基金会、嘉汉林业（中国）投资有限公司等。先期募集 3 亿元，由中国石油天然气集团公司捐赠，用于开展旨在固定大气中二氧化碳的植树造林、森林管理以及能源林基地建设等活动。2014 年，中国首只经证监会备案的碳基金由诺安基金子公司诺安资产管理有限公司对外发行，规模为 3000 万元。2021 年，中国碳基金的发行数量开始增加。武汉“碳中和-新能源基金”和宝武碳中和股权投资基金规模较大，比较典型。

武汉“碳中和-新能源基金”由武汉知识产权交易所牵头，下属控股湖北汇智知识产权产业基金管理公司作为管理人，联合国家电力投资集团、盛隆电气、正邦集团联合成立，是湖北首个碳中和基金。该基金募资规模 100 亿元，首期募集 20 亿元。2021 年 7 月，完成第一笔合作签约募集，重点关注绿色低碳先进技术产业化项目，用于企业节能减排设施设备的建设配置，如养殖场的沼气设施建设，以及节能减排技术创新的投入。2021 年 7 月，中国宝武发起设立碳中和系列主题基金，该基金由中国宝武钢铁集团有限公司与国家绿色发展基金股份有限公司、中国太平洋保险（集团）股份有限公司、建信金融资产投资有限公司签约、共同设立。总规模为500亿元，宝武绿碳基金为一期基金，规模为100亿元，是国内首只由工业类中央企业发起设立的碳中和基金。该基金以“绿色金融支持低碳转型、赋能企业绿色发展”为使命，重点投资于绿色技术、清洁能源、节能环保等三大领域，依循“依托宝武，立足生态圈，走向碳中和”的总体发展策略，助推“双碳”目标的实现。

4. 碳信托

信托也是气候金融领域不可忽视的部分，碳信托是绿色信托的功能延展和服务细分领域。根据《绿色金融术语手册2018》的定义，绿色信托主要指信托机构为支持环境改善、应对气候变化和资源节约高效利用等经济活动提供的信托产品及服务。业务类型包括减碳低碳企业融资类、减碳低碳产业基金类、碳资产事务管理类和碳排放权资产证券化信托等。2021年1月，兴业银行联合兴业通过受让碳排放权收益信托发行“兴业信托利丰A016碳权1号集合资金信托计划”，以碳价作为标的信托财产估价标准，向福建一家公司提供融资支持。2021年4月，中海信托与中海油能源发展股份有限公司宣布，共同设立全国首单以CCER为基础资产的碳中和服务信托，将中海油能源发展持有的CCER和服务信托作为信托基础资产交由中海信托设立财产权信托，再将其获得的信托受益权，通过信托公司转让信托份额的形式募集资金，并将募集资金全部投入绿色环保、节能减排产业。

5. 碳保险

碳保险是一种旨在规避减排项目开发过程中的风险，确保项目减排量按期足额交付的担保工具。它通过与保险公司合作，对重点排放企业新投入的减排设备提供减排保险，或对碳信用项目买卖双方的碳信用产生量提供保险。碳保险不仅有助于降低碳市场风险，促进碳金融发展，还为企业低碳转型路径中的风险管理提供了有效工具。碳保险产品包括碳资产损失类保险、碳排放配额质押贷款保证保险、减排设备损坏碳损失保险等，覆盖了碳金融活动中的交易买方和卖方所承担的风险。此外，碳保险还被视为与碳信用、碳配额交易直接相关的金融产品，通过保险的风险管理功能，为企业提供风险保障，尤其是在新能源产业发展中，如海上风电、光伏发电等领域，碳保险发挥了重要作用。

2016 年以来，中国陆续开展碳配额质押融资保险、碳配额抵押贷款保证保险；2022 年，集中开展林业碳汇指数保险、林业碳汇价格保险、草原碳汇遥感指数保险、海洋碳汇指数保险、湿地遥感指数保险、农业碳汇保险。2021 年，中国人寿财险福建分公司创新开发出林业碳汇指数保险产品，将因火灾、冻灾、泥石流、山体滑坡等合同约定灾因造成的森林固碳量损失指数化，当损失达到保险合同约定的标准时，视为保险事故发生，保险公司按照约定标准进行赔偿。保险赔款可用于灾后林业碳汇资源救助和碳源清除、森林资源培育、加强生态保护修复等。2024 年，中华财险辽宁盘锦中心支公司在盘锦成功落地贝类碳汇价值养殖成本综合保险，成为辽宁省首个落地的“海洋碳汇保险”项目。项目为辽宁浩洋渔业发展有限公司“杂色蛤底播增殖养殖项目”的一万亩海域提供了 1690 万元碳汇价值与养殖成本的风险保障。2023 年，中国人寿财险为 565.4 万客户提供绿色保险保障近 12 万亿元，支付赔款 67 亿元。[①] 与此同时，持续深化绿色保险供给创新，全国首创防治互花米草的海洋生态植被救治保险、湿地生物多样性保护保险，构建五大生态系统碳汇保险体系，创新开发水污染清理费用保险、发电行业碳超额排放费用损失保险、个人充电桩财产损失保险、风光保险、绿色建筑保险等，已对“双碳”关键领域形成了全面覆盖。

在顶层设计方面，2024 年 4 月，国家金融监管总局发布的《关于推动绿色保险高质量发展的指导意见》提出，到 2027 年，绿色保险政策支持体系比较完善，服务体系初步建立，风险减量服务与管理机制得到优化，产品服务创新能力得到增强；到 2030 年，绿色保险发展取得重要进展，服务体系基本健全，成为助力经济社会全面绿色转型的重要金融手段。

---

① 《中国人寿：2023 年绿色保险保障 12 万亿元》，人民网，2024 年 7 月 11 日。

（三）中国持续推动气候投融资国际交流合作

中国在国际上持续支持全球气候治理，促进、引导气候变化全球合作，为最不发达国家、非洲国家及其他发展中国家提供了实物及设备援助，对其参与气候变化国际谈判、政策规划、人员培训等提供大力支持，并在发展中国家中启动开展10个低碳示范区、100个减缓和适应气候变化项目及1000个应对气候变化培训名额的合作项目。

1. 积极推进联合国框架下的气候谈判进程

近年来，中国深度参与《巴黎协定》后续谈判，推动建立新的全球气候治理体系。2018年12月在波兰卡托维兹举办的第24届联合国气候变化大会上，中国积极参与谈判过程，推动各方代表就关键问题达成一致，为最终落实《巴黎协定》实施细则作出建设性贡献。此外，中国在“中国角”举办“中国气候投融资”论坛，介绍了中国在气候投融资方面所取得的成果并分享了成功经验。

2. 深度参与公约外气候变化相关事务

中国在彼得斯堡气候变化对话以及二十国集团会议，《蒙特利尔协定书》缔约方会议，国际民航、国际海事等组织的气候变化相关议题中发声，并持续关注联合国大会、亚太经合组织、金砖国家会议等场合下气候变化相关问题。2018年6月，中国与欧盟、加拿大在比利时布鲁塞尔共同举办第二次气候行动部长级会议，在全球应对气候变化进程不确定性增强的背景下进一步凝聚各方共识，注入新的政治推动力。2018年9月，中国作为17个发起国之一与其他国家共同设立全球适应委员会，推动国际社会适应气候变化通力合作，加速全球气候行动进程，帮助气候脆弱型国家提高气候适应力。

3. 致力推动气候变化南南合作

多年来，中国致力推动气候变化南南合作。截至2018年4月，中国已与30个发展中国家签署合作谅解备忘录，赠送遥感微小卫星、节能灯具、户用太阳能发点系统帮助其应对气候变化。中国对80多个发展中国家提供清洁能源、低碳示范、绿色港口、紧急救灾等领域的技术救助，通过开展减缓和适应气候变化项目、赠送节能低碳物资和监测预警设备、组织应对气候变化南南合作培训等方式提升其他发展中国家应对气候变化的能力。

4. 积极推动南北交流合作

中国广泛参与各国间及国际组织的交流活动，积极组织参与国际会议，深化与世界银行、亚洲开发银行、联合国开发计划署等多边机构的合作。中国与新西兰、德国、法国、加拿大等多国举行了气候变化双边合作机制会议，与美国、欧盟、法国、德国、英国、加拿大、日本等国家和地区在碳市场、低碳城市、适应气候变化等领域开展交流合作。

5. 积极推动共建“一带一路”绿色低碳发展合作机制

“一带一路”倡议是中国为全方位扩大对外开放与国际合作所作出的重大决策，是中国实施“双循环”战略和推进高质量发展的重要国际合作平台和载体，其实质是跨大陆的巨型国际合作与发展平台。自倡议提出以来，中国与共建“一带一路”国家的进出口持续增长，对外投资项目以能源与基础设施建设为主。中国企业海外投资项目随着“一带一路”倡议的要求及东道国可持续能源转型的需求逐渐趋于绿色化，且致力于切实解决发展中国家低碳转型资金不足的问题。中国积极推动共建“一带一路”绿色低碳发展合作机制，先后与 90 多个国家、地区和国际组织建立政府间能源合作机制。

近年来，随着共建“一带一路”国家陆续推出气候战略，光伏、风电等可再生能源产业迅速发展，气候投融资持续升温。从投资方看，2019 年，中国推动成立“一带一路”绿色发展国际联盟，发布《“一带一路”绿色投资原则》。2020 年，中国对“一带一路”沿线可再生能源的投资占比首次超过化石能源。2021 年底，绿色和平组织预测，到 2030 年中国对共建“一带一路”国家太阳能和风能的投资潜力为 1911 亿 ~ 5733 亿美元。与此同时，中国与澳大利亚、新加坡、法国、意大利等 14 国签署了开展第三方市场合作的备忘录或发表声明，“一带一路”沿线可再生能源成为中外资机构联合投资的重点领域。从融资方看，共建“一带一路”国家正在努力创造有利的政策环境，推进气候融资模式多元化。沿线大多数发展中国家近年来逐步建立公私合作 PPP 的政策框架，推动气候融资活动金融标准的趋同，积极发挥市场作用，从而逐步转变气候融资手段单一、规模较小的局面。2022 年，经中国和欧盟牵头，许多共建“一带一路”国家参与的可持续金融国际平台发布了《可持续金融共同分类目录》，以增强不同经济体之间可持续金融活动的可比性，为绿色金融产品的识别，尤其是跨境融资中绿色资产提供了有效的工具，有助于进一步降低绿色资产识别的成本，促进绿色跨境资本流动。

五　中国气候投融资发展的主要障碍

（一）政策体系局部建设滞后，系统响应度不高

中国现有的法律体系中，还缺乏监督约束气候投融资活动的相关法律法规。2020 年 10 月，生态环境部等五部委联合发布的《关于促进应对气候变化投融资的指导意见》，是我国第一份关于气候投融资领域的顶层设计文件，为引导金融机构资金投向气候领域提出了诸多建议，但缺乏具体的后续推进和管理制度。而且，气候投融资体系的未来发展和监管仍然缺乏法律层面的顶层设计，中国亟须通过法律强制和政策激励来促进和推动气候投融资市场的规范发展。在地方性法规中，深圳市发布了《深圳经济特区绿色金融条例》，鼓励绿色信贷和绿色保险等金融产品为应对气候变化等经济活动提供支持，并要求金融机构建立绿色投资评估制度，对资金投向的企业、项目或者资产所产生的环境影响信息也要进行披露。目前大多地方还没有出台类似法规，亟须完善相关法律体系。

部分地区出台了与气候投融资相关的财政激励政策，但支持气候投融资发展的财政投入总量小、财政激励政策稳定性不够、工具手段单一问题仍较为突出。而且，低碳产业的扶持优惠政策缺乏稳定性，往往仅存在于一个五年规划内，这与气候项目长周期的特性不匹配。此外，部分地区长期以来受

到地方政府负债率较高的影响，对低碳领域的公共投入缺乏持续性。从财政支持手段来看，很多地方仍主要采用补贴、奖励、直接投资等单向措施，缺少结果导向型公共政策工具的应用，如公共担保、政府与社会资本合作（PPP）模式等，导致应对气候变化项目投资手段模式单一、过分依靠财政补贴的现象仍较为突出，社会动力和活力激发仍不够。低碳税收优惠规模相较于市场发展的需求来看仍不显著，且在优惠幅度和机制设计上存在不合理的现象。此外，部分地区也存在低碳优惠政策推广不全面、落实不到位的问题，致使企业对税收优惠政策了解不够。

（二）气候友好型项目供给不足，投资主体积极性匮乏

气候投融资制度标准尚不完善制约了气候投融资项目的供给。中国尚未出台明确的气候投融资政策法规。尤其是配套支持措施，如气候投融资项目评价、信息披露与报告核查体系尚未建立，企业自行完成气候友好型项目认定需要支付高额成本，由此制约了企业入驻投融资平台的动力。

在目前条件下，气候投融资项目获得融资渠道主要是依靠商业银行绿色贷款，民间资本介入较少。这进一步导致了行业发展的风险集中到银行产业中。该情况导致银行可能面临信息不对称的风险，其一是绿色企业的项目回收期长，且抵押贷款的资产定价难度高，涉及上述评估报告公信力不足的问题，造成银行不良贷款的概率变大。其二是由于绿色企业评定等级模糊，大多数商业银行没有明确的评定指标，会导致非绿色企业贷款绿色信贷，造成银行的贷款损失，使真正的绿色企业获得贷款的难度增加。气候投融资活动资金投入密集、回收周期长、回报率相对较低，各类金融机构参与气候投融资活动的主观能动性不高。

此外，作为新领域，国内金融机构接触气候投融资业务较晚，目前大部分金融机构对该类业务认识不足，普遍未建立制度化安排，加之缺乏专业人才，部分县域小型金融机构缺乏识别、防范、管理气候风险的能力，调动基层金融机构的投资积极性面临较大挑战。

（三）融资渠道与工具创新不够，差异化资金需求未能有效满足

目前，绿色信贷是中国气候友好型项目融资的主要形式，占比达到90%以上，绿色金融业务的参与主体以商业银行为主，参与主体过于单一。而减缓和适应气候变化的项目具有资金需求大、投资回报率低、投资回报周期长等特点，难以吸引其他金融机构和社会资本的资金投入。气候投融资市场在金融工具的运用中以绿色信贷为主，对于债券、保险、股权、资产证券化、基金、衍生品等形式产品的金融工具创新较少，或虽有创新但仅限于首发，推广普及还面临诸多现实问题。碳资产抵质押贷款数量和资金规模不大，短期信贷资金与应对气候变化长期资金需求难以匹配，金融工具相对单一导致气候投融资无法满足市场需求。

（四）碳核算与碳信息披露规制不全，仍存在“洗绿”“漂绿”现象

目前，企业存在碳核算与碳信息披露规制不全的问题。一方面，碳市场在碳排放量的计量和核算等方面仍存在一系列问题。以燃气生产与供应行业的上市公司为例进行分析，导致碳数据不具有一致性的原因主要有以下三个方面。一是核算标准不统一。有的参照如《中国石油和天然气生产企业温室气体排放核算方法与报告指南（试行）》等国内标准，也有的参照如GHG Protocol或ISO 14064等国际标准。二是组织边界较为一致，但运营边界不统一。部分上市公司除了披露与能源消费相关的碳排放以外，还披露了包括制冷剂消耗、甲烷排放和碳氢化合物排放及燃烧所产生的碳排放。三是排放因子选择呈现多样化。上市公司选用的排放因子渠道不一，有的来自香港联交所公布的《环境关键绩效指标汇报指引》，也有的参照国家发展改革委的《中国石油和天然气生产企业温室气体排放核算方法与报告指南（试行）》《其他工业企业温室气体排放核算方法与报告指南》等。

另一方面，相较于碳市场控排单位，其他类型企业碳排放数据质量也普遍较差，不仅表现为碳数据真实性和准确性存疑，也表现为因选择不同标准或口径而导致的碳数据不具有一致性，从而失去可比性的问题。

对于没有统一性和可比性的数据，金融机构不能对其进行直接汇总，金融监管部门也不能依此进行评估。信息披露、项目识别、绩效评价等相关标准是精准开展气候投融资的基础支撑体系。在气候投融资支持项目目录和项目认定规范等方面政策制定还不够完善，其后投融资项目入库后的绩效评估和信息披露标准尚未健全，难以防范“洗绿”“漂绿”的风险。

（五）地方碳市场建设创新进展滞后，后续优势维续乏力

地方碳市场服务的地域是地方省市，从地方碳市场的角度看，地方之间在能源结构、产业结构、贸易结构和生态环境等等方面存在较大差异，地方碳市场的设计可以更好地从本地的实际需要出发，以完成本地的环境保护、能源和碳强度约束性指标为主要目标，创新发展的空间更为广阔。

按照目前全国碳市场的设计，未来主要的高耗能、高排放行业将全部纳入全国碳市场，留给地方碳市场纳入的管控对象将以制造业、建筑业和交通业为主。管控对象的变化将对地方碳市场产生较大的影响，主要表现在以下三个方面：一是管控对象的数量可能增长较多，对行政管理的成本提出挑战；二是单个管控对象的碳排放量将大幅降低，对参与碳市场的驱动力产生影响；三是地方碳市场总体配额规模可能大幅下降，给地方碳市场的流动性带来冲击。全国碳市场正式启动后，地方碳市场和全国碳市场在并存现实下如何发挥协同创新的功能，为全国和地方碳减排工作提供助力，成为地方碳市场发展的首要问题。

（六）气候投融资平台链接效能受限，碳产业链集聚度不高

虽然已经建立了气候投融资综合服务平台和产业链集聚平台的运行体系，但这两个平台发挥的效能还有很大提升空间。一方面，受限于项目供给和投资主体积极性不足，目前气候投融资综合服务平台中的企业和项目数量还远远不足，潜在的海量气候友好型投融资项目还没有被充分开发，投资方与项目的撮合机制需要进一步完善。另一方面，机构设置分割阻碍了气候投

融资综合服务平台的功能价值，各个领域的气候友好型项目零散分布于各个部门管辖范围，无法汇集于气候投融资综合服务平台。产业链集聚平台入驻了产业上下游的相关企业，但促成的产业交易额规模还太小，示范效应不明显，难以撬动产业链的快速发展。

（七）国际合作尚处于开拓阶段，国际资金引入不够

中国气候投融资现有政策大多关注于国内市场，相应的标准和措施只适用于国内投资者，没有针对国际投资者制定符合国际标准的气候投融资政策。当前国际气候投融资市场处于快速发展阶段，新的投融资机制和工具方法层出不穷，成功经验和案例硕果累累，可为中国气候投融资提供重要借鉴。然而，中国气候投融资开展的国际合作处于开拓阶段，研讨交流居多，实质的项目投融资偏少。广阔的气候投融资国际市场没有得到应有的重视，缺乏对国际专业金融机构和投资基金的专项引入政策，国际资金的引入力度远远不够。

六　中国气候投融资发展的重点任务

（一）设计多方协同的工作机制与系统响应的政策体系

1. 推动环境经济政策统筹融合

注重经济手段和市场机制在积极应对气候变化领域的创新与运用，引导气候投融资工作。进一步推动政府绿色采购工作，加大政府绿色采购力度，引导国有企业逐步实行绿色采购制度。完善碳普惠激励措施，引导企业和消费者低碳消费。

全面强化财政对气候投融资的支持，发挥财政政策与金融政策协同作用，推进 100 亿元碳达峰基金落地，加快形成积极应对气候变化的环境经济政策框架体系，培育有利于气候投融资的政策环境。

2. 强化金融政策支持

优化资金支持方式，设立武汉气候友好型产业发展投资引导基金，引导社会资本与气候友好型产业引导基金对接合作，发挥引导基金的放大效应。探索开展银行业金融机构气候友好型评价，在风险可控、商业可持续的前提下，引导金融机构对气候项目提供金融支持，拓宽气候友好型产业和项目融资渠道。研究制定投资负面清单，引导银行机构逐步限制“高耗能、高排放”等高碳项目投融资，为金融机构落实差别化的信贷政策提供参考依据。通过金融、投资、财政、税收等多方面的政策措施以及法律支持，完善绿色低碳发展政策体系。

3. 完善气候相关的激励机制

制定和完善气候投融资激励机制，包括税收优惠、补贴、贷款利率优惠等，鼓励各类主体参与气候投融资。强化对气候友好型的企业和项目的政策支持，鼓励符合条件的气候友好型企业利用资本市场开展融资和再融资，推动产业绿色转型升级。研究制定投资负面清单，抑制高碳投资，控制高耗能、高排放行业产能扩张，引导银行机构开展淘汰落后产能、“两高一剩”存量处置工作。对高耗能、高污染企业实行惩罚性价格政策，落实第三方治理企业所得税、污水垃圾与污泥处理及再生水产品增值税即征即退等税收优惠政策，推动气候投融资与绿色金融政策协调配合。

（二）建好地方特色气候友好项目库与碳产业链

1. 建设气候投融资项目库

建立气候投融资产融对接机制，提升政策和产融信息透明化、公开化，精准定位金融支持方向。对标国家气候投融资项目库，培育具有明显气候和社会效益的优质项目，建立项目入库指南。探索建立气候投融资标准体系，以碳减排等应对气候变化效益为衡量指标，结合地方资源禀赋和产业发展优势，研究制订适应地方产业特色的气候友好型项目界定标准和支持项目目录。探索开展银行业金融机构气候友好型评价，在风险可控、商业可持续的前提下，引导金融机构对气候项目提供金融支持，拓宽气候友好型产业和项目融资渠道。研究制定投资负面清单，引导银行机构逐步限制“高耗能、高排放”等高碳项目投融资，为金融机构落实差别化的信贷政策提供参考依据。

2. 制定气候项目效益认证评级机制与监管机制

加快推进企业碳排放数据场景化运用，挖掘碳数据核心价值。以碳排放数据为基础，以环境信息为支撑，建立企业和减排项目的量化分析机制，借鉴碳金融和绿色金融中的重要参数、指标体系及计量、测算的框架，构建以气候效益为核心的认证评级体系，为金融机构和政府开展差异化投融资制度建设提供基础保障。鼓励金融机构开展气候投融资项目业务时采用气候效益认证评级标准，精准定位资金投向。积极推进各级政府部门采用气候效益认定方法和审核标准，提高对各类产业、项目主体的精准定位，有效避免运动式减排、运动式减碳。

3. 加快促进气候投融资产业集群

加快建设以碳金融创新、开发、交易、服务为核心的支柱产业集群，着力推进碳交易、碳金融、碳咨询等新兴低碳服务业有序发展。设立并用好碳达峰碳中和基金，突破性开展碳金融创新，出台碳排放权抵质押贷款相关规定，鼓励金融机构开展碳排放权、碳汇收益权等业务，深化碳债券、碳信托、碳保险等产品创新，推广绿色资产证券化融资工具，探索碳远期、碳期权、碳掉期等金融衍生品。引进碳资产管理咨询评估公司、第三方核查机构、会计师及律师事务所等，大力开展节能环保、节能低碳认证、碳审计核查、自愿减排咨询、碳排放权交易咨询等服务。加大对新能源汽车、新能源、资源综合利用和节能环保装备等项目的融资支持力度，推动绿色低碳产业集聚发展。

（三）创新多元气候投融资渠道与工具

1. 创新投融资发展模式和绿色金融机制

发挥政府投资的引导带动作用，通过创新机制引导民间资本进入绿色低碳产业，同时积极吸引包括养老金、社保基金、绿色基金、各类气候基金等机构投资者，积极参与碳中和和应对气候变化行动。出台保险资金、基金等ESG投资指引，丰富ESG评价指标体系，明确划分“绿色资产”与“棕色资产”，完善投资决策机制，为推动机构投资者积极参与低碳发展、乡村振兴等责任投资与可持续投资奠定基础。推动设立市场化运行的气候友好型产业基金，积极运用PPP等多方合作模式。大力发展气候债券，扩大气候债券发行规模。深化绿色信贷产品工具创新，稳步扩大气候债券发行总量，推进碳中和债和气候保险业务，鼓励绿色企业IPO上市融资。建设绿色低碳产业园，设立气候风险补偿资金，探索建立全民碳普惠机制等。

2. 围绕碳市场大力发展碳金融

加快建设全国碳金融高地，支持全国碳排放权注册登记系统建设，支持全国碳排放权注册登记结算机构整合各类碳减排量权益登记功能，对投融资项目碳减排量、绿色电力减排量集中备案、确权和登记，开展工业碳排放和产品碳足迹核算与登记，逐步形成国家排放因子数据库。探索发布全国碳市场指数和低碳产业指数。在依法合规、风险可控前提下，稳妥有序推动金融机构积极参与碳金融市场建设，围绕重点领域开展碳减排有关业务品种创新。优化气候信贷服务，探索开展碳资产质押贷款、绿色项目（企业）保证保险贷款等信贷创新业务。

3. 创新多主体协同气候投融资工具箱

多主体协同，探索发展气候友好型金融产品和服务体系，应对气候项目的差异化需求与风险。用好金融机构主导的气候信贷、债券、基金、保险、碳配额与碳信用等多元投融资工具箱；金融监管部门掌控的再贷款、利息补贴、担保、定向降准、风险权重降低、宏观审慎（MPA）考核等政策工具箱；政府部门设置的气候专项资金与基金、气候风险补偿与担保机制、税收优惠等综合政策工具箱探寻投融资工具与政策工具融合创新的多元组合模式，考虑政府和金融监管部门的补偿激励、风险分担和担保增信职能，强化关键领域金融创新能力，着力构建创新金融服务激励政策，促进金融机构和企业的社会责任与商业可持续发展。

（四）建立健全信息披露制度和风险管理体系

1. 强化碳核算与信息披露规制

一方面，强化企业碳排放核算的监督与管理，探索开展企业碳会计制度。研究出台企业碳排放信息报告与核查的相关实施细则，完善 MRV 体系，提高碳排放数据质量，对未按要求进行碳排放信息监测、报告和核查或虚报、瞒报的企业建立相应的处罚机制。稳步推进企业、核查机构信用信息档案建设，设置企业黑名单，定期对社会公示。另一方面，强化信息披露与信息共享。统筹推进企业碳排放、产品碳足迹的信息披露体系建设，建立强制性、市场化、法治化的信息披露制度，稳步推进环境、社会、公司治理（ESG）信息披露机制。鼓励国有企业、上市公司率先向公众披露气候投融资相关信息。同时，稳步推进气候投融资信息跨部门跨地区互联共享和集中公示制度，积极推动政府部门、金融机构、企业和第三方评估评级机构之间的信息交互。探索建立气候投融资综合信息共享平台，建立标准化气候信息披露机制，将企业和项目与气候投融资相关的信息进行智能化处理，信息共享平台对上传数据进行动态跟踪管理。

2. 完善气候投融资风险管理体系

提高气候投融资金融风险防范能力，健全气候投融资金融风险分析模型，促进气候投融资健康发展。积极探索气候投融资金融风险预警平台建设。综合气候投融资相关的政府部门风险、金融市场风险、资金供给风险指标，导入气候投融资风险的评价模型，综合考量气候投融资政策风险、投资风险、法律风险、产业风险、财政支持风险、技术创新风险等，设定权重比例，定性和定量构建科学完备的气候投融资风险评价指标体系。强化企业对气候变化风险的认知和评估，针对高碳排放资产开展环境压力测试，建立环境和社会风险管理体系及预警机制，控制气候投融资杠杆率在合理区间内，防范“漂绿”的风险，同时也扩大了绿色投资项目的筛选范围。

3. 建立健全气候投融资担保体系

建立多层次风险转移和风险补偿机制，加快传统保险产品绿色升级，增加绿色保险有效供给，推动应对气候保险深度参与环境风险管理，发挥风险管理优势，提高环境风险评估、环境风险防范、环境污染损害鉴定、防灾防损等专业化能力，全面提升气候投融资环境风险管理水平。推动气候投融资项目风险补偿基金建设，强化绿色项目的风险分担机制，加强对气候友好型企业的融资和再融资能力。引导区域融资性担保机构参与气候投融资实践，发展环境污染责任保险、节能环保设备保险、绿色企业贷款保证保险、生态农业保险、巨灾保险等绿色险种。加强商业银行与担保机构、保险公司之间的业务指导，通过履约保证、贷款担保、再担保、保险与担保相结合的市场化运作方式转移气候投融资金融风险。

（五）健全气候投融资基础规制体系与监管环境

1. 积极探索开展第三方认证

探索研究企业和项目的环境效益、社会效益、碳减排效应等指标的第三方认证制度。建立气候投融资金融工具发行前和发行后双认证机制，编制第三方机构准入名单，明确气候投融资金融工具和投资项目评估的准入资格，着力推进传统信贷类金融机构开展气候投融资项目第三方认证。引导金融机构开展气候友好型业务，大力引进和培育碳资产管理、碳信用评级、碳核算核查、碳审计、碳交易法律服务等碳金融中介服务机构。

2. 加强气候投融资风险监管

加强气候投融资事前准入监管与风险预警，构建事中、事后的应急处置机制，审慎稳妥处理好金融风险防范和化解工作，通过监测指标和预警阈值开展机构气候投融资风险监测和纠偏工作。着力落实监管政策和措施，严防监管真空。加快推进金融机构气候投融资风险监测防范机制建设，动态掌握气候资金总量、结构和投向，逐步完善机制建设，编制区域气候投融资晴雨表。

（六）建设气候金融人才与低碳技术高地

1. 建设气候投融资专业人才队伍

利用武昌区等高校资源，加强与高等院校合作，探索开展应对气候变化领域人员培训和能力建设，培养一批懂金融、知环保、会科技的气候投融资人才队伍。深入对接重点高校，常态化举办宣讲活动，持续推动大学生人才集聚。制定吸引高层次金融人才的相关配套政策，将气候金融相关领域人才列入市人才引进目录。拓展招揽渠道，大力吸引国际化气候投融资人才。深化实施“英才聚汉”工程，完善相关扶持政策。引导研究机构、高校加强气候投融资研讨交流，加快建成气候领域人才集聚高地。

2. 搭建政产学研金服用融合创新平台

在武昌区建立碳综合试验区或研究院，将气候投融资相关的金融制度或产品先行先试，在省内率先开展气候投融资试点。鼓励银行业金融机构设立特色支行（部门），引导金融机构为企业提供气候投融资金融服务。建立气候投融资产业促进中心，鼓励绿色低碳技术研发和成果转化，培育绿色环保产业龙头企业。鼓励在武汉市设立气候投融资专业组织机构，引导研究机构、高校设立气候投融资专业研究中心。

3. 整合投融资综合服务数字化平台

鼓励利用数字技术支持气候投融资，增强气候友好型产业链韧性与集聚度。利用人工智能、大数据、云计算、区块链、物联网等新技术为气候投融资发展提供更多支持。推进政府数据、金融机构数据、企业数据信息的互通共享。建设一批气候投融资数字技术应用平台，鼓励金融机构利用科技手段和数字技术平台，加强其在客户筛选、投资决策、交易定价、投/贷后管理、信息披露、投资者教育等方面的应用。

（七）开创气候投融资国际合作新局面

1. 深入开展国际交流研讨

促进金融机构、研究机构、高校等与国际金融机构和外资机构开展气候投融资研讨及合作，建立跨国气候投融资合作机制。深化与 C40 等国际机构、组织的合作与交流，积极承办国际性气候投融资会议、高峰论坛等国际会议，充分利用现有的中国—东盟博览会、博鳌亚洲论坛、中国—亚欧博览会等平台，构建多层次的最佳实践和经验模式交流平台，同共建国家围绕应对气候变化和绿色低碳转型开展有组织的对话、联合研究和能力建设活动。以 2023 年中美气候声明为新的契机，推动地方政府、企业、智库和其他相关方积极参与国际合作，通过商定的定期会议，进行政策对话、最佳实践分享、信息交流并促进项目合作。

2. 加强气候投融资项目国际合作

加强国际化金融服务水平，扩大气候投融资国际合作，实现优势互补、互利共赢。积极推进企业“走出去”“引进来”，引导境外投资者通过直接投资、债券通、合格境外机构投资者（QFII）等方式投资境内气候债券、气候投融资产业相关上市公司股票、气候主题基金等气候投融资金融产品；支持投资气候领域的机构申请合格境外有限合伙人试点（QFLP），引入外资投资境内气候友好型产业，为气候友好型企业提供更便利的跨境气候投融资服务。加强与国际金融机构在气候投融资领域的合作，研究利用“商业贷款/战略投资+风险分担+技术援助”的复合模式为气候友好型项目提供投融资服务。

3. 挖掘“一带一路”节点城市的合作潜能

进一步利用好绿色“一带一路”平台，构建整合“资金保障—科技创新—能力建设—话语体系”的系统化合作方案，通过吸纳国际资金、经验分享、技术合作以及开展跨国项目合作，打开气候投融资国际合作新局面。从合作领域来看，围绕防灾减灾、生态系统治理、低碳产业发展、森林碳汇、生物多样性保护等领域，加强资金、技术以及能力建设等方面的合作。此外，推动建设低碳技术交易中心、气候变化南南合作培训基地等国际合作平台，吸引更多的绿色产品、绿色技术、绿色项目、绿色投资汇聚，提升气候投融资国际化水平。

七　构建中国气候投融资政策体系与保障措施

（一）构建中国气候投融资政策体系

针对气候投融资外部性的内部化这一核心问题，结合中国气候投融资现阶段的发展现状，建议以建设气候金融国际中心这一战略目标为核心，细化、出台以下三个方面的具体政策：一是促进基础设施建设支持政策；二是促进平台建设支持政策；三是促进四类市场建设和产品创新支持政策。

1. 支持两类基础设施建设

中国气候投融资发展应当重点支持碳数据枢纽和碳交易服务生态两类基础设施建设。

（1）支持碳数据枢纽基础设施建设

为有效实现气候投融资外部性的内部化，气候投融资数据建设至关重要：一方面，它是计算超排成本和减排收益的事实基础；另一方面，它有利于减少气候投融资领域的信息不对称，进而有利于该领域的资源配置、风险管理和产品定价。中国目前建有中国碳排放权注册登记结算有限责任公司、全国碳排放权交易系统、全国温室气体自愿减排交易中心、上海碳清算所和正在加快组建的武汉碳清算所等全国性碳交易基础设施，这都是中国的碳数据枢纽，在此基础上推动碳金融发展是中国气候投融资发展的一个关键着力点。

一是数据的采集，因此湖北省政府可以向国家主管部门申请，将中国所有碳原生交易和衍生交易的一切数据，包括碳质押和解质押的全部数据统一归集到中碳登，使其成为中国官方唯一采集和发布碳数据的中心。另外，全国所有碳原生交易和衍生交易的清算都必须通过碳清算所完成，包括所有跨境碳交易清算，把碳清算所打造成中国唯一同时具备境内和跨境清算能力的机构。除了国家级碳交易平台，地方政府应该建设区域气候投融资综合服务平台，尽快将其打造成相互验证、业数一体的大数据采集平台，减少企业统计、报送成本，提高数据采集的真实性和时效性。同时，地方政府应尽快出台碳账户设立与碳数据管理办法，碳排放量超过一定规模的所有企事业单位均需在气候投融资综合服务平台开立碳账户，及时报送碳数据。

二是数据的处理。因此，政府应当设立专项资金，为碳数据枢纽提供必要的支持，建立和完善碳排放数据采集、整理、分析和存储的系统和设施。同时，制定碳数据标准和规范，以确保数据的一致性和可比性，从而降低数据不确定性。鼓励企业和排放源提供准确的碳排放数据，尽可能包括监测、报告和验证（MRV）机制，以建立可靠的数据来源。建立可信任和安全的数据环境，确保碳数据枢纽采取适当的数据安全措施，并保证数据隐私。提供技术支持，确保碳数据枢纽具备先进的技术基础设施，以支持高效的数据处理和传递。

三是数据的使用。鼓励企业、研究机构和政府部门与碳数据枢纽进行数据共享和合作，通过建立数据共享机制和平台，促进碳排放数据的流通和利用，提高数据的准确性和可信度。积极参与国际碳市场和气候合作，与其他国家和地区分享碳数据枢纽的经验和最佳实践，以建立全球数据共享机制。

（2）支持碳交易服务生态基础设施建设

碳金融发展仅有数据是不够的，还需要市场供需双方积极参与、有序运行的市场和低交易成本的融资工具，这些都离不开碳交易服务生态的建设，具体包括碳会计、碳法律、碳核查、碳评级等提供碳交易服务的中介机构，它们提供各类服务的过程，也是缓解信息不对称的过程，进而促进了碳金融市场的发展。

以全国碳市场和地方试点碳市场为核心，打造雨林式碳交易服务生态，逐渐完善交易框架。建议不断完善碳交易法律法规，明确原生交易和衍生交易规则，明确交易所、登记机构、清算机构、数据平台、服务中介和监管机构的权利义务关系，确保交易的透明性、公平性和时效性，促进市场的健康发展。制定准入机制，以确保市场参与者满足一定的要求，如核查排放数据的准确性和合规性。建立有效的监管机构，负责监督和执行市场规则，确保市场的合规运作，防止市场操纵和不当行为。提供资金和技术支持，确保碳登记机构、碳交易机构、碳清算机构等具备先进的技术基础设施，以支持高效的交易和清算。积极参与国际碳市场和气候合作，与其他碳市场和气候合作机构分享经验和最佳实践，吸引国际投资和技术合作。

政府应当设立专项资金，支持碳交易服务中介的发展。包括为提供碳交易服务的中介机构，如碳会计、碳法律、碳核查、碳评级等提供必要的财政支持，以促进其服务能力和专业水平的提升。为了降低碳交易服务中介的运营成本，政府可适当为这些中介机构提供税收优惠、财政补贴等政策支持。加强碳交易服务中介从业人员的专业培训和能力建设，提高其专业素养和服务能力，以满足市场发展的需求。鼓励和支持碳交易服务中介在服务模式、技术应用和市场拓展等方面的创新，推动这些中介机构开发新的服务产品和服务模式，以满足不断变化的市场需求。加强与国际组织和国家的合作交流，学习借鉴其他国家和地区的成功经验和技术创新成果，推动碳市场的国际化发展。同时，加强对市场秩序的管理，对违法违规的中介机构严格执法。

2. 支持三大平台基础设施建设

（1）支持全国碳市场平台建设

当前全国碳市场的注册登记结算平台、交易平台、自愿减排交易平台由湖北、上海、北京三地分别承办。国家和地方政府应进一步加大各项资源投入，支持国家平台的基础设施建设、技术研发和人才引进。目前各平台最为关键的问题是技术升级和人才保障。当前全国碳市场仅有发电企业入场交易，规划中的八大行业大部分还没有纳入，随着这些行业逐渐加入，交易主体更加多元、交易规模进一步扩大，登记、交易、结算功能要求逐步提高，这要求各平台进一步提高技术水平，以满足全国碳市场扩容发展需求，国家和地方政府应该为各平台的硬件、软件改造升级提供技术、资金支持。在人才保障方面，地方政府应该提供相应的人才政策，吸引国内外高端人才加入，特别是提高对在国内外碳交易登记机构、证券登记机构有丰富经验的人才的吸引力，保障各平台安全、高效运行。

（2）支持碳清算所建设

碳排放权结算中心，是碳资产的“银行”和“仓库”，承担了碳排放权的确权登记、交易结算、分配履约等业务，是全国碳资产的大数据“中枢”，潜在价值巨大。武汉碳清算所仍处于组建阶段，政府应该大力支持碳清算所的建设。第一，湖北省政府应积极向国家主管部门争取，早日把碳清算所切实落地在武汉。第二，加强碳清算所的清算功能建设，目前国内外碳清算模式不一、效率各异，中国碳清算所应广泛比较，加大研究力度、确定清算模式、降低交易成本、提高清算效率。第三，支持中国碳清算所向国际化方向发展，碳排放权原生和衍生交易的国际化趋势十分明显，中国碳清算所不仅要能满足国内清算业务，还应该与欧洲等先发地区的清算所建立紧密联系，为开展碳清算所的国际化业务做好准备。

（3）支持地方碳交易中心建设

当前全国碳市场已经建成并已运行了三年，发电企业已纳入交易，预期在2030年前，剩余七大行业将陆续纳入该市场。按现行规定，纳入全国碳市场的企业不再参与地方碳交易，因此剥离这八大行业后，地方碳排放权交易中心必须转型，地方碳排放权交易中心也应该早做准备。当前，地方政府应该在以下几个方面支持地方碳交易中心转型。第一，加大研究力度，尽早形成共识，确定地方碳交易中心的转型方向，目前看来，如果继续做碳交易，地方碳交易中心必须主体扩容，如果不做原生交易，那么必须向期货和期权等衍生品交易转型，到底以哪个为中心转型，必须尽快明确。第二，在现阶段全国碳市场覆盖面有限的大背景下，地方政府应当鼓励和支持地方碳交易中心在碳排放权交易机制、低碳金融产品创新等方面的探索和尝试。第三，明确地方碳交易中心在地方气候投融资发展过程中的重要角色，探索碳交易中心和气候投融资试点之间更深入的融合发展路径，可以进一步整合部分功能，比如建设综合服务平台、项目库和企业库等。

3. 支持四类市场建设和产品创新

“碳金融”“气候金融”“绿色金融”三个概念相互交叉、相互支持，但又存在差异。气候投融资发展的政策体系应当全面支持碳金融、气候金融、绿色金融、转型金融四类市场和产品创新，着重解决气候投融资外部性的内部化问题。

（1）支持碳金融市场和产品创新

碳金融泛指运用金融资本驱动环境权益的改良，以法律法规为支撑，利用金融手段和方式在市场化的平台上使相关碳金融产品及其衍生品得以交易或者流通，最终实现低碳发展、绿色发展、可持续发展的目的。

政府应当建立完善的覆盖中下游的碳金融市场，以促进碳交易和相关金融产品的创新。一是政府应当支持银行、证券公司、保险公司、基金公司等金融机构开发碳金融产品，如碳信贷、碳债券、碳保险、碳基金等，以满足不同类型企业和项目的融资需求。二是广泛调研，了解各类金融机构从事碳金融业务的成本构成和风险承担状况，在关键节点提供资金和信用支持，改变金融机构形式上锦上添花做成一两笔业务的普遍现状，提高金融机构从事碳金融业务的积极性。三是鼓励试点碳市场积极发展碳衍生品交易。四是在风险管理方面，政府应当建立健全碳金融市场的风险管理机制，防范信用风险、市场风险、操作风险以及各类风险的传播蔓延。

（2）支持气候金融市场和产品创新

第一，缓释性气候投融资领域的财政支持重点。缓释性气候投融资领域资金缺口大，仅靠财政投入明显不足，因此，问题的关键依然是解决外部性的内部化问题，需要充分调动社会资本的积极性。建议政府加大财政支持，有效引导社会资本进入气候投融资领域。一是发挥财政资金的杠杆作用，通过产品内部分级或收益权转让的方式，增加社会资本的收益预期，撬动社会资本进入气候投融资领域。二是直接通过提供财政补贴、税收优惠等政策支持，吸引更多的社会资本进入气候投融资领域。三是积极探索多元化的融资模式，如资产证券化、基础设施公私合作模式（PPP）等，吸引社会资本参与气候投融资项目。四是建立合理的风险分担机制，为社会资本提供风险保障，通过政府外部增信，为社会资本提供更多的信心和保障，促进其进入气候投融资领域。五是通过产品和服务创新，构建内部增信机制，为不同类型社会资本提供更多的“收益率—风险”匹配选择，吸引社会资本进入气候投融资领域。六是探索建立公共资金低收益或零收益退出渠道，为社会资本提供更高的投资回报，促进其进入气候投融资领域。

第二，适应性气候投融资领域的财政支持重点。缓释性气候投融资业务关注减排和增汇，适应性气候投融资业务关注防灾和减灾。应加大财政支出，突出支持适应性气候投融资业务的开展，以应对气候变化带来的挑战。政府要加大适应性气候投资。一是应该加大财政投入，基础设施建设、农业和粮食安全、公共卫生和社会保护、自然资源的治理等项目周期长、资金需求大、回报以公益属性为主，金融机构和社会资本投入意愿不强，因此，财政资金的投入应该是主体。二是充分利用债券市场融资，如通过发行灾难债券进行融资，在国外就有成功的先例。三是充分利用保险市场避险，比如通过持续购买巨灾保险来应对重点区域可能的自然灾害。四是前瞻性地投入资金，持续推进社会经济韧性建设，不断优化产业结构、产业布局，提高经济的多样性，建设主体丰富、市场分层的金融体系，在粮食、能源、资源布局、运输和配置方面适当增加功能冗余，以备不时之需。

（3）支持绿色金融市场和产品创新

绿色金融是指为支持环境改善、应对气候变化和资源节约高效利用的经济活动，即对环保、节能、清洁能源、绿色交通、绿色建筑等领域的项目投融资、项目运营、风险管理等提供的金融服务。绿色金融所涵盖的范围包括且不局限于气候金融。绿色金融除了包括气候金融所关注的应对气候变化，还增加了支持环境改善、污染防治、提高自然资源保护、资源节约高效利用等。

针对“零碳”“净零碳”企业，政府应进一步推进绿色金融市场的发展。目前，在绿色金融领域，业务标准和考核指标均相对明确，因此，政策的重点在于落实推进。一是政府应加大投入，进一步扶持绿色产业发展，特别是要引进或培育一些龙头企业，拉动下游企业的发展，一方面推动产业结构低碳转型，另一方面也培育绿色金融优良项目，使企业和金融机构通过绿色金融业务实现双赢。二是面对绿色金融业务发展相对迅速的现状，要加大碳核查力度，检验绿色金融业务是否有“洗绿”行为，确保绿色金融资源实际投向了绿色产业和绿色业务。三是在人民银行相关考核指标的基础上，政府可以考虑出台一些地方性的考核细则，对从事绿色金融业务规模较大、效益较好的金融机构，适当进行税收减免、财政补贴、资金和项目奖励，树立典范，带动绿色金融市场进一步发展。

（4）支持转型金融市场和产品创新

针对高碳产业的低碳转型，应该鼓励转型金融产品和服务创新，探索一条新路。当前，中国绿色金融发展较为迅速，业务规模扩张很快，但该类业务主要针对零排放或低排放产业企业，广大高排放企业并不能从绿色金融领域获得低碳转型资金。而中国高碳产业占比仍比较高，这一部分产业不能迅速低碳转型，将影响到中国“双碳”目标的如期实现，具体有以下五条建议。一是推动全国性转型金融标准出台以及配套的金融机构考核标准，减少金融机构的业务搜寻成本，降低业绩考核风险。二是强制要求一定排放规模的高碳产业企业纳入气候投融资综合服务平台，必须全部开立碳账户，及时报送相关数据，纳入地方统一管理，为减少阻力，建议政府投入资金，减免及时开立账户企业的相关费用，指定气候投融资综合服务平台为唯一的企业碳信息披露平台。三是鼓励各类金融机构进行转型金融产品和服务创新，针对产品和服务创新过程中遇到的环境收益不能有效内部化的问题，政府应该采取信用担保、税收减免、财政补贴等方式提供支持。四是对在从事转型金融业务方面卓有成效、创新了有影响力的转型金融产品、有效推动高碳产业低碳转型的金融机构，应该加大资金和项目激励力度。五是加强对高碳企业低碳转型过程中搁浅资产的管理，同时注意转型过程中的失业问题，实现公正转型。

（二）中国气候投融资发展的保障措施

1. 加强组织保障，强化统筹协调，制定落实气候投融资发展规划

政府要加强组织保障，以实现多部门的联席决策和地方全域范围的统筹协调。组织相关部门制定全国和地方气候投融资发展规划，明确发展目标、重点领域和政策措施等。加强政策协调，统筹协调各部门的气候投融资政策和措施，确保政策之间的协同性和有效性；建立信息共享平台，搭建气候投融资信息共享平台，促进信息流通和经验交流；加强培训和宣传，组织针对气候投融资的培训活动，提高相关人员的专业素养，提高社会对气候投融资

的认知度和参与度。

2. 充分利用气候投融资试点，促进气候投融资工作

目前，我国有23个全国气候投融资试点区，但每个试点地理面积大小不一、产业分布不一，在面积较小的试点或者服务产业比较集聚的试点，投入气候投融资领域的资源有限，能够尝试的业务也比较有限，不利于调动广大企业和金融机构的积极性，把试点工作做成样板。建议各气候投融资试点工作升格到省级层面，成立试点领导小组，由各省政府领导担任组长，明确牵头部门，加强全省统筹；在领导小组下设常设机构和具体的工作组，负责试点的日常推进、组织实施、监督评估等工作；建立定期的工作协调机制，确保各部门之间的信息共享和协同合作。强化考核评估，制定针对气候投融资试点工作的考核评估指标体系，定期对试点工作进行评估和监督，确保试点目标的顺利实现。对于在试点工作中表现优秀的项目或机构，给予一定的奖励或补贴；推动国际合作与交流，积极参与国际气候投融资合作与交流活动，借助外部资源与经验推动气候投融资试点工作的顺利开展，并逐步走向国际。

3. 加大财政资金投入，有效使用资金

第一，地方应促进碳达峰基金、碳中和基金的建设，政府要加大实际投入，以扩大基金规模，增强其投资能力。可归集碳领域的财政收益，拿出一定比例设立专项资金池，确保基金的稳定性和可持续性。扩展碳达峰基金、碳中和基金的功能，除投资于气候投融资领域外，可适当发挥其转移支付功能——从高排放部门归集资金，转移到减排显著的部门。优化内部管理机制，采用“资金回报+环境收益”综合收益考核模式，让基金敢于投资气候投融资领域。

第二，提升财政资金投入的有效性。一是明确财政资金投入气候投融资领域的作用，在适应性投资中，财政资金是主力；在缓释性投资中，财政资金主要功能是点石成金。二是把财政资金分为功能性资金和激励性资金，前者主要为气候投融资的过程服务，比如为气候投融资产品和服务创新提供担保、补贴；后者主要为气候投资融的结果服务，比如向气候投融资领域的卓

越贡献者发放奖金。三是财政资金的主要用途应该集中于气候投融资外部性的内部化领域，特别是应该用于经济风险较大、经济收益偏低而环境收益比较显著的项目。四是财政资金应该重点用于创造良好的环境、打造高效的基础设施、推动产品和服务创新。

4. 强化监督与加强宣传

（1）强化监督与评估，建立奖惩机制

建立完善的监督与评估机制，对气候投融资项目进行事前、事中和事后的全面监督与评估。通过定期开展项目评估，及时发现问题并采取相应措施进行整改，确保项目的质量和效益。制定针对气候投融资领域的奖惩机制，对于表现优秀的项目或企业给予一定的奖励或优惠政策，鼓励其继续发挥示范作用；对于违规或低效的项目或企业，采取相应的惩罚措施，以警示其他潜在投资者和管理者。

（2）推动地方立法工作，建立容错机制

推进气候投融资立法工作，为气候投融资提供更为稳定和可靠的制度保障。在立法和规制中应引入容错机制，鼓励创新和尝试，为创新和改革提供一定的试错空间。针对气候投融资领域可能出现的一些突发情况和问题，制定相应的应急预案。通过提前做好风险防范和应对准备，确保在紧急情况下能够迅速响应并采取有效措施降低潜在风险。

（3）加强宣传与培训工作

组织开展气候投融资领域的宣传和培训活动，提高公众和相关人员的认知度和参与度。通过加强宣传推广，吸引更多的社会资本和优秀人才参与到气候投融资领域中来。通过教育和宣传活动，政府可以提高公众和企业对气候问题的认识，激发其采取积极的气候友好行动的兴趣。加强对碳机构的宣传和推广，以提高公众和企业的认知度，吸引更多的市场参与者和投资者。

5. 建立专家咨询机制，加强国际合作与交流

成立由气候投融资领域专家组成的专业咨询团队，为政府制定政策、规划项目等提供专业的建议和咨询服务。借助外部专家的智慧和经验，提高决

策的科学性和准确性。积极参与国际气候投融资合作与交流活动，通过与国外先进经验的学习和交流，不断提升自身的制度保障水平，借鉴并吸收国际上成功的经验和做法以推动中国气候投融资试点工作更好地开展，并逐步走向国际化。

参考文献

安国俊、陈泽南、梅德文：《“双碳”目标下气候投融资最优路径探讨》，《南方金融》2022 年第 2 期。

白红春、王璁、廖原、葛慧、杨林：《推进试点地方气候投融资项目库的相关经验及启示》，《环境保护》2024 年第 11 期。

宾晖、黄蓝：《推动全国碳市场功能发挥》，《中国金融》2024 年第 7 期。

操巍：《碳金融风险防范制度建设》，《财会月刊》2019 年第 9 期。

陈家伟：《“双碳”目标下我国建设碳金融中心的对策研究——以湖北武汉为例》，《山西能源学院学报》2022 年第 5 期。

董善宁：《气候投融资：内涵、标准与产品》，《金融纵横》2021 年第 5 期。

杜莉、王利、张云：《碳金融交易风险：度量与防控》，《经济管理》2014 年第 4 期。

葛慧、廖原、杨林、白红春：《我国气候投融资试点建设实践与思考》，《环境保护》2023 年第 19 期。

李菲菲、崔金栋、李冬焱：《“双碳”背景下高校碳金融人才培养生态模式研究》，《现代教育科学》2024 年第 3 期。

李鑫、廖原：《探索海外气候投融资试点、共建“一带一路”高质量发展》，《国际工程与劳务》2024 年第 5 期。

刘帆、杨晴：《碳中和目标下加快我国碳金融市场发展的思考与建议》，《金融发展研究》2022 年第 4 期。

刘粮、傅奕蕾、宋阳、余晓峰：《国际经验推动我国碳金融市场成熟度建设的发展建议》，《西南金融》2024 年第 1 期。

刘明明：《论中国碳金融监管体制的构建》，《中国政法大学学报》2021 年第 5 期。

刘援、郑竟、于晓龙：《欧盟环境和气候主流化及其对“一带一路”投融资绿色化的启示》，《环境保护》2019 年第 5 期。

卢羽、陈晓琦：《绿色债券的国际比较研究：发展与创新》，《财会通讯》2024 年第 11 期。

钱俏：《加强“蓝碳”金融建设，助力国家“双碳”目标》，《清华金融评论》2024

年第 2 期。

谭显春、顾佰和、曾桉:《国际气候投融资体系建设经验》,《中国金融》2021 年第 12 期。

王扬雷、王曼莹:《我国碳金融交易市场发展展望》,《经济纵横》2015 年第 9 期。

肖斯锐、韦芊芊、孟萌:《碳市场建设的问题与发展路径——基于构建“碳人民币”体系视角》,《当代金融研究》2024 年第 3 期。

熊程程、廖原、赵佳佳:《碳达峰、碳中和目标下地方气候投融资政策体系建设现状、问题及建议》,《环境保护》2022 年第 6 期。

杨若英、李向荣:《“双碳”战略背景下我国碳金融市场发展展望》,《低碳世界》2024 年第 2 期。

郁苗:《碳金融衍生品市场发展与展望》,《金融纵横》2023 年第 12 期。

袁吉伟:《全球气候投融资体系建设及创新研究》,《国际金融》2023 年第 1 期。

张叶东:《“双碳”目标背景下碳金融制度建设:现状、问题与建议》,《南方金融》2021 年第 11 期。

周龙环、黄晓勇:《“双碳”目标下碳金融创新机制及实现路径研究》,《价格理论与实践》2023 年第 4 期。

朱萃:《我国气候投融资的发展现状、问题及对策》,《北方金融》2023 年第 2 期。

David W. South, Savas Alpay, “Can Loss and Damage Fund Strike a Responsive Chord in Global Climate Finance?” *Climate and Energy*, 41 (2024): 26-32.

Fang Zheng, Xie Jianying, Peng Ruiming, Wang Sheng, “Climate Finance: Mapping Air Pollution and Finance Market in Time Series,” *Econometrics*, 9 (2021): 43-43.

Franziska M. Hoffart, Paola D'Orazio, Franziska Holz, Claudia Kemfert, “Exploring the Interdependence of Climate, Finance, Energy, and Geopolitics: A Conceptual Framework for Systemic Risks Amidst Multiple Crises,” *Applied Energy*, 361 (2024): 122885.

Irene Monasterolo, Jiani I. Zheng, Stefano Battiston, “Climate Transition Risk and Development Finance: A Carbon Risk Assessment of China's Overseas Energy Portfolios,” *China & World Economy*, 26 (2018): 116-142.

Kalinowski Thomas., “The Green Climate Fund and Private Sector Climate Finance in the Global South,” *Climate Policy*, 24 (2024): 281-296.

Lee Chi-Chuan, Li Xinrui, Yu Chin-Hsien, Zhao Jinsong, “The Contribution of Climate Finance toward Environmental Sustainability: New Global Evidence,” *Energy Economics*, 111 (2022): 106072.

Lee Chien-Chiang, Wang Chang-song, He Zhiwen, Xing Wen-wu, Wang Keying, “How does Green Finance Affect Energy Efficiency? The Role of Green Technology Innovation and Energy Structure,” *Renewable Energy*, 219 (2023): 119417.

Lee Chien-Chiang, Wang Fuhao, Lou Runchi, Wang Keying, “How does Green Finance

Drive the Decarbonization of the Economy? Empirical Evidence from China," *Renewable Energy*, 204 (2023): 671–684.

Skovgaard, "Greener than Expected? EU Finance Ministries Address Climate Finance," *Environmental Politics*, 24: (2015): 951–969.

Thibault Briera, Julien Lefèvre, "Reducing the Cost of Capital through International Climate Finance to Accelerate the Renewable Energy Transition in Developing Countries," *Energy Policy*, 188 (2024): 114104.

Zhang Dongyang, Mohsin Muhammad, Taghizadeh-Hesary Farhad, "Does Green Finance Counteract the Climate Change Mitigation: Asymmetric Effect of Renewable Energy Investment and R&D," *Energy Economics*, 113 (2022): 106183.

图书在版编目(CIP)数据

中国碳市场与绿色低碳经济发展报告．2024／方洁主编；王珂英副主编．-- 北京：社会科学文献出版社，2024.10．-- ISBN 978-7-5228-4221-9

Ⅰ．X511；F124.5

中国国家版本馆 CIP 数据核字第 2024A2Q636 号

中国碳市场与绿色低碳经济发展报告（2024）

主　　编／方　洁
副 主 编／王珂英

出 版 人／冀祥德
组稿编辑／吴　敏
责任编辑／侯曦轩　张　媛
责任印制／王京美

出　　版／社会科学文献出版社·皮书分社（010）59367127
　　　　　地址：北京市北三环中路甲 29 号院华龙大厦　邮编：100029
　　　　　网址：www.ssap.com.cn
发　　行／社会科学文献出版社（010）59367028
印　　装／三河市尚艺印装有限公司

规　　格／开　本：787mm×1092mm　1/16
　　　　　印　张：20.25　字　数：307 千字
版　　次／2024 年 10 月第 1 版　2024 年 10 月第 1 次印刷
书　　号／ISBN 978-7-5228-4221-9
定　　价／98.00 元

读者服务电话：4008918866